數位互動新時代

數位看板的崛起與商機

基斯・凱爾森 *Keith Kelsen* 著　御賜超仁 譯　吳世廷 審訂

UNLEASING THE POWER OF DIGITAL SIGNAGE

Content Strategies For The 5th Screen

數位看板的崛起與商機

目錄

推薦序

推薦序

從科技中體驗行銷精髓

鴻海集團三創數位股份有限公司董事長 郭守正

論述電影、電視、電腦、手機的行銷書籍所在多有，但深刻討論對未來極具顛覆意義的「第五屏」的書卻不多見，這本書鉅細靡遺的告訴我們，以往大家熟悉的戶外看板、壓克力招牌或POP海報，在第五屏的時代下，將進化成何種模樣？有趣的是，這恰恰是鴻海構築「八屏一雲一網」計畫中的部份藍圖。本書作者從單純的科技屏幕思考，轉為探討未來行銷傳播的內容策略，內容軟硬實虛兼具，值得一看。

推薦序

體驗，決定優勢

鴻海集團流通事業部賽博集團董事長　張瑞麟

數位看板確實如作者所一再強調的，不只是科技，不只是媒體，更是一種體驗。

在兩岸從事流通事業多年，觀察到消費者因為行動科技與互動體驗的蓬勃發展，對實體零售賣場的銷售方式衝擊極大，首先溝通方式由展示轉為體驗，銷售模式由實體，轉為與網路結合的O2O，如今加上人臉辨識，體感互動科技結合在地性和相關性優勢的數位看板，將零售空間變成非常智慧聰明，非常了解和體貼消費者。

在作者對數位看板的三大分類中，數位看板對POS銷售點影響最大，因為所有溝通的效果馬上可以反應在現場的銷售數字上。作者判斷這個行業在二〇一五年將達到二五％的滲透率。而當今世上在零售方面只有不到二％的滲透率，這意味著數位看板在零售業有革命性的成長空間。

目前多數賣場的視頻網，多是偏重是電視單向傳播的媒體思維，書中提到的多層次互動溝通及針對性的內容設計，才是真正與顧客深度溝通的關鍵，但其設計過程比想像中的還複雜細膩，需整合的專業領域涵蓋範圍甚大，也許目前整個產業鏈還未形成，但本書的出版無疑是很重要的一步。

推薦序

未來，由我們定義

台大光電所所長　林清富

「當你在看廣告時，不知道它正在廣告，或是你明明知道它是廣告，但卻還是情不自禁地看這則廣告。」

前述是我常想的概念，我不是廣告界的人，就純粹以一個閱聽者的角度來思考，覺得現在的影音媒體在進行廣告時，若能做到前述的境界，那麼我對這樣的廣告就會感到賞心悅目，不僅不會把視線轉開，甚至於流連忘返。

在現今的社會，電子媒體已經非常盛行，但要讓媒體永續經營，使得我們可以從媒體看到源源不絕的的娛樂或內容，如影片、戲劇、新聞、資訊等，要件之一就是藉由廣告來提供經營所需的經費，然而一般閱聽者卻大多不喜歡被廣告干擾。

所以，如何讓廣告吸引人，或是讓觀眾喜歡，就是訴求的重點。這本書《數位看板的崛起與商機》，書名就很吸引人，一看就感到好奇。書名相當吻合本書的旨趣，如何吸引人們的眼光？簡單地說，本書就是在談，如何運用新的廣告型態——「數位看板」來吸引人們留意廣告內容。

這本書相當從顧客端來思考，這裡的客戶就是觀看者，或是潛力購買者，而技術則是為達到這個目的服務，要讓潛力購買者將訊息內容印在腦海裡，這樣的角度和以技術為核心截然不同。因此書的開始先討論觀眾的思維，以及與所接觸之網絡類型間的關係。

然而，這本書也不是完全忽略技術，相反地，作者還清楚地說，要達到某種效果或目標，需要使用的工具或技術是什麼，舉例來說，第五章談到「制定優秀視覺內容的工具多到不可勝數。其中建構數位看板內容最流行的一些工具，包括Photoshop，After Effects，Maya 3D，Flash，Final Cut Pro及Illustrator。所有這些程式都有不同的用途，Photoshop是為了修改靜態圖像，Flash是用來組合素材然後以視訊來顯示或讓圖片會動，而Final Cut Pro則是用於影片剪輯。」

而後面的章節甚至於還細談到字體、顏色、美編、合適聲音的場合等等。作者特別提醒內容良窳的重要性，「許多網絡，儘管他們花了錢，最終顯示的內容不是沒有關連性就是製作低劣。在許多情況下，這些網絡不僅無效；他們還是環境中的眼中釘。拙劣的內容造就拙劣的網絡，甚至有品質的內容規劃不佳也會減低網絡的價值，並在網絡真正想要接觸的顧客之間留下負面的印象。」

從過去以來，廣告總是單向的訊息傳送，觀眾沒得選擇，這樣的情形，在「數位看板」與網路技術之進步下，能否改變？作者對此也有深入討論，例如數位看板訊息與行動裝置進行互動和整合的可能發展等。

而未來，「數位看板」的實體型式還可能進一步演進，與觀眾的互動或許變得更為多元且方便。作者說「想像一個沒有按鍵、沒有滑鼠、沒有鍵盤的世界；取而代之的是手勢及空間的感知機器。」例如3D互動方式。到這裡，我們的想像應該被打開了，而未來就由我們定義，誰能想像出更合乎人性需求，更方便與人互動的顯示模式，誰就可能是下一個賈伯斯，或是領導《星艦奇航記》（*Star Trek*）的艦長。

這本書主旨清楚，且內容豐富。要寫出這樣的內容，知識領域必須相當寬廣，既要要瞭解消費者心理，也需懂得相關網路和軟體技術，且不是泛泛的知識，而是清楚精準的特定科技，還要瞭解調查統計的特性，判斷有效無效的調查，以及相關法律，這不是一般科技業或媒體業所受的正規訓練所能得到。在浩瀚大海的資料中，讀者能夠從這一本書獲取所需的相關知識，殊為難得。

近年來，大量資料（Big Data）成為多方矚目的議題，如何從大量資料中攫取有用資訊，對很多人都是一種挑戰，好的書籍就提供了很好的線索，讓讀者不會迷失在資料叢林中，而且不僅可以走出叢林，還能夠從叢林中挖到珍貴的寶藏。從這個觀點來看，這本可說是難得的好書。而它除了提供給運用數位看板的專業者之外，對於有興趣於網路媒體影音製作者而言，也是很好的導引。

而本書章節編排的順序，也是相當具有巧思，讓讀者可以輕易地進入作者設定的內容情境，從閱聽者的心理開始，再來談達到吸引觀眾所需要的技術，以及未來可能的演變，全都相當引人入勝。因為篇幅的關係，這裡無法一一介紹，讀者可以自行閱讀，親自感受此書所帶給你的啟示。

推薦序

融合體驗，發揮無限

三創數位股份有限公司　顧問吳世廷

在媒體、廣告和網路領域多年，當接觸到數位看板時，其特別的創意手法、互動方式，著實讓人驚艷，傳統廣告是塑造顧客滿意的形象，但數位看板則是創造顧客滿意的體驗，兩者的思維截然不同。數位看板有電視和電腦的基因，但正如作者所言，數位看板就是數位看板，如當電視或電腦思考將是嚴重的錯誤。

數位看板是可以同時滿足受眾在特定的環境，情境，心境下，與關聯性極強的內容：「就是現在，就是這裡，就是這事或物，就是你」，透過獨特的人機界面進行互動，享受完全自主的資訊搜尋和商品體驗，這是其他世代的屏幕所做不到的。

數位看板強大的整合力，可以融合其他媒體的內容，進行特定地點，特定時間，特定族群，特定範圍，做多元多層次的內容推送和虛實互動，換言之，目前所有媒體的內容，包含一些生活常用資訊（如天氣，交通，股票等）都可以和數位看板相連結，提供臨場的五感體驗，發揮內容最大的影響力。這本書對於各類型內容的運用經營提出許多實際的案例和寶貴的經驗，極具參考價值。

數位看板涵蓋許多不同的領域，這你可從最後的詞彙表中看出。編審過程中感謝作者本人，台大光電所林所長，Taiwan News資深編輯Ken協助釐清本書一些疑義。

獻給所有已在我們前面披荊斬棘，
且眾人應當追隨前進的那些媒體創作者……

致謝

寫作及協調出一本書需要很多隻手。一隻是總在我生命中常伴左右的上帝之手。其餘的則都是好幫手，我想感謝我的家人、我三位漂亮的女兒及我的帥兒子，謝謝他們的支持。

此外，也要感謝我那不屈不撓找尋圖像及安排採訪的行政助理。當然我其他的家人，媽媽、爸爸及我的四個兄弟，也感謝他們一直在我的生活中相伴。

我還要感謝我的委員會委員及媒體磚瓦（MediaTile）公司的同事，他們在我閉門寫作的數個月期間給予完全的支持。

最後也很重要的是，要感謝所有參與訪問、談話及評論的人，讓我們更加了解此一逐漸受到重視且逐漸成熟的媒體。我必須說這是一場夢幻般的非凡體驗，也預期將提高業界對此一媒體更多的了解與使用。

前言

基斯・凱爾森（Keith Kelsen）在《數位看板的崛起與商機》（*Unleashing the Power of Digital Signage*）這本書中，將此一新技術引進商業的領域做得相當出色。所有的行銷人員皆需密切關注此處正在發生的事情，如同凱爾森所指出的，我們見證了「第五代螢幕」（The 5th Screen）的誕生——超越電影、電視、電腦及手機——在如何與人互動的工具箱裡，為各公司提供了一項新工具。無論在你的企業中是否已經深深地涉入數位看板的使用、剛開始對其進行研究，還是第一次閱讀到有關這樣的東西，對於你學習其本質、含意，以及你應該怎麼因應，這都是一本最適合的書。

但要知道數位看板不僅是互動，也不只是關於行銷，甚至它也不是技術的本身。布蘭達・勞雷爾（Brenda Laurel）在《劇院般的電腦》（*Computers as Theater*）中形容第三代螢幕的說法——「不要把電腦想成是工具，而應該想成是一種媒體」——也適用於第五代螢幕（然而仔細想想，其他幾代螢幕似乎也都一樣適用）。因此把數位看板當作是一種新媒體的誕生。然而，它不算是傳播媒體；把它當作是一種體驗媒體，一個吸引人們去體驗的地方。

因此請你把數位看板當作體驗來用！把它弄得娛樂化一點，並盡可能在你的空間設計美學的元素（我們最愛舉的例子就是米高梅大酒店〔MGM Grand〕澀谷〔Shiboya〕餐廳的視訊牆，營造出一種沒有這種技術也許就無法實現的氣氛）。但在凱爾森已闡明的三種網絡類型之中——銷售點（Point of Sale）、交通點（Point of Transit）及等待點（Point of Wait）——不只是被動的致力於暫時娛樂眾人，而是在一段持續時間吸引他們的一種積極體驗。這並不太容易，但請你在最後一章看看歐布朗（Oblong）公司正在做的互動，那是今日只會分析及回應人們手勢的簡單觸控介面所望塵莫及的。然後想像你要如何使用數位看板網絡去吸引、灌輸，並使人們遠離往往也能在三種網絡中發現的平凡共通點：等待、等待、再等待所造成的沉悶。

有趣的是，歐布朗首席科學家及創始人之一的約翰．昂德柯夫勒（John Underkoffler），也是史蒂芬．史匹柏（Steven Spielberg）導演的《關鍵報告》（*Minority Report*）首席科學顧問。這部電影對於採用這種新媒介的事業提供了一項警訊：要提防導演對於行銷的那種憧憬。回想一下由湯姆．克魯斯（Tom Cruise）扮演的角色約翰．安德頓（John Anderton）在公眾場合無論走在哪裡，他都會被直接針對他傳遞訊息的廣告給疲勞轟炸。我們不知道有誰願意生活在這樣的世界裡，但在這裡我們很明顯地成為不斷推銷的內容所持續攻擊的箭靶。我們不是反對客製化訊息——事實上，你可以數位化的東西都可以客製化，所以它應該是任何數位看板網絡的重要組成部分——而是反對這種技術。不要只是裝飾性地客製化你的行銷訊息，而是要更為透徹地客製化——除非別人真的允許與你互動，否則不能針對個人死纏爛打。不要這麼蓄意（及粗魯）地一直利用人們的名字及其他明顯的顯著特徵；而是讓他們發現你對他們有價值，而且最好是在偶遇的情況之下（類似我們稱為「模糊行銷」〔Diaphanous Marketing〕的東西）。

此外，不要只客製化訊息，同時也要提供客製化優惠。如果你真的了解進而能個別針對每個人，那為何提供他們與其他人一樣標準的東西呢？如果你採用大量客製化（Mass Customization）的原則，這麼做就不一定會很花成本，還能有效地為顧客提供獨特的服務。如果你不願意把你的顧客當作是獨特的人，那你為什麼一開始又要用名字和他們說話？我們不是資料庫中的條目，我們是活生生的人。

而做為活生生的人，我們的日常生活越來越重視為了體驗所進行的消費，因此消費者的確在追尋一種「體驗經濟」（Experience Economy）。我們不再需要用一些假貨來冒充，我們要用真品來使其成真。所以千萬不要犯許多行銷人員以及廣告代理商那樣的錯誤——讓你的行銷，特別是你的廣告，成為一種造假的機器。每當廣告誇大任何供應品的特性、優點或感受時，廣告所描述的與人們實際接觸商品的感覺之間就會出現認知差距，而對公司來說，就有不實推廣之嫌。

在我們所生活的時代裡，需求的創造（Demand Generation）應該要變成一種「位置營造」（Placemaking）——創造實體或虛擬的地方讓人們可以直接體驗你的產品。那麼在你推銷自己及人們所接觸到的事物中間，就不可能有斷層，因為它變成完全相同的事物！看看製造商「美國女孩」（American Girl，美泰〔Mattel〕公司的一個單位），與其驚人的「美國女孩的店」（American

Girl Places），以及它的精品店和小酒館；荷蘭國際集團的網路銀行（ING Direct）及其咖啡館，已經為該銀行催生出一億美元以上的新帳戶；美國陸軍與其在AmericasArmy.com的線上遊戲，以及現實世界中的招募單位陸軍體驗中心（Army Experience Center）；或是樂高（LEGO）整個位置營造體驗的投資組合，從其透過「發掘及教育中心」（Discovery and Education Centers）發展而來的LEGOLAND主題樂園，到像是「樂高由我設計」（DesignByMe）的線上體驗及其虛擬世界LEGO Universe。

因此，數位看板不該只是傳統傳播及行銷策略的一部分，而是創造本身位置營造體驗的投資組合其中的一項元素。譬如說前往荷蘭國際集團網路銀行咖啡館，並注意他們是如何利用面向店外的數位看板來吸引經過的路人，還有進到店裡參與、提供情報，甚至是簽名愛咖啡的消費者。該銀行的用法將第五代螢幕有效整合到一個有吸引力的現實世界，並讓這種體驗真實可信，同時它也透過一個誘人的網站使用第三代及第四代螢幕，讓咖啡館第一次開張，就鼓勵人們「來我們咖啡館真正體驗我們」。

正如這些例子所證明的那樣，數位看板可以帶你進入一個在現存數位領域之外，融合現實及虛擬的美麗新世界。但如果它不是用來與你的現有及潛在的顧客建立人與人之間的聯繫的話，那這樣有何意義？不使用這種新技術，也不用凱爾森在這本真知灼見的書中所概述的原則，那頂多只是賣出更多東西而已。在真正人性的層面上用它來與人們產生聯繫，那麼你要賣的東西就會具有自我銷售的能力。

《體驗經濟與真實性：消費者真正想要的》共同作者

B・約瑟夫・潘恩二世及詹姆斯・H・吉爾摩

B・約瑟夫・潘恩二世（B. Joseph Pine II）及詹姆斯・H・吉爾摩（James H. Gilmore）是總部設在俄亥俄州奧羅拉（Aurora）的策略地平線公司（Strategic Horizons LLP）共同創辦人，他們這間發想工作室一直致力於幫助企業構思及設計新的方式，以增加其經濟產品（Economic Offerings）的價值。他們同時也是《體驗經濟與真實性：消費者真正想要的》（*The Experience Economy and Authenticity: What Consumers Really Want*）的共同作者。

導言

傳播的高度發展特性使人類異於其他生物。從史前時代開始，人們就已把圖像置於其他人會接觸到的地方來傳播重要的資訊，例如石洞壁畫即為其中的明證。

在過去一百二十年左右的時間裡，技術上的快速進步已將人類的傳播能力，變得比以前的時代速度更快、幅度更大。自從一八九〇年迪克森及愛迪生的電影放映機（Dickson and Edison's Kinetoscope）的出現而發展出電影以來，這種圖像及文字會動的大銀幕遂成為傳播的主要形式（圖I.1）。一

圖I.1　第一代螢幕，大銀幕。

開始它令人新奇，後來成為一種娛樂，接著在其誕生的前十年當中，也成為獲得新聞、資訊、宣傳及廣告的來源之一。

在第一個電子螢幕，亦即電視出現之前的半個世紀，第一代螢幕進入了我們的日常生活之中。電影是一個非常公開、集體經歷的傳播形式，然而第二代螢幕則是在較為舒適的環境：他們的客廳裡向人們傳播（圖I.2）。正因如此，其傳遞的訊息種類不同，觀眾所看到的也不同。

再過了四十年，第三代（也是第一代數位）螢幕，亦即個人電腦問市，而它直到一九九〇年代初隨著網路的出現，其做為傳播媒介的潛力才變得明顯（圖I.3）。這是第一次人們擁有個人化的螢幕，可按需求在任何時候、（幾乎）任何地方供他們隨意查看資訊。

當搭配蜂巢式技術（Cellular Technology）的掌上型電腦（PDA）出現，手機至此聲名大噪，並讓它取得了第四代螢幕的地位——目前為止最為私人與最受控制的螢幕（圖I.4）。此一革命

圖I.2　第二代螢幕，電視。

性的便攜式螢幕將人們帶入現實世界中，而且讓他們無論何時都能使用資訊。

上述這些螢幕使人們能夠彼此溝通，無論是提供資訊還是刺激購買。每代螢幕都有獨一無二的特點，並且都在不同的地點，給予觀眾不同程度的控制權來與人們接觸。然而就整體來說，它們在傳播網（Communication Grid）中仍無法填補所有的空白；尚有許多地方是每天都有人去，卻沒有一個這類的螢幕，能替行銷人員、雇主或其他單位傳遞訊息，告知受眾和導引決策。

圖I.3　第三代螢幕，個人電腦。

©2003 Ayaaz Rattansi.

圖I.4　第四代螢幕，行動電話與PDA。

©2008 Steven Smith.

因此，是該邁入數位看板（Digital Signage）的時代了。

今日各項先進技術的結合——各種尺寸的低成本平板螢幕、數位蜂巢式及無線Wi-Fi網絡、以網頁為基礎的控制軟體——使第五代螢幕的建立成為可能，並可在其他四代螢幕較少出現之處接觸觀眾（圖I.5）。從告知消費者產品資訊及形塑其購買決策的零售貨架上小型螢幕，到適當時間傳達適當訊息、明亮而不斷變化的高速公路廣告牌，數位看板在教育、行銷、零售及員工溝通環境中的傳播上，提供了一個功能強大的全新媒介。第五代螢幕創造了一種至關重要的視覺聯繫，將我們每天都會接觸到的其他螢幕訊息連結在一起，在我們行為的決策時點上引發我們的好奇本性。

圖I.5　第五代螢幕，時代廣場中的數位看板。

©2009 Jeremy Edwards.

這是史上第一次，有一種螢幕可以同時滿足消費者想看和想互動的欲望。數位看板的工作是隨著消費者的體驗、目的及思維模式而調整。這對廣告客戶與消費者來說，的確是雙贏。

當然，數位戶外媒體（Digital Out of Home，簡稱DOOH）比數位廣告牌的範圍更廣。結合高度適應於其閱聽大眾及環境的動態內容、高畫質視訊影像及通常會有的互動功能，讓數位看板可以幫助、激勵、誘導我們，並將我們聚集在一起。無論你是觀看它們、碰觸它們、踩在它們上面、與它們互動，還是在高速公路上以每小時七十英里的速度通過它們，這些全新的螢幕對於我們的決策及我們的體驗將有強大的影響力。

如同之前出現的每一代螢幕，第五代螢幕最重要的元素不是其背後的技術，而是它所傳遞的內容。如果沒有適當的內容，或是在未能清楚了解數位看板的力量之下傳遞內容，此一技術便無法給予價值，也不能刺激消費者，更難為品牌加分。只要懂得如何制作適用於數位看板的內容，你就是那個能從中獲益的人。

本書提供多達一百六十張的插圖及照片做為範例。還有一些以靜態圖片製作的視訊及Flash成品，在本書的輔助教學網站www.5thScreen.info上有它們的全彩及全動態版本，並搭配彩色的圖解。除此之外，輔助教學網站也將根據最新的業界內容趨勢、影片訪談，以及書籍的推陳出新而進行更新。

1 全新的媒介：數位看板與內容的力量

在資訊及廣告的龐大數位領域之中，我們常會發現自己面臨過多的媒體投放（Media Placement）與創意的選擇。因此無論是廣告代理、創意製作公司、品牌或媒體集團，現在都必須思考數位看板或數位戶外媒體（DOOH）的最新投放方式。此一最新的第五代螢幕有其確保成功的特色、內容方法及策略。

每一代螢幕都被廣告商用某種方式來傳達訊息。例如當網際網路剛開始成為我們日常生活的一部分時，廣告內容就師法印刷型錄式的固定思維，而非真正創造出符合該媒介特質的媒體。廣告商需要考量每一代螢幕的特質，才能最大限度地提高成功的機會。經營大部分的數位看板也是一樣，因為人們已經透過電影、電視學習到視覺語言，並藉由網際網路、行動裝置習得互動的規則，現在這些習慣都將轉換到數位戶外媒體來。但是每代螢幕的傳播方式不同，因此觀眾在何處與如何接觸它們也各有特色。這就得取決於觀眾與螢幕之間的關連，以及面臨各代螢幕變遷時所抱持的固定思維。

想要了解數位看板如何提供獨特的價值給觀眾，我們就該設想當他們彼此接觸時的期望為何。好比說看電視，觀眾普遍的期望是能獲得娛樂；此一心態決定了消費者如何吸收訊息。另一方面，電視節目的製作單位也有其不同的利益：他們提供娛樂的價值以吸引足夠的關注，是為了讓消費者也能看到支付娛樂成本的廣告訊息。這產生了一種基本的矛盾：收看者只是單純地想要獲致娛樂，卻因廣告干擾此一目的而憤恨不已。

娛樂的固定思維可以追溯自第一代螢幕——大銀幕——但消費者必須以購票的形式直接支付娛樂的成本。電視隨即以「娛樂—廣告—娛樂」的模式予以取代，卻也引發長期性的心理煎熬。直到電視觀眾找到了解決方法才接受此一模式，一開始是先錄下節目然後用快轉避開廣告，而最近則透過像是TiVo的數位錄影機來處理。電視製作單位也試圖效法電影放入其他暗示的方法：將產品置入娛樂內容之中——從飲料罐到流行歌——來呈現產品並收取費用，以挽救與觀眾之間的不良關係。

再來看電腦上使用網際網路的情況。這裡的觀眾是被不同的事物所吸引，因為該技術強調的是互動，而內容則偏向個人化。同樣地，廣告商試圖透過此類螢幕接觸消費者，但他們也遇到跟電視相同的問題：他們的目標出現落差。在這樣的接觸當中，觀眾的反應開始轉守為攻。彈出式視窗廣告就像電視模式裡的廣告干擾了觀眾，因此很快就被惱怒的觀眾用快顯封鎖軟體（Pop-Up Blocker）狠狠地拒絕（現在大部分網頁瀏覽器都強調內建快顯封鎖功能，這就是網友擁有此一廣大需求的明證）。橫幅廣告（Banner Ads）則是引起觀眾注意的最普遍作法，透過產品展示或觀眾用關鍵字搜尋，希望導往相關網站。但很不幸的是，觀眾通常也會忽視這些廣告，除非他們剛好正在尋找相關的產品或服務。現在的橫幅廣告更使用了動畫與影片試圖抓住使用者的目光——為了獲取關注（與潛在點擊機會）的另一種不同形式的干擾。

網際網路上的廣告問題在於觀眾接受廣告後，有沒有可能真的受到吸引而採取行動。當觀眾在尋找產品或服務時，他們才比較有可能點擊橫幅廣告或付費的搜尋廣告。但相反的，若使用者搜尋的是較為一般的資訊或觀賞娛樂內容，廣告就是一種干擾。然而廣告商和行銷人員都想要接觸盡可能多的觀眾，所以他們發展出更複雜的方法來產生正面的回應，並與消費者增加更多的互動。有時這些可能會很不自然，但在其他情況下，例如社群網絡，還是可以讓他們感到有趣。

手機螢幕由於讓廣告商更難吸引觀眾，因此被視為是更大的挑戰。行動手持螢幕適合放進觀眾的口袋、錢包及手掌中，使其成為人們的親密夥伴。利用該螢幕接觸觀眾的初步嘗試是失敗的。直接傳遞的簡訊被當成垃圾郵件——尤其這得佔掉大多數消費者幾千位元的儲存空間。於是人們把它當成是廣告電話及傳真：侵犯他們個人私密裝置的多餘之物。正因為如此，手機螢幕是迄今唯一廣泛採取消費者事先許可（Opt-In）模式的一代。

行動裝置的觀眾將手機視為個人化的工具。多增加一個媒體管道，同時也可以變成私人的玩具。這些觀眾的固定思維是，那個是屬於他或她自己而不是別人的領域。對行銷人員至關重要的是如何促使受眾選擇自己參與，再以其他方式吸引受眾。由於這牽涉到使用者原生內容（User

Generated Content），因此近來行銷人員在經營手機上唯一有效的方法，就是仰賴數位戶外媒體。

顯而易見的是，行銷人員為了在大部分螢幕上以有關連的方法傳遞自己的品牌及訊息給受眾，已吃盡苦頭好一大段時間。在這些螢幕上，他們都採取創意十足、極富吸引力卻不盡實在的策略，但除了一種例外：第五代螢幕。這是媒體史上首次，有媒介完全符合觀眾對它的期望。

第五代螢幕將其他螢幕失去的連結接合起來，因此它的前途比其他螢幕都更為光明。它的經營模式、內容及投放，對廣告來說非常理想。因為它是被設計來以各種方法提供與觀眾有關連的事物。如果處置得當，它所收到的效果將能與首波電視廣告時段所帶來的新鮮感及專屬於個人的性質相抗衡。

數位看板的網絡類型

在討論數位看板的最佳優勢之前，我們需要先認識可資經營的不同網絡類型。數位看板網絡有三個基本類型，將決定內容投放的方式，以及因應這些螢幕放置地點而制定訊息的方法：

- 銷售點（POS）網絡正如你所預期的：亦即消費者在接近銷售產品或服務地點所接觸的數位看板。這些螢幕通常由商店內或零售區的數位看板所組成。有時它們還包括放在貨架轉角處的專案架，或靠近店內熟食區的螢幕。這些觀眾都是購物者（圖1.1）。這種類型的網絡力量是可以立即呼籲購買；螢幕正好放置在消費者決定要買什麼東西的地方。其內容不但能吸引關注，同時產品及品牌與消費者想買的東西也有所關連。

- 與交通樞紐及商店櫥窗結合在一起的數位廣告牌及螢幕，構成了第二種安置類型的交通點（POT）網絡。這可以說是業界的活海報。它們要在短時間內吸引經過的消費者。而這些消費者都是來來往往的觀眾（圖1.2）。所以這些螢幕主要的功用在於建立品牌形象或價值，並在突然之間拋出視覺上充滿吸引力或有活力的內容。很多消費者都已經熟悉這種類型的

圖1.1　POS網絡通常在購物者聚集的地方。

POT網絡。即使是計程車頂上的外部螢幕，它的功能就跟移動的廣告牌一樣，因此也被認為是一種POT類型的螢幕。

- 第三種類型被稱為等待點（POW）網絡——它們鎖定的是正在等待產品或服務的消費者。通常我們能在排隊結帳及醫療保健與住院掛號之處，還有公司內部的溝通管道碰到這種網絡。觀看這些螢幕的消費者，是正處於停留時間的觀眾（圖1.3）。另一種典型的POW網絡也能在銀行櫃台看到，在那裡排隊的消費者，普遍對當時播出的廣告及內容接受度高。通常時間長一點的良好內容，將為銀行出納員減少排得不耐煩的顧客，這都是由於它能縮短認知上的等待時間。安置在電梯內的數位螢幕提供了新聞快訊還有廣告，也許從一樓到其他樓層的短暫之旅有些天氣預報，更讓廣告商在人們停留時接觸到觀眾。能把所有人都聚在同一個地方的另一領域則是內部溝通頻道。簡單來說，沒有人可以迴避工作場所裡的數位看板。有些網絡是互動的，例如計程車廂內乘客面前的螢幕。在此情

圖1.2 POT網絡位於人來人往之處。

©2009 Lamar Advertising.

況下，觀眾的停留時間更長，因此更能接受較長或較多的訊息。上述POW網絡的共同點都在於，觀看的消費者不但接受度高，而且有足夠的時間暴露在長篇又不斷重複的訊息之中。

今天大多數廣告代理與許多同業都認為第五代螢幕就是數位戶外媒體，但其實後者多半是指以廣告為基礎的網絡，一般由廣告代理商（Advertising Agencies）來主導。簡單來說，這類似他們的「戶外媒體」（Out-Of-Home，簡稱OOH），此一廣告術語自從電視誕生並將廣告帶入家庭之後就有了一席之地。不過以廣告為基礎的網絡（數位戶外媒體）與非廣告為基礎的網絡（數位看板）還是有明顯的差別。在三種網絡類型之

圖1.3　充分利用人們停留時間的POW網絡。

©2009 The Wall Street Journal Office Media Network.

一的ＰＯＷ中，數位戶外媒體與數位看板是可以交互使用，而ＰＯＴ網絡則大多屬於數位戶外媒體。至於ＰＯＳ網絡則主要被稱為數位看板網絡。

維持關連性

這些網絡類型所採用的數位看板技術，在位置與方式上各有顯著的不同。相對來說，它們也需要行銷人員專門制定與觀眾相關的內容，來因應後者所從事的主要活動，無論是在移動、排隊等待或者購物。當觀眾在那裡觸及到此一內容，而且與其固定思維及生活方式產生某種連結，那麼這就有了關連性與影響力。

有關連性的內容可以透過手動建立播放列表的程序顯示給消費者，或是藉由先進的搜尋引擎這種更為個人化的方式，根據網絡類型及特定螢幕的確切位置來讓內容變得更有用。與網絡及場地相合的內容才能給觀眾有用的資訊，並且創造出更能打動人心、更引人入勝的體驗。

所有的數位看板網絡為因應一天事件的發生都能動態變化，這樣才能提供觀眾真正相關與所需的訊息。這些網絡若能增加任何互動的能力，自然也能提高關連性，並以高度黏著的方式吸引觀眾。這意味著由於體驗時間的延長及觀眾實質受到吸引，讓訊息與觀眾之間產生了密切關係。觸覺上的體驗更能加深觀眾的連結感。此一互動的範圍從使用手機的觸控式螢幕，到人機的體感互動（Gesture Interaction）都包括在內。手勢互動是種非常有趣的技術，參與者只要站在螢幕或投影機前做動作，內容就會跟著一起改變。

從這些互動中還能記錄觀眾選擇的數據，這些資料對行銷人員也非常有價值，他們可據此調整訊息，讓產品更為吸引消費者。

投資報酬率在哪？

你可以用很多方法來測量數位看板的投資報酬率（Return on Investment，簡稱ROI），但要看它是屬於哪一種網絡類型。以POS網絡來講，最終有銷售出去才算是有成功。對於POT網絡而言，報酬率是以眼睛看到或人群接觸的次數來計算。至於POW網絡，則是連呼籲購買、眼睛觸及，還有觀眾基於體驗而改變態度行為都包含在內。

雖然每個網絡類型的測量方式各有不同，但相同訊息的傳遞若比較傳統媒體——包括報紙，這些網絡都更具成本效益。一旦網絡安置好，那麼用來維持新鮮度的資源全都是數位化的。內容的傳遞由電子操控，現代化的螢幕高效節能，甚至創造的內容都是數位化。還有創意——實際上與提供給消費者的訊息有關——的部分也能投注更多資源，而需要用在生產與散佈的資源則幾乎是少之又少。時間一久，無需印刷、派送紙張、卡片的成本節省就會相當顯著。所以這樣可以省下來的材料包括：紙張、油墨，以及生產和運輸所需的能源。

在某些情況下，像數位廣告牌這種技術，它以十五秒左右的頻率變換訊息，使業主獲得更多的收入。此一相同電子式實際使用面積的重複使用，讓單一螢幕可與更多品牌一起分享——這是大部分紙本看板做不到的事。它還有個額外的優點是能隨時顯示最新內容，相對於以一天為單位的媒體更能刺激消費者有所反應。然而，最有價值的部分還是在訊息傳遞的有效性。由於數位戶外媒體與消費者連結緊密，它可以比其他各代螢幕更具關連性，並能在其他螢幕辦不到的地方接觸消費者（而且該處可讓消費者欣然接受）；它就是有辦法提供更好、更一致的訊息傳送。這樣除了能以明顯的產品銷售提升產生收益之外，還可獲致隱性的好處：品牌價值的水漲船高。

正因如此，行銷人員才能調撥效益較低的市場支出到數位看板，以進一步提高ROI。將傳統媒體的預算抽走已是司空見慣，而且此一情況的發生是跨部門、跨網絡類型的現象。由於這種調撥重分配的成功經驗在各網絡中都適用，因此還頗受歡迎。而且大多數的情況下，ROI效果評估在網絡的試行階段便能輕易獲得印證。

環保的解決方案

世界各地的企業每天都在問的問題是，如何讓我們的事業變得更環保？數位看板也是一樣，都被面板製造商、零售商、企業，以及還在使用印刷的領域問著相同的問題。根據美國環保署的統計，二〇〇八年所製造的二億四千六〇〇萬噸垃圾中，其中紙製品只有五〇％（四千二〇〇萬噸）

被回收再利用。當你要印刷海報時，必須得考量所有的面向，包括油墨、化學品、黏合劑、溶劑、包裝、運輸、遞送，然後還要將舊海報進行必要的處理與回收。用常識就能判斷，透過高效節能的顯示裝置並使用較少資源來傳達每日訊息，會比傳統的紙本方式更適合做為一項環保的解決方案。

那麼若以每月或每季來看，運作螢幕所需的能源是否超過用來設計、印刷、遞送，以及安置新電子看板所花費的資源？在諸多比較數位看板與傳統看板碳排放量的研究中都表明，投影顯示器的碳耗較傳統海報包裝還少七．五％。這項獨立研究由媒體趣味（**MediaZest**）數位廣告公司委託、思科（**Cisco**）及松下（**Panasonic**）共同贊助，再由領先業界的消費者研究公司**ROI-Team**與英國布魯內爾大學（**Brunel University**）一起完成。他們走訪各個廠房計算排放量，並比較各方面型態的安裝、執行、維護及廢棄處理，再評估電力、燃油、紙張及油墨的消耗。數位顯示裝置的部分，則分析了松下**PT-D4000**投影機、可應用在窗戶上的**3M Vikuiti**背投影薄模（**Rear Projection Film**），以及思科的媒體播放器。所有訊息內容的改變都只透過一條寬頻線路，因此不需要重複的印刷與佈線，更何況一般螢幕預設的壽命都能達到三年之久。

面板製造商也正在製作高效節能的面板而大步邁進。用側光式（**Edge Lighting**）的LED新技術取代了傳統的螢光燈背光式（**Florescent Backlight**），這是技術本身的轉變可以帶來環保解決方案的一個鮮明例子（圖1.4）。平均來說，捨棄螢光燈背光之後可節能三〇％以上。

雖然目前的數據尚未獲得完全有效的結論，但我們知道單一的螢幕與成千上萬的紙張、數百加侖的燃料，以及數百個小時的人力資源在短短一年中所消耗的能量相比，前者必定能成為更有效率的替代選擇。從這一點來看，我們推斷數位看板網絡相對於現有方法，的確會是一個非常環保的解決方案。

圖1.4　使用LED燈測照可有效降低功耗。

數位戶外媒體如何改變行銷及傳播

當今的行銷人員為了接觸消費者，已經大量運用前四代的螢幕。從電影內置入產品、電視廣告、網站橫幅廣告，甚至透過SMS文字簡訊將優惠券傳到行動裝置，每代螢幕在行銷的工具箱中都各有其功能。

行銷人員也知道在許多情況下，這些螢幕的效果都在遞減。數位錄影機引發了TiVo效應，讓消費者可以將電視廣告快轉。在網際網路上，大部分使用者拒絕付費的搜尋引擎，同時使用封鎖軟體對抗彈出式廣告，結果造成另一種反向作法。現在行銷人員的共同手法（雖然成功機率不大），只能以引人注目的動畫及網站上的影片來相互競逐注意力。手機螢幕就設計上而言，是專屬於個人且高度可控制的環境，更使其成為一個難以直接推銷內容的地方。

有效的行銷手段在於善用這些媒體的優點，同時也要考量到它們的弱點。數位看板的力量在於，它能將其他各代螢幕有效地連成一氣，並且有助於跟隨消費者日常活動的每一步，確保適當的訊息可以傳達給他們。由於消費者可能會在特定的日子裡同時遇到POT、POW跟POS環境等好幾種類型的數位看板，因此數位看板的搭配運用將有助於品牌行銷人員，確保從第一次接觸訊息到決定購買這中間，能持續以各種方式影響消費者。

數位看板可以與其他類型的螢幕通力合作，以更有效的方式向消費者傳達行銷訊息。秀在電視廣告中的產品，搭配數位廣告牌及零售店出口處的數位看板對其品牌印象的加強，隨後商店貨架上的數位看板可提供互動，再發送優惠到消費者的手機螢幕，這些都可以在消費者一天的活動中經過巧妙安排而強化效果。

想要了解如何安排的最好辦法，就是去想像消費者每天是怎麼過的，然後要用什麼方法才有可能接觸到他或她。消費者的決定是如何受數位看板所影響？在早上，我們的消費者起床後就會在電視機前選頻道來看，他第一時間能接觸到冷凍披薩的品牌廣告就是看新聞的時候。一上網他就先去查他入口網站的電子郵件，這時他又遇到了相同產品的橫幅廣告，因為行銷人員已經鎖定消費者的個人世界做為推銷的一部分。

當開車去上班，我們的消費者也接觸了第一塊數位看板，一具座落在高速公路沿線的大型廣告牌。由於道路感應器會發佈今晨哪個路段車速很慢的訊號，因此即時的交通資訊就會混進人們食用新鮮出爐冷凍披薩的畫面，以及品牌的商標。在停車場到辦公室之間，則是消費者順道買杯拿鐵的好時機——然後在零售據點排隊時又會遇到小型的數位看板。披薩烤爐是其中的幾個品牌之一，它的產品在螢幕裡以十五秒的短片展示，中間還穿插了頭條新聞及體育分數等消息。短片中也提到了店內的五角美金折價促銷。

在驅車回家的路上，高速公路旁的數位廣告牌發生了變化。現在是接近晚餐的時間，因此廣告所要呈現的是希望你在回家的路上去購買冷凍披薩當晚餐。

在當地的超市，我們的消費者也將接觸貨架上安裝的小型數位看板，就在披薩附近的冷凍食品箱旁邊。另一個披薩公司訊息的主題，包括五角美金折價的促銷，都在十五秒的短片裡整天不斷地重複播送。廣告最後再呼籲消費者發送文字簡訊給披薩烤爐公司，然後五角美金折價優惠券就會直接傳回至他的手機。結帳時，優惠券的條碼就能能讓收銀員掃描，於是我們的消費者便可帶著晚餐回家。

當然，任何人都可能在白天排隊等買午餐，或在銀行等候存入支票時接觸更多的數位看板。也不是每次的接觸都能為特定品牌或訊息加強印象，但概念是明確的：單一訊息或一組相關訊息是可以跟隨消費者每天的實際路徑，並在銷售或適合做決定的地點提供一致性的提醒及購買的最後呼籲。

只要與印刷廣告、電視廣告、廣告牌等相互配合應用，數位看板也能讓廣告商在當今行銷人員通常無法傳遞訊息的地方吸引消費者。因為電子看板是動態的，能即時順應一天中的時間調節變化，因此比靜態的傳遞系統更為有效。

數位看板做為內部溝通工具

數位看板不僅在公司對外應用在消費者身上有用，從公司新訊、政策到最新產品、供應品，一切與員工之間的溝通，也可以是一個非常有效的工具。

擺在員工聚集的地方——員工餐廳、休息室、更衣室及儲藏室——數位看板可以很容易地成為這些領域的焦點並令其關注。因為有高解析度的動態畫面，這些螢幕比電子郵件更能有效地引人注目（後者也很難控制有無讀信）。這些螢幕上的訊息，因為都在員工自然聚集的地方推廣，相同的內容比放在員工必須主動前往的企業內部網站，還容易被看到（圖1.5）。

螢幕播放影片的能力，讓新產品或規則的宣揚也變得非常有效。

圖1.5　勞斯萊斯（Rolls-Royce）公司做為內部溝通用的大廳螢幕。

當內容在大螢幕上一次向一群員工呈現時，也需要具備獨特的心理氛圍。它可以籍由論述或針對公司重要事項誘發群體行動，產生群體動能。這些訊息對那些多數工作人員不常使用電腦的公司特別有用，否則他們得透過公告欄或印刷信函才能知悉。後者這類媒體在受關注的能力上較為受限，特別是當勞動力不是待在定點的時候。

再次強調，內容至關重要；將嚴肅的公司資訊混在軟性的訊息裡，最有可能維持員工的關注。

為何內容最重要

雖然所有的證據可以很容易地得出一項結論，那就是數位看板在傳播網中的確具有重要的地位，但這並不能保證個別行銷人員、網絡，或者螢幕只要部署完成就能成功。數位看板的技術本身是一個成熟的傳遞機制，不過往往因為行銷人員不太適應它們的思考邏輯，創造不出至關重要的新內容而屢嘗敗績。

這個發現並不令人意外；前面幾代螢幕因為內容及其呈現的方式，在特定情況下也都有成有敗。第五代螢幕迷人的地方，在於它繼承了來自前面四代螢幕的精髓。數位戶外媒體如同近期電視螢幕的更迭，採用了高解析度的影片，並和電腦與網際網路一樣，使用Flash格式產生的內容。至於與行動電話相比，它也是專屬於個人且可導引至單一閱聽人。數位看板的內容必須獨立創作，不過它與其他四代螢幕也必須具備連貫性，才能讓訊息跨越螢幕間的數位領域相互呼應。

在這個傳播網當中，數位看板還需特別注意每個網絡類型，無論是POS、POT或POW的一些獨特細節。當我們接近做出購買決定的地點時，訊息就要改變。廣告牌上的訊息可能是由品牌來帶動，而在貨架上的訊息則要由產品來帶動，不管怎樣都要在整個廣告系列中，透過這些螢幕同時保持一致的創意元素。

為電視製作高解析度影片的素材，或者從電腦與網際網路而來的Flash格式及數位設計內容，都可以為了數位看板重新製造且有效地改變用途；這與其他媒體的內容不同，專屬於第五代螢幕。我們可以建立從電影開始以來就發展的視覺暗示，不但色彩能導引情感上的提示，圖像的形式也可提供觀點。這些大家已熟悉的視覺語言，將透過新的裝置來傳遞：數位看板。

要讓數位戶外媒體內容持續更新也是個不小的任務，但利用創意素材對內容略為修改時，這些素材仍將在消費者心目中維持訊息的新鮮感。其他方面的考量我們將在後面的章節中討論，諸如停留的時間及接觸的頻率，這些都會直接影響訊息更新的速度。此外訊息隨著一天的時程而與其他資訊組合的作法，也可以在正確的時機、正確的場合為了特定的閱聽大眾而改變。為了配合閱聽人的年齡、收入及行為態度而對內容更進一步地微調，也將增加創意的工作量。

當制定內容的物件包含互動功能時，首要之道便是借鑑已經存在的網頁內容。雖然設計與圖像元素可供直接轉換，不過數位看板的互動性需要大一點的按鈕，且只能在螢幕上進行單一用途的一次性動作。這種類型的內容還包括與第四代螢幕，亦即行動裝置之間的配合，畢竟數位看板設計的目的就是為了促銷，再進而鼓勵購買。在手機螢幕上下載或被瀏覽的內容將與數位看板共享一些素材，但彼此間的情境及訊息會有所不同。

小結

數位看板所顯示的內容形形色色。這是在適當的時機以適當的訊息，在觀眾自身的環境中與其悄悄接觸的一項技術。有鑑於今日網絡的成功，我判斷這個行業在二〇一五年將達到二五％的滲透率（Penetration）。而當今世上在零售方面只有不到二％的滲透率，這意味著將有數百萬駐點的數位看板會出現，並且隨之創造出數十億則內容。

為數位看板所制定的內容與其他各代螢幕沒什麼不同，都需要深思熟慮、講究流程，並在策略上得創造醒目而有效果的內容。對於數位看板來說，內容才是王道。

數位看板的力量在於能將有創意、吸引人的內容傳遞給相關的受眾，而且相較於其他曾經出現過的媒介，它在戶外環境的體驗上將以更多方式產生影響力。

2 內容策略：方法與程序

行銷人員在為了一項數位看板計畫而制定任何內容之前，必須先去了解許多有關網絡的事情——對該領域進行某種初步的調查。如果這是一個全新的網絡，那麼在第一座螢幕部署之前就必須先備妥策略藍圖。在此初始階段所學到的東西將影響你後續的諸多決策，這對網絡將訊息成功傳達給目標視聽受眾（Intended Audience）至關重要。制定一項策略規劃通常需要花點時間，而且對於那些剛接觸數位看板的人來說，還可能得學一些新概念與術語。不過這樣經常會產生兩股相互拉扯的力量——如何讓網絡真正有所發展，但又要在最小前期投資（Up-Front Investment）之下早點上軌道的雙重壓力。由於這種壓力，即使是經驗豐富的行銷人員，也會被誘惑而跳過這一步，特別是當行銷人員可應用現成的豐富內容時——電視廣告、平面廣告系列等。但正如同我們在導言與第一章所學到的，數位戶外媒體有其獨特之處，大家最好避免將那些內容直接拿來這樣用。

本書討論的重點是內容策略及其如何與數位看板產生關連。然而更重要的是你必須了解，從基礎建立一個新的網絡時，是有一些依循策略和步驟的。

網絡成功首先要做的十項基本步驟如下：

- **策略規劃；建立網絡類型**
- **內容關連性與受眾研究**
- **內容制定；網絡指導原則**
- **規劃網絡**
- **選擇適當的技術**
- **試行展示**
- **對試行的測量**
- **網絡正式運行**
- **測量整個網絡**
- **持續改良與測量**

從最初的步驟開始，將幫助行銷人員確認重要的決策者是誰，這對於內容的指導或提供會有所助益。他們可能在你的組織內部——從執行單位到不同品牌的業主——或在外部（例如合作夥伴）。了解還有誰參與其中，對規劃和執行面來說都非常重要，而且這樣才能在短時間內讓數位看板的廣告系列開始啟動。

之前也幫耐吉（Nike）網絡運作七年的普律澤集團（The Preset Group）合夥人佩特・海伯格（Pat Hellberg），同意事前規劃非常重要。「有清楚的目標與實踐的步驟，讓網絡之所以成為網絡，也讓觀眾有理由去觀看。這二者正是需要規劃的關鍵所在。」

最後還需要考量數位看板的特定網絡，如何與組織及目標閱聽人之間的其他傳播類型互動，這樣行銷人員才能確保數位看板可以幫助達成業務目標、促銷活動或其他目的的工作。

建立網絡類型

在第一章我們概述了三種數位看板網絡的基本類型。雖然行銷人員有機會——甚至有可能——將這些網絡混合使用在單一的品牌或組織上，但每個網絡所使用的內容卻明顯有不同的考量。一旦你了解網絡的類型及其關連性，那麼就能為觀眾設計出適當的內容。

在每個主要的網絡類型中，可以再分出一系列的次類型（下頁圖2.1），這將進一步確定觀眾的特性及其經驗，並且推敲出最合適的內容型態。

交通點

在交通點（POT）網絡裡，觀眾會在通勤途中經過看板，而且預期不會原地徘徊。這些網絡專為「來來往往」的觀眾量身打造。這些看板能沿著高速公路被大批快速經過的觀眾看到，也可以佇立在機場、火車站或公車站等人潮走過的地方。POT網絡的內容與傳統廣告牌最為相似，需要快速建立一個發人深省的印象，且其重點通常是在某個品牌，而不是特定的供應品。與傳統紙本相比它有雙重的價值。一個是動態；除了極少數的機械廣告牌，數位看板是唯一以動態的方式來吸引路過群眾的目光。另一個則是數位看板的訊息能隔一小段時間，或者配合一天中的時間及其他外在條件而產生變化。沿著高速公路的數位看板可能會在早上通勤時間強調咖啡的品牌，而晚上下班時段的訊息就變成與雞肉晚餐有關。

POT網絡可分成幾個次類型：

- 數位廣告牌

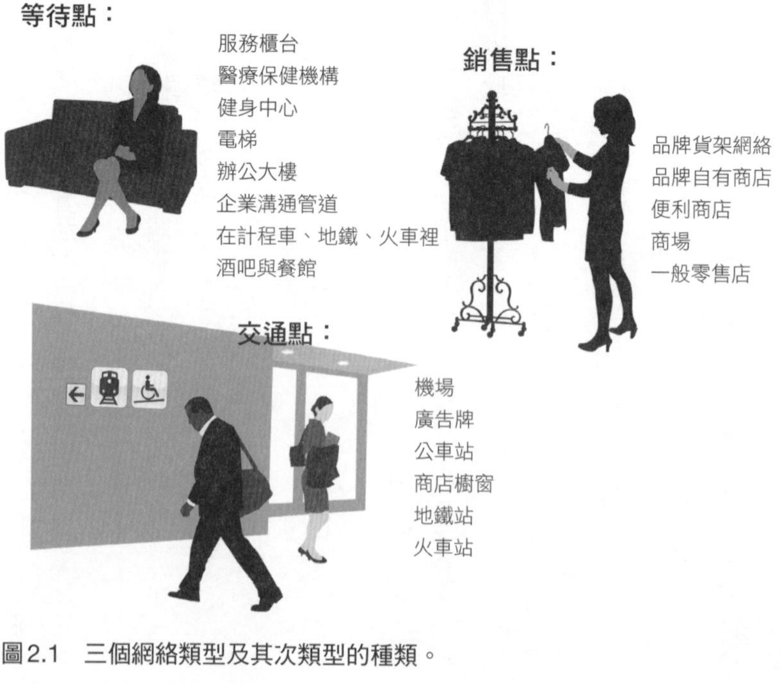

圖2.1　三個網絡類型及其次類型的種類。

- 交通樞紐內的看板
- 零售店朝外的看板

數位廣告牌

高速公路兩旁或都市行人天橋旁邊的數位廣告牌，可能真的是最容易讓人理解的次類型。這些廣告牌往往為了讓遠距離也能看得見而做得比較大，同時是個要在極短時間內傳遞訊息的窗口。事實上，消費者經過此類看板的速度，可能是決定內容類型及組合方式是否有效的最重要因素。拉瑪廣告（Lamar Advertising）首席行銷主管湯米．提佩爾（Tommy Teepell），解釋為何數位廣告牌如此地吸引廣告商。「因為這是數位的，所以是廣告牌史上首次，讓我能在一天中的任何時間變換我的廣告。」由於只有幾秒鐘的時間，因此這些看板以簡潔的幾個文字及煽動性的圖片不斷地放送，很適合用來打響品牌的知名度。「我們有個客戶基本上是在一家快餐店販賣檸檬水。於是他們就想把檸檬水攤子放在廣告牌上，」提佩爾解釋道。「他們首先提出要加一條狗在攤子旁，背景再放一些創意設計。所以我們把它放上去之後試試反應，然後我們說，『我們把背景的東西都拿掉，只留下檸檬水攤子與狗在黑底之中。將訊息放在賣檸檬水上，看看效果如何。』結果原本大家只是匆匆開車過去，突然之間賣檸檬水的概念開始引發矚目（下頁圖2.2）：『哇好有趣哦。有個檸檬水攤子，還有條狗在裡面跑。』」

有些限制剛好適用在這些廣告的更新速度上。例如大多數地方的交通法令規定廣告只能每十秒

圖2.2　為了服務快速經過、來來往往的觀眾，數位廣告牌的訊息要夠簡潔有力。

變化一次，此外廣告也不能有動畫。這是為了保護車輛駕駛所做的安全措施。提佩爾曾據此針對廣告長度及循環時間進行了大量研究。「通常我們所做的，必須得遵照當地政府的規範，不過我們經常也會有六個廣告客戶之多，而他們的訊息基於法規最多也只能播放八到十秒鐘。」

交通樞紐的看板

由於旅行過程中的所在地點不同，因此與數位廣告牌相比，觀眾會有比較多的時間待在交通樞紐，例如機場、火車站、公車站及地鐵月台內的看板，而且接觸的內容長度能允許某種程度的彈性。對於行銷人員而言，這裡的廣告提供了尋求建立品牌知名度的一種通路（圖2.3）。能吸引人們觀看這些廣告的原因是什麼？關鍵是要發人深省與

圖2.3　交通樞紐的數位戶外媒體除了有交通相關的資訊，也能安插全螢幕播放的廣告。

獨特——這些廣告引人注目的傳統方式只在平面印刷形式上做文章而已。但是，數位看板卻能比平面廣告還多具備二項利器。

第一項是廣告可以搭配其他的相關內容，好讓觀眾持續受到吸引。在這些場域的觀眾正在尋找與交通相關的資訊——時刻表、天氣預報，以及任何與他們行程有關的訊息。例如，一位剛剛降落在洛杉磯國際機場的乘客可能不只想知道天氣狀況如何，他也許更想知道當天當地所發生的大事，或者有什麼新電影上映、會在哪個戲院播放。數位戶外媒體創造了過去前所未有的另一層關連性。

個人計數（Peoplecount）戶外廣告研究公司的總裁凱利．麥葛利夫雷（Kelly McGillivray）在測量有無效果方面頗有經驗。「在行進過程中的任何訊息，我認為必須要五到十秒才會有效果，而且必須要有產品或商標單獨無聲地顯示在螢幕上。最好是以五到八秒的長度循環播出數次。我曾試過以分割畫面的方式來呈現，但沒有一次有效果。人們會記得天氣、體育與其他內容，但他們不會記得廣告客戶。我覺得內容與廣告需要輪流播放，但一定要用全螢幕的方式，或者至少有幾秒鐘的時間能佔據螢幕的大部分範圍，然後再換成別的內容。只要有東西佔滿螢幕就好，無論是什麼內容，因為人們真的沒有多工處理能力，可以同時看著四樣東西。如果不是只有廣告，如果有其他內容，那麼就需要以某種方式來回切換，這樣人們就會知道如果等個幾秒鐘，他們要的訊息就會出現。因此螢幕裡的東西總是會與他們相關。」

這些網絡還能進行一項重要的優化，就是積極地去配合出發點與目的地。在某個機場登機門的看板，如果有提供飛機與登機門相關資訊的話，顯示的內容便能加上與觀眾正要去旅遊的城市有關，然後也可以搭配與目的地相關的行銷訊息。地鐵月台旁的螢幕也能規劃與下一班列車目的地持續配合的內容。

第二個優勢是行銷內容的考量，它有辦法加入一天中的時間這項因素，以獲致最大的效果。搭乘早班飛機的乘客對廣告的接受程度可能會更高，特別是當它跟消費者一般早上所做的事情有關連的話——給過夜的旅客收看吉列（Gillette）刮鬍刀，或者給想吃早餐的人觀看吉米・迪恩（Jimmy Dean）香腸的廣告。

在所有這些情況下，還需特別花心力注意樞紐的類型差異及一天中的時間。例如地鐵的乘客在看板上所花的時間，會少於一般機場的旅客。

還有另一項重要的潛力，那就是在這些次網絡當中可以增加互動的元素。由於這是某種可供控制的環境，因此有些看板可以用此種方式讓消費者觸控螢幕，或與其手機進行互動以取得資訊，若在POS網絡甚至還能促使他們去購買。

零售店朝外的看板

面對人行道，好讓經過櫥窗的觀眾注意到的零售店看板，是一種數位廣告牌及店內網絡之間的融合體。它所面對的不像是商場裡的潛在觀眾，有那麼大的機會可以促使其購買——人們從外面走過特定零售商店的原因不一而足。但與路邊的數位廣告牌相比，它有更多的機會可以與經過的觀眾產生互動。這裡的內容若要能有效果，最好是與零售商（品牌、產品及特惠）有直接的關連性，要不然就得要是不尋常的東西——能吸引注意的潛在事物。體感科技（GestureTek）公司的共同創辦人及總裁文森（Vincent John Vincent）也呼應此一觀點：「人們從街上走過，零售店櫥窗的數位看板真的能抓住他們的目光，並且以互動及有趣的方式吸引他們。有些是零售商為了自己而安置，而有些則利用閒置的空間當作促銷上映電影的廣告版位。電影《第十四道門》（*Coraline*）的數位看板就是此一方式的絕佳範例（圖2.4）。那裡有一些電影場景的模擬，讓人們可以與場景做互動，因此使其有了成為電影一部分的特殊體驗。」

這些次類型的內容分段可以比數位廣告牌上的還長，但也不能過長，除非像《第十四道門》這樣屬於互動的體驗。在此情況下，我們可以將導引的分段弄得短一點來吸引注意，但互動的素材可以為了供人體驗而更長一些，完全視他或她想花多少時間在此內容上。內容也能根據一天中的時間而有其多樣性——營業期間的訊息很大程度上意在吸引觀眾進去店裡；營業時間結束後，訊息則較為鎖定在推廣品牌及鼓勵回來消費。房地產業就很流行這種作法來持續促銷不動產，因此就算是房屋仲介公司正值非營業時間，人們還是可以透過互動式螢幕瀏覽或甚至在螢幕上看房（圖2.5），一旦選好了還能留下聯絡資料，好讓不動產經紀人可以進行後續處理。

銷售點

銷售點（POS）網絡位於零售的環境中，它可以是在貨架上，或在商店中的其他地方，甚至在購物商場裡的公共區域。當然這些網絡是為了把「購物者」當作觀眾而量

圖2.4　在店前櫥窗促銷的電影《第十四道門》使用互動的體感技術吸引觀眾。

身打造的。當他們在店裡，消費者就是準備要購物，而且其固定思維在假設上就是要進行採購；他們往往積極地尋找產品及服務的資訊，或者在品牌之中挑選決定要買的對象。正因如此，POS網絡上的內容可以透過有價值商品的展示及購買行動的呼籲，而有助於促使這些消費者進行特定的採購行為（圖2.6）。不同於POT網絡，在這裡你比較有機會呈現長篇的訊息（因為觀眾已經在貨架旁而受到吸引），甚至是互動的訊息（因為觀眾與螢幕的距離很近）。

圖2.5　房屋仲介公司門口經過設計的櫥窗螢幕，地點位於瑞典馬爾墨（Malmo）。

當數位看板適切地融入零售環境之後，以我們的經驗來說，內容的品質將直接導致銷售提升的大幅增長，並強化購物的體驗。與其他類型的數位看板網絡相較，POS網絡可依據特定時段來店的顧客針對一天中的時段，以及零售商依已知的人口背景資料來調整內容。除此之外，店內看板還能為特定的商品量身打造活動，如果與庫存系統連線的話，更可以根據個別品項（Item）的存貨量改變或停止相關促銷活動。

在POS的網絡類別之中，至少有三個相關的次類型需要去考量：

- 品牌自有網絡
- 零售商控制網絡
- 購物商場公共區域的看板

最能彰顯數位看板對行銷人員及消費者價值的地方，就是在決策點上。在大多數情況下，那裡就是展示零售產品的貨架，或是接受訂單的服務環境。這樣做的原因很簡單：當消費者站在貨架前或是能立即優先收到服務傳遞（Service Delivery）時，就是他們最樂於接受呼籲或購買的時機。

當然，這與靜態貨架看板背後所採取的策略相同——能否單純加強其他行銷訊息或當場提供優惠券。然而數位看板的策略還能更進一步。因為看板上顯示的內容是動態的，行銷人員可以隨

圖2.6　在零售環境裡設立的螢幕，位於瑞典林鞠服裝店（Lindri Clothing）。

時變換訊息，從加強產品特質、給予優惠，到提供更多的產品或服務訊息。這類資訊可隨著一天中的時間或甚至是基於產品銷售率而改變。

這些次網絡之間最顯著的差異，有部分是在於螢幕的擺設位置，而更重要的則是控制權在誰手上。它們的共同目標是創造銷售提升、增加品牌資產（Brand Equity）及創造更好的購物者體驗，因此把二個原本獨立的行銷功能匯集到單一的裝置裡。數位看板是「品牌與推銷之間的橋樑」，邦恩戶外數位媒體公司（BUNN Co.）的執行總裁萊爾・邦恩（Lyle Bunn）這麼說。「我們通常會有品牌預算及宣傳預算，而我認為它結合了這兩者。」品牌內容「有助於引起人潮回流與渴望」，而推銷的內容則「刺激了銷售」。

此外，數位看板還能創造銷售點螢幕的互動環境。如果擺放的環境中消費者可以透過觸碰螢幕而產生互動，顯示的內容就變成可以解答消費者對產品的疑問、提供個人化的優惠，或根據消費者的意見反應提供進一步的消息，甚至能透過視訊會議跟活生生的人連線。這些是靜態看板做不到的，而且其他四代螢幕（大銀幕、電視、電腦、手機）通常也不能放在暢銷的產品旁邊，因此它們根本無法在同一個層面上相比。

因此數位看板在大多數零售的環境中，對於推升銷售及影響購買決策上扮演重要的角色。但這些只是數位看板的某些用途而已，在零售環境中它還有助於引導消費者的行為。其中最有效的，是整間店的許多區域都有數位看板的身影，一開始是各部門裡的大螢幕，接著引導他們至貨架上的互動看板，最後則是顧客排隊結帳處的看板。

這些看板都有個共同目標，就是在消費者位於相關貨品或服務的同時，呈現產品、理念及概念給他們。不過我們將在後面看到，看板之間的差異讓你必須以不同的方式來呈現內容，才能真正強化品牌及購買決策。

品牌自有網絡

品牌自有網絡通常由特定品牌安排在貨架或專案架上，且獨立於零售商之外（圖2.7）。它旨在促銷特定品牌的產品，並依靠品牌價值與特別優惠，引導消費者遠離附近的競爭對手。在這些地方使用螢幕對品牌有極大的助益，因為如今有近七四％的消費者是在貨架區做出購買決定。

圖2.7　貨架上的品牌自有零售螢幕。

這些螢幕常見於規模較小的零售商或大型零售店的特定區域。行銷人員需根據人口背景、一天中的時間、該地理區域的競爭現況，以及自己目前的銷售目標，詳加了解每家店裡螢幕所顯示的內容並予以操作。這需要針對目標主題建立有意義的模組資料庫，好讓內容能

圖2.8　在貨架上展示的巴比祿品牌自有數位看板，根據報告指出銷量上升了一八%。

符合顧客的背景而更換，促使銷售的最大化。

使用此種數位看板網絡，並能從其他競爭大廠中脫穎而出的品牌，當屬針對廣大消費者而製造無線網絡設備的巴比祿（Buffalo Technology）。與該公司競爭的大品牌名聲響亮，例如思科，而這種競爭在擁有四十五家門市的富萊電子（Fry's Electronics）連鎖店中特別激烈。巴比祿與富萊合作在其店內的專案架上安置數位看板，直接導引消費者觀看教育性及宣傳性的影片內容，遂能比競爭者的紙本宣傳品與彈出式視窗廣告還要有吸引力（圖2.8）。該公司還在賣場銷售人員的培訓中安插內容，並確保此一內容與存貨量緊密連結。據報巴比祿自從安置數位看板之後淨銷量成長了一八%，而且比在商店裡發送傳統紙本宣傳品還要節省一一%的成本。

零售商控制網絡

在零售商控制網絡裡，零售商——通常屬於大型連鎖商店——想完全控制其空間及數位看板網絡。這些網絡不僅包含貨架邊的螢幕，內容主打特定的供應品，還有大型零售商店劃分出來的店內區域裡更大的螢幕。這些大螢幕上的內容是該區塊中更為特定類型的供應商品——例如在消費性電子產品商店裡的家電或數位相機。

這些網絡內容最重要的決定因素，在於零售商的總體目標為何。相機的銷量能否增加？顧客會繼續來消費嗎？宣傳一種品牌會為零售商開發新市場嗎？能淘汰過時的商品嗎？無論答案為何，為了實現這些目標都需要制定長期性的內容規劃。

此類店內區域網絡的部署，在南非的科技零售商——驚異連線（Incredible Connection）身上已獲致成功。零售商在誇祖魯—納塔爾省（KwaZulu-Natal）的一家佔地二萬平方英尺的重要新店面裡，分別於四個樓層設計了數位看板。驚異連線還在頂層安置了大型電視牆（圖2.9），讓一進來的顧客就看得到歡迎訊息、商店品牌，以及目前的促銷活動。在下一樓層，他們策略性地放置一座含有互動技術的多媒體導覽機（Kiosk），在虛擬產品瀏覽器的協助下結合自助式服務。再往下，產品貨架旁的多媒體導覽機，則提供了特定產品及吸引顧客的服務等內容。最下面一層則是結帳櫃台附近林立的數位看板，它們除了提供娛樂內容（縮短認知上的等待時間）以外，還有額外的促銷活動（提升銷售的最終機會）。

圖2.9　在南非「驚異連線」迎接顧客的大型電視牆。圖片由觸感（Tactile）公司提供。

塔吉特（Target）百貨的數位看板策略，則是在店內區域使用特定內容來吸引消費者接近產品的絕佳範例。馬克・班奈特（Mark Bennett）在初期階段就參與塔吉特百貨的數位看板團隊，他與供應商的品牌合作，共同制定特定產品的內容，並同時兼顧跨網絡之間的連貫性，以致力於推動整體的銷售。「有賣電視的塔吉特百貨自然有電視牆，因此那些電視全都被打開，然後賣DVD跟CD的地方就播放音樂及電影，而接下來也包括兒童娛樂區及電玩遊戲區。在當時這些似乎都是很容易辦到的事情，而這也是我們一開始所推出的網絡。因此根據關連性的指導原則，我們的顧客在螢幕上只會看得到與該區有關連的內容。比方說，在電玩遊戲區你就只會看到遊戲的預告片，兒童娛樂區則都將只有《好奇猴喬治》（*Curious George*）及各式迪士尼（Disney）節目，其他的以此類推。」

倘若是服飾店的話，內容就完全不同了。塔吉特百貨針對特定專櫃設計了與店內區域相關的內容，然而零售娛樂設計（Retail Entertainment Design）的布萊恩．赫胥（Brian Hirsh）則是制定引人入勝的娛樂內容，以不同的方式推動銷售。

「如果觀察銷售點類型，你會發現在這個空間裡有很多不同的方式可以讓媒體發揮，」他解釋道。「就內容而言，在店門口的話它顯然得短且快速循環。這可能是一些周遭的連續鏡頭，亦即我們就地從現場產品拍攝及推銷影片快速編輯而來的照片集，但播放的速度真的要夠快。你大概只有一秒鐘能吸引消費者，然後接下來的目標就是讓他們往店裡面走去。」

如果潛在顧客是在店裡，那麼赫胥的策略就會跟著改變。他會將概念與想法予以擴展，制定出篇幅更長、更吸引人的內容（圖2.10）。

零售商控制網絡的誘惑之一就是制定一種混合型網絡，將外部的廣告與零售商自有品牌及供應品結合起來。這樣做通常能為零售商提供額外的收入來源，但創建此種混合型網絡的唯一或主要原因，卻是因為他們不懂如何使用此一技術，而且不會為觀眾創造價值及關連性。

讓我們看看經營女鞋連鎖店，並有安置其自有網絡的零售商。店內網絡的訊息旨在讓公司的品牌、最新供應品，或是一些教育性質的內容可以被看見。若要再追加其他廣告時則需仔細挑選，以確保不會損及網絡提供給顧客的關連性。珠寶首飾的廣告可能會有效且具關連性，甚至為鞋店的珠寶品牌帶來光環效應（Halo Effect），以市場區隔（Market Segment）來講將有助於其地位的鞏固。

圖2.10 服飾店使用數位看板加強顧客的體驗。

同樣的道理，汽水飲料廣告對這些顧客來講就可能無效，而且會對零售商產生負面的聯想。

這裡幾乎如同在數位看板上的每個決定一樣，問題都在關連性。給觀眾的訊息與賣場有多少關連？當零售商最關心的是目標及網絡上播放的內容時，店內網絡已為成功推動銷售及提升品牌價值做好了準備。想要將螢幕的空間與時間一直再賣出去的最佳選擇，就是為店裡的同一品牌服務。你得將數位看板當成賺新錢機會的店內媒體，而不是折衷妥協的拆帳（Coop Money）。

一直反抗數位看板的零售商，到最後也已開始接受零售網絡，當成能協助消費者馬上在那裡做出購買決定的有用工具。認真對待這項工作的廣告代理商之一，就是四方工作室（Studio Square）。「我注意到大多數數位看板領域的公司，他們把店裡的人們當成會看東西的眼睛，而且以這樣的想法賣東西給他們，」創意總監布魯斯・法格爾（Bruce Fougere）說。「他們用曝光數來賣東西。他們透過網絡推銷給任何想買東西的人。在零售店裡，顧客當下就是想要買東西。而我們的理念就是幫助我們的顧客在今天購物。不用等明天、不用去別的地方、不用在網站上查詢，只是了解你今天需要什麼。」

購物商場的公共區域

購物商場公共區域裡的看板，一開始可能被當作是POT網絡，但其實它們之間完全不同。儘管這些看板都沒有靠近產品，但它們在購物商場內仍能提供直接的銷售機會。這裡的看板依然可以提供直接的訊息，給這些心境上已準備好要消費的觀眾——畢竟，這就是他們來到購物商場的原因。但那裡也有逃避的功用；對很多人來說，特別是女性及青少年，購物商場是一處避難所。對女性來說，它是個遠離孩子、丈夫與日常生活的地方；而對青少年來說，則能用來逃離父母與老師。

同時，這個環境也有相當多東西在爭取消費者的注意力——平面看板、店面陳列、燈光及活動全都圍繞著他們。因此一個成功的數位看板，其展示的廣告內容必須獨特且挑動思緒，不過還需注意周遭雜亂的訊息干擾。但無論如何，這還是數位看板佔優勢的地方。它可以穿插其他相關的內容到具體的行銷訊息中，所以數位看板有更大的機會能吸引消費者的注意。

這邊的內容建議混合一般品牌與購物商場的特定資訊——例如，有可能符合顧客需求的商家品牌或產品。消費者由於這些混合的訊息，可能會被購物商場的其他服務所吸引，如食物或娛樂，甚至替未來創造一個再度造訪的誘因。廣告空間網（Adspace Networks）的執行總裁多明尼克．波爾科（Dominick Porco）在處理這種網絡類型的內容時非常具體，係根據顧客的類別來判斷（圖2.11）。有些人是所謂的任務顧客群，他們不關心螢幕裡有什麼；單純完成購買特定品項的任務就離開。但星期六下午願意花幾個小時逛購物商場的（一般）購物者，就比較會有時間去瀏覽「能夠非常吸引他們的螢幕」。

圖2.11　法國歐舒丹「essentials」系列引人入勝的內容，能吸引購物商場中的購物者。

與大多數其他數位看板網絡一樣，一天中的時間結合人口背景的知識，將會是決定內容的一項強而有力的工具——平日午餐時間帶著小孩的媽媽，或者放學後或星期六晚上的青少年。

微調任何網絡——交通點、等待點，或銷售點——都需要創造性的思維、研究及良好的技術。但與背景有關連的內容，才是每次都能驅使或打動他們的利器。

等待點

等待點（POW）網絡通常與前面二種類型有不同的目的。此種網絡是為了「停留時間」的觀眾量身打造。它有二種基本的次類型網絡：一個是等待，而另一個是行動過程中的停留時間。在這裡通常有三個主要目標。首先是為了提升服務提供者相關的品牌及產品而提供的重要訊息。第二個也是同樣重要的，是要藉由改變他們實際上要等多久的認知，來提高顧客的滿意度。第三則是在各類地點提供有趣、相關的內容。這些網絡可能存在於醫院或醫生診療室、保健與健身中心、企業大廳、休息室或銀行——人們聚集並等待服務或正處於停留時間的任何地方。因為這類網絡的雙重本質，執行時最好能將品牌、產品或服務資訊，與提供娛樂及教育價值的分段結合成訊息。根據服務提供者環境的性質、預期實際的等待時間，以及對品牌的需求等差異，娛樂及教育的內容可以與天氣預報一樣簡單，或者也可以延伸到與品牌所建立的社群訊息、長一點的新聞分段或是遊戲。觀眾正在停留的劣勢正是這些網絡的優勢；這時的內容可以比只有五秒開過去的POT網絡更長篇、更複雜，且更細緻入微。

POW網絡至少有五個次類型：

- 醫療保健與健身中心
- 酒吧與餐館
- 服務櫃台
- 電梯與辦公網絡
- 內部溝通管道

醫療保健候診室

保健網絡包括放置在醫院候診室和公共區域、醫生診療室、獸醫診所，以及牙科診所等處的螢幕。在這種情況下，人們都習慣於等待相當長的時間——超過半小時算是正常的。這裡的人也非常密切關心自己來這邊求診的原因。

這些網絡具備了絕佳機會可以提供一個多方資訊，內容可能是教育性質（如何靠鍛鍊身體與飲食控制來降低膽固醇）；可能是額外的市場性服務（牙齒美白）或產品（特殊寵物飼料）；或幫助提醒觀眾這次看診要做的事情（注射流感疫苗的時間）。這些內容分段可以長達幾分鐘，因為大多數的觀眾在等待區的時間很多，比較能促使他們觀看螢幕。迷人的內容分段將縮短消費者認知上的等待時間，同時可以創造一種正面的體驗，對保健服務提供者的感覺也能正向增溫。資訊內容及廣告的整合將獲得觀眾極高的認同。但相反的，快速輪換的內容加上頻繁重複的分段對觀眾來說過於顯眼，結果反而令人討厭且增加花在等待時間上的認知，最後可能導致他們失去興趣。

健身中心

健身中心為網絡經營者及廣告商提供了獨特機會，得以吸引長時間停留的觀眾。正在從事健身的觀眾，通常也都在可以面對螢幕的機器上。變焦媒體（Zoom Media）擁有北美最大的健身網絡，他們根據其特殊目的將網絡分成三個截然不同的類型。在變焦媒體的規劃中最醒目的，當屬站在特定健身器材就能看得見的螢幕。「我們的第一類螢幕是裝在心肺鍛鍊機（Cardio Machines）上，」執行總裁弗朗索瓦‧包賓（Francois Beaubien）闡述。「一旦你踏上心肺鍛鍊機，我們的伺服器就會啟動螢幕（圖2.12A）。一打開你就有機會先看到一則廣告，然後你可以選擇任何你想要看的節目，只不過如今我們已在過程中放入我們自己的頻道。因此你不僅能收看有線電視新聞網（Cable News Network，簡稱CNN）、娛樂與體育節目電視網（Entertainment Sports Programming Network，簡稱ESPN），以及其他從有線頻道提供資訊到健身房的任何節目皆可觀賞，但你也得要有長篇的節目。我舉一個與家庭票房（Home Box Office，簡稱HBO）頻道合作的例子。《我家也有大明星》（*Entourage*）是HBO頻道上相當受歡迎的影集，當第三季剛推出時，他們就買下時段希望我們能播出第二季。於是我們就在紐約運動中心（New York Sports Club）播放了這部影集的第二季。」

變焦媒體在健身中心規劃的第二類螢幕，是分散座落於一般周圍環境的螢幕。「當你走進某些地方，你就會驚訝地發現自己宛若置身於電視賣場裡。你可以想像我們在那裡有多少台螢幕，」包賓說。「而這些螢幕（圖2.12B）回過頭來則連結到我們的音樂影片內容。我們的本行就是為健身業界提供娛樂系統，因此當你走進健身房聽到音樂在播放，這就是他們為會員提供的娛樂服務之一，而我們則是靠向他們收取月費來提供內容。」

第三類型的螢幕就真的比較接近數位看板的典型。變焦媒體提供了三種類型的內容在這些螢幕上：針對其顧客的健身中心訊息、編輯過的內容及廣告（圖2.12C）。「我們有無聲的數位螢幕，而且針對場地狀況而量身打造，」包賓解釋道。「你可以看得到時間、天氣、課程表，以及像是今日推

圖2.12　健身中心往往部署了好幾種類型的數位看板網絡。

©2009 Zoom Media Networks.

薦的訓練員叫做巴利（Bally）等特別訊息。這符合場地的特殊需求。我們在螢幕上也有編輯過的內容，同樣也是沒有聲音，但可以讓你思考健身內容、保健與健康，也能思考熱量釋放、飲茶習慣，甚至思考與教育及健康有關的一堆趣聞。當然，另外一部分則是廣告。」

酒吧與餐館

酒吧和餐館是在POW之下與健身中心類似的次類型，這是因為觀眾都是駐足時間的收看者。觸動旋律（Touch-Tunes）公司的首席行銷主管羅恩·格林伯格（Ron Greenberg）表示，他們公司出產的數位點唱機與消費者之間是透過選購音樂來互動的。「我認為我們在數位看板上的應用與其他類型略有不同（圖2.13），因為人們是真的找到它、花錢買下它，然後花時間在螢幕前學習怎麼搜尋可以下載的新歌及新歌手。除此之外，廣告訊息也會跟著呈現。因此你得到的是有高度歸屬感、高度參與感的聽眾，你確定內容可以接觸得到他們。我們可以追蹤廣告的點擊率，也能知道他們的反應如何。」

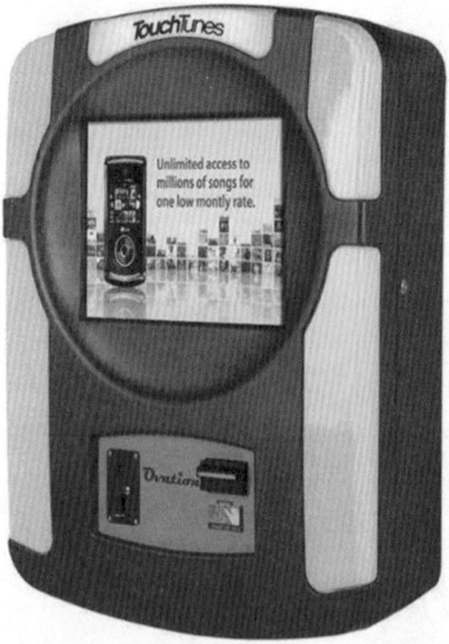

圖2.13　數位點唱機利用人們自己找上門來，並花時間在它們上面的優勢傳遞廣告。

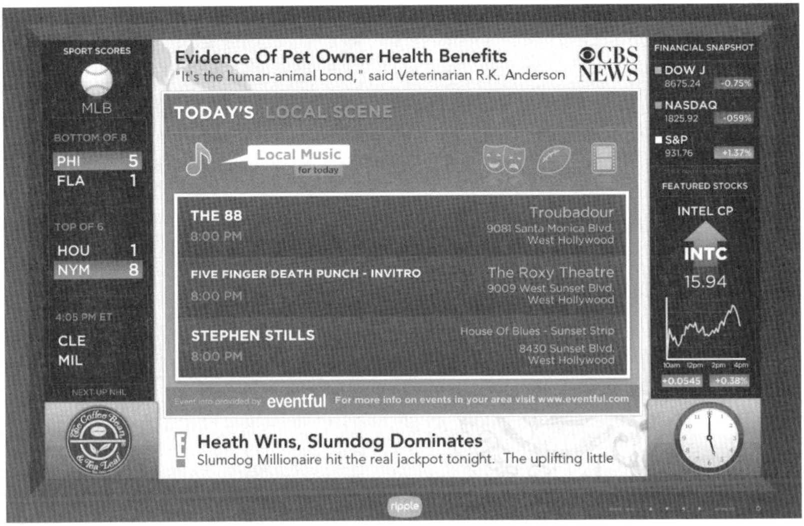

圖2.14　當顧客坐下來喝咖啡或吃貝果，他們所遇到的內容是與他或她的社區街坊有關。

律波電視（Ripple TV）在咖啡及貝果店擁有網絡。當客戶坐下來喝杯咖啡或吃塊貝果，律波電視的網絡能讓觀眾保持與當地資訊的聯繫，當然觀眾同時也暴露在地方性、區域性，以及全國性的廣告之中。律波電視的執行總裁約翰．麥克梅納明（John McMenamin）為我們概略介紹了他的網絡及停留時間的關係。「我們是停留時間的專屬網絡，而我們在大約六百五十個據點的核心業務，就是我們所說的生活方式網絡。我們為觀眾帶來的是與當地相關的社區性內容，同樣也有覆蓋到區域性的內容，然後進一步包含全國性的內容。這是一種即時性的內容，因為它全天都能更新（圖2.14）。」網絡在此情況下有二個用途：一個是給排隊買咖啡或貝果的等待時間，另一個則是給顧客在享用餐點時的停留時間。

服務櫃台

在客人排隊等待（例如銀行和電影院）服務的環境之中，數位看板將扮演稍有不同但仍然重要的角色。首先最重要的是，它透過結合資訊、娛樂及品牌的內容提供給排隊等候的顧客，而能夠縮短認知上的等待時間，並成為一個重要的元素。迪士尼在他們的主題公園始終了解這個效果，並且在設計排隊路線上利用其本身做為吸引，娛樂顧客的同時也讓他們忘卻等待的時間還有多長。幾乎所有需要顧客排隊的服務業，都可採用這種策略以提高其滿意度，並能呈現動態的品牌內容給這些客人。該內容可以因為預期到需要等待的那一刻而改變，而且通常允許比其他類型的看板還要長的內容分段。

排隊等待銀行出納員、監理站辦事員，或者超市收銀員的服務時間，幾乎總是短於保健網絡，但人們一般都希望能盡快完成手續，而不在乎來到這裡的原因。在保健網絡，消費者對服務提供者的期望相當明顯，但排隊網絡所代表的商品交易行為，通常只有花費最少時間排隊才能轉化成一種正向的體驗。在這裡多種內容的結合就很重要了；用資訊及娛樂的內容吸引觀眾，就有機會推銷額外的市場產品或服務，以創造銷售潛在提升的良機。

以美國數位看板（American Digital Signage）公司的經驗，他們在超過一二五〇個據點裡維護結帳通道上的螢幕，並使用了一些方法決定如何為每座數位看板設計相關內容。「結帳區的前端

圖2.15　在雜貨店排隊等候結帳時對時間的認知，將因促銷前端品項的數位看板而改變。

品項（掛架上的東西）佔雜貨店銷售的一・二%。如果他們特別要在前端推廣產品，最有可能選擇的當然是擺在前端販賣的東西，像是優惠的雜誌，」管理成員吉爾・魯騰博格（Jill Ruttenberg）解釋道。雜貨店似乎不可能利用這些櫃台的位置去推廣不在前端的特定品項，因為那將意味著顧客還得離開結帳隊伍然後回去店裡——這並非不可能發生。相反的，「雜貨店喜歡推廣的東西，會像是造訪我們的花卉部門、造訪我們的熟食區、記得我們能提供你家美式足球超級盃聚會的托盤…提醒人們下一步要怎麼做（圖2.15）」。

但除了推廣商店本身的品項及部門之外，該網絡也能藉由推銷其他值得吸引眾人目光的當地企業給正在排隊等候的當地居民，而開創一項增加收入的機會。

「我們在雜貨店允許當地贊助商傳達有關

他們業務方面的訊息，」美國數位看板公司執行副總裁，兼銷售暨行銷主管的德魯．伯恩斯坦（Drew Bernstein）這麼說。這種機會吸引了「房地產經紀公司、汽車經銷商、當地的小企業等，希望他們的訊息被消費者理解，並能同時資助其他訊息。」以社區為基礎的節目也有助於增加商店品牌的影響力及社區連結。

哥倫比亞商場媒體（CBS Outernet）規劃暨創意服務副總裁斯圖亞特．雅各（Stuart Jacob）也有類似的觀點：「如果我站在熟食區櫃台的後面，而你拿了一張號碼牌排隊等著被服務，那麼我就能透過你看我的螢幕而有了一個虛擬的援助，來幫助我讓消費者得到他想要的，因為此刻我努力要去避免的就是你可能的不耐煩（圖2.16）。我們若在其他地方，像是農產品區那樣的人流，是不會有等待時間的。我知道我必須在消費者購物及做決定時吸引他們，所以我們會因

圖2.16　在熟食區附近需善用購物者的停留時間。

為所在的位置而動態改變播放循環。」

段落較短及變化相當頻繁的內容，與螢幕上有不同區塊可以多重選擇的內容一樣，將是兼顧行銷與縮短認知上等待時間的最有效方式。

電梯與辦公網絡

在辦公大樓工作或者常去拜訪客戶的人們，應該都對電梯網絡相當熟悉。這些螢幕可以很容易地在短時間內，吸引到電梯裡為數不多的觀眾關注，因為那裡缺乏其他競爭對手，而且大家的當務之急幾乎都是想找個東西來看，才能避免與電梯裡的其他人尷尬互看。快速變換、簡短的段落是此一環境中不變的法則，因此行銷人員可以將簡短的廣告，穿插在諸如頭條新聞、天氣預報，以及大樓詳細的資訊當中。迷人製播網（Captivate Network）的麥克·迪佛蘭薩（Mike DiFranza）比任何人都了解這種網絡次類型。「一般人每天大約需要搭六趟電梯，平均持續約一分鐘。電梯上到一層樓、打開門，然後讓別人出去也需要花大概十五秒的時間。因此根據建築的樓層數及在一天中的時間，如果你要坐好幾層樓且很多人會進出電梯的話，這一趟一分鐘的基數有可能會延長到一趟五分鐘。所以我們基本上假設在一分鐘的時間內，要用四則報導提供給該消費者了解（圖2.17），每個內容段落都是十五秒鐘長。因此即使你進了電梯，坐了一層樓就出去，但在那裡面的時間你至少獲得十五秒的內容量。」

廣告也能根據大樓的住戶、訪客，以及一天中的時間——例如，特別在中午為當地的午餐推銷

——來製造關連性。迪佛蘭薩進一步解釋道：「我們走到外頭做了許多調查，試圖了解我們的閱聽大眾想要什麼內容。而有趣的是，他們什麼都不要：當然他們對業界新聞感興趣，但在某些情況下，他們把電梯當作是日常的休息時間。所以你真正需要的是敏感度，要懂得如何平衡像是體育、天氣和當地新聞、業界新聞，以及娛樂趣聞等等的內容。」

為了強調這點，他指出最受歡迎的項目是天氣，第二個是所謂的每日一字——展示一個詞彙、它的發音，以及如何用在句子裡。類似這樣的作法則是放置在計程車廂內的螢幕，只不過收看的時間可能比較長，但無法精確預測乘坐時間的長短，所以與當

圖2.17　迷人製播網以十五秒為單位，提供體育、天氣、當地新聞及小道消息等內容，並穿插廣告給在電梯裡停留的觀眾。

圖2.18 華爾街日報辦公網絡使用從日報加以編輯過的內容，同時也吸引大家的目光到右邊的廣告。

地相關的簡短廣告及資訊段落將是最為有效的方式。

還有一個相似的網絡是華爾街日報辦公網絡（Wall Street Journal Office Network）。最大的不同是他們把螢幕放在大廳靠近電梯的地方，還有電梯裡面。「我們在辦公大樓的公共區域中停留的時間很長，大部分不是在大廳等電梯，就是經過有電梯的大廳（圖2.18）。有時我們在入口大廳，如果有一個中心區域的話大家都會聚集在那裡。而我們也經常會聚在電梯裡面，」其執行總裁吉姆·哈里斯（Jim Harris）說。「螢幕將帶給你一段十五秒的最新消息進展，然後十五秒的市場訊息等等。而它所提供給你的進度，是與閱讀華爾街日報一模一樣。所以基本上你已經看完日報中的四個版面，但又和現場直播的新聞快報一樣即時。」

內部溝通管道

內部溝通網絡是POW網絡中非常不一樣的類型。這些螢幕是座落在員工（及訪客）經常聚集的場所，例如大廳或餐廳之中。此處的內容通常不是在尋求特定商品或服務的行銷；相反的，這些網絡是傳達公司正面品牌屬性，以及向員工傳達重要資訊的理想管道。經過一段時間之後，數位看板能有助於創造一種共同的體驗，逐漸將企業的價值觀及做法傳授給員工。這也是提供訓練的理想網絡，特別是在員工無法接觸公司電腦或內部網路時。

這類情形的典型實例，就是美國大陸航空（Continental Airlines）在德州休士頓及紐澤西州紐瓦克的航站所安置的網絡。該網絡的主要目的就是提供員工交流，以及有關安全、效率，甚至乘客滿意度方面的教育。一系列專門針對員工的螢幕裝在休息室、航站舷梯及飛機維修區等，同時也在公司教育訓練區內。裡面的內容提醒員工一切的事項，從安全防範措施、行李處理程序，到如何處置危險物品等。另外設在登機門區域的螢幕，則向乘客傳達相同的資訊，並持續提醒員工。據報大陸航空的行李處理效率提高了三五％，而且危險事故也減少了三〇％，這全都歸功於公司在所有員工日常上班都會接觸到的地方提供這些資訊。

製藥商禮來（Eli Lilly）還採用了全球數位看板，將自己的員工全都聚集在一起。數位看板對不讀電子報或公司電子郵件的員工來說，能產生巨大的影響力。傳播顧問暨禮來電視網（Lilly TV）經理克里斯·拜爾斯（Chris Bias），強調在跨越二十三個國家、說著許多不同語言的多元化全球性組織中，使用數位看板來傳遞訊息有其重要性。「從福利登記到與我們已上市及即將上市的藥品相關的新聞快訊，這一切都需要透過內部溝通管道傳達給員工。我們把內容就放在禮來電視網（圖2.19），所以人們每天第一個看到或聽到的便是十點鐘新聞。我們還利用固定週一、週三、週五所發送的電子報，調整其資訊再加上一點訊息之後把它放到螢幕上。我正在努力導引大家，藉由我們的螢幕來了解已經上線的內容。我們發現有高達六八%的員工說，他們看到螢幕裡的東西後會與別人討論，或者透過上網及其他管道去尋找更多的相關資訊。」

數位看板與傳統傳播工具及行銷策略

雖然數位看板是個獨特的新媒介，但它並非只能單獨使用，因為傳統媒體仍是接觸消費者的傳播途徑之一。若要真正促進公司的業務，數位看板還是有需要整合到全面性的數位領域中，以及公司的行銷、廣告和溝通活動上。

圖2.19　禮來電視網有助於驅使員工，在網絡上看到所提供的事物之後還想去找更多資訊。

正因如此，透過所有其他形式的媒體所提供給閱聽大眾的整體訊息，包含數位看板制定的內容也都需要與之相呼應。專門提供給數位看板的內容或有不同——如同我們後面會討論的，直接將電視的廣告放到數位看板上重播，可說是個糟糕透頂的策略——但最重要的是得要保留其他各代螢幕內容的外觀、感覺及措辭來維持共通性。這就是在整個廣告系列中要創造的某種連貫性，讓每一代螢幕的影響加乘，以達到最大的整體效果。

「右手需要知道左手在做什麼，」北美管理顧問公司普律澤集團的合夥人保羅．弗蘭尼根（**Paul Flanigan**）這麼說。「數位看板與其他各代螢幕之間的關係，其中之一就是必須謹慎審視，而且執行時更得特別小心。你必須與其他被使用的各代螢幕通力合作，這可是關乎品牌生死的大事。你不能用五十七種方法推銷可口可樂（**Coca-Cola**）。」

這也適用於公司所採用的各類數位看板網絡。正如我們所討論過的，不同的網絡有不同的目的，但都靠同一品牌形象與價值的傳播彼此相連，而且在許多情況下，公司都會採用二種或更多類型的數位看板網絡。確保它們彼此之間分享共通性，並且透過其他各代螢幕與傳統行銷方式擴大訊息的傳播，將能給予數位看板最大的力量，同時可以避免它們運作之後反倒對公司有傷害。

從最大意義上來說，這意味著數位看板必須與公司或場地部署的整體業務策略緊密結合。如果場地是位於以三餐飯後能銷售甜點為經營目標的連鎖餐廳，那麼內容就需要反映此一策略——展示可提供的甜點、推廣特價品，甚至還能提供甜點的歷史資訊，以引起更大的興趣。該內容也可以與其他行銷產生關連，像是有好吃甜點的餐廳，甚至是強調公關方面，例如甜點大廚們在美食網及電視節目上的專題報導等。

「我們希望每一位合作的客戶都有個品牌故事，如果他們還沒有，那這就是他們來找我們之後要做的第一件工作，」行銷傳播代理公司博達華商（Draftfcb）的副總裁暨內容總監傑克·蘭伯特（Jake Lambert）說。「這告訴我們，當消費者看到品牌時應該要有所感覺，而品牌的故事才能真正定義我們想制定的那種內容。」

當數位看板在大型組織裡做到了廣泛使用，接著決定國家、區域及當地訊息之間的關係，也將變成確保連貫性的必要部分。

在地化可以很簡單地提供不同語言的內容，以適應當地顧客基礎的人口背景。然而大部分的時間，它還需要更深入一點。例如在美國全國層級的POS網絡中，肯定會涉及到依照基本的地理差異，以及市場在這些區域的重點而設計不同的訊息。零售商的訊息在十二月的紐約州北部，可能會尋求推升雪鏟或人行道除冰裝置的銷售——這在聖地牙哥就是個沒什麼關連性的訊息，反倒是園藝鐵鍬及太陽眼鏡才是容易出售的品項。零售商或許也有買賣當地的自然物或令人感興趣的事物，而支持這些產品的訊息可能就需要發展成較大內容集的一部分。

同樣地，當一個公司在各代螢幕上全都有它的品牌訊息時，區域性的細微差異也將被顧及。這可能包括用色的變化、基於種族的人口結構變化，或是文化上的細微差別。地方層級的訊息可以與社區緊密結合，讓觀眾真的被完全打動。正是這種關係可以經營出更好的關連性，制定出能讓觀眾完全吸收的內容。

參與訊息的人有誰？為什麼？

正如你所看到的，環繞在網絡類型及相關內容的複雜性，從最高層級的品牌到區域性乃至於商店層級的推廣，都牽連整個公司。因此，數位看板內容的決定可能會涉及一些決策者及供應商，包含各個層面與組織內外。確保他們的參與對於數位看板任何網絡的有效性來說，都是至關重要的。他們可以被視作二類人：主要與次要的內容提供者。

主要的內容提供者就是那些三不五時，甚至一天到晚都要為內容負責的人。他們隨著網絡類型的不同而有所區別。以POS或甚至POW來說，這些人可以是品牌推廣、市場行銷及廣告部門、銷售與促銷部門、顧客服務部門，以及其他負責開發內容並監督其策略運用的人。POT及一些POS和POW網絡，這些人將包括在螢幕上登品牌廣告的主要聯繫人。這些提供者將是最初內容的來源，因為負責數位看板的人會制定最適合這個媒體的內容。這些人在數位看板的廣告系列中，也是真正主要的利益相關者；早點讓這些提供者參與並相互配合，他們會一起確保內容得以成功，而網絡也會隨之成功。

次要的內容提供者則是負責提供附屬內容（不屬於具體品牌的資訊及娛樂內容），或偶爾提供貢獻（包括高階管理層級）的人。譬如在POT網絡中機場的例子，這就包括提供航班及天氣資料的單位，而該內容若不是直接顯示在數位看板上，便得用來搭配其他內容在特定的時段穿插呈現。

銷售以外的數位看板網絡

雖然我們明確地知道，數位看板最大的好處就是直接提升銷售，但記得數位看板網絡還可以在其他三個主要的領域導引內容：消費者體驗、品牌資產及訓練。

消費者體驗

多年以來，零售商及企業都已對消費者體驗的看法重新改觀。測量消費者體驗的方法，端視消費者如何對環境、互動及服務做出反應。這是POW網絡所擅長的，尤其像是在銀行能縮短認知上的等待時間那樣。正在排隊等候而被數位看板教育及娛樂的消費者，當他們終於排到出納櫃台時會少點激動不安的情緒。給消費者一個全新的正向體驗，將會改變消費者的態度。使用數位看板建立情感聯結，也有利於維持顧客的忠誠度。這種幫助是超越銷售的——加強銀行與顧客之間的個人關係。數位看板的力量在於它能創造情感的連結，並使其專屬於個人體驗。

品牌資產

創立品牌資產就是建立品牌忠誠度。這有部分是由體驗及社群的建立所主導。告訴觀眾品牌為顧客、為他們的個人生活，並為他們的社群做了什麼，將與消費者建立比單純的交易行為更緊密的關係。這種關係創造了品牌資產，且能轉化為顧客的忠誠。以下的內容從長遠來看比提供特別優惠還能有更好的獲利。它幫助顧客了解公司為社會做了什麼嗎？內容是否回答顧客最根本的問題，你為我做了什麼？是關於產品或服務，還是產品服務如何影響顧客的生活？品牌在上述關係中又扮演何種角色？將品牌定位在顧客生活中的參與者，將有助於建立品牌資產。

當內容善用媒體的能力而更加貼近個人化優勢時，數位戶外媒體就真的發揮了作用。數位看板是一種強大的情感驅動器，如果用得專業一點，就可讓顧客與品牌產生連結。

訓練

訓練及經驗是創作精彩內容時，最常被人忽略的二項關鍵。一家公司如何將連鎖店的所有人固定聚集在同一個地方？透過電子郵件？透過電子報？將數位看板引進溝通組合（Communication Mix）裡，是增進員工訓練、經驗及公司產品知識非常有效的方式。在許多情況下，相同的螢幕可以在一天中三個不同的時段發揮功用。

首先，同事們的經驗會被顧客及顧客的態度所影響。數位看板直接影響排隊等待顧客的態度，隨即再影響你同事日常工作的態度。接著同事們不斷暴露在數位看板的訊息之下被動地學習，當他們吸收這些訊息之後，對於你正在推廣的產品也就更加地熟悉。

是否要在這些看板上使用音效，可能得看同事們長時間都聽同一首配樂時的效果如何再做定奪。在大多數情況下，音效會使同事們抓狂，而播放系統大概很快就會被關機。此外我們也將進一步在第三章中討論，依據螢幕擺放位置與同事間的距離，它的更新與循環時間也會對同事有不同的影響。

最後，對同事們傳遞具體訊息及訓練，最好在開店營業之前進行，並且每週找出一到二次時間，在營業時段結束之後來做。回頭再拿銀行當作例子，那裡的出納員大都無法接觸公司的筆記型電腦或電子郵件，而數位看板就是提供企業與員工溝通相關產品、新聞、活動、品牌價值、社會理念，以及特價優惠的強大工具。同樣的，針對消費者的內容素材也可以用來做為給同事們的訊息。

數位看板不是設計來取代企業文化中的培訓班，但它對於日常的運作絕對有重大的影響。正如前面所提到的，美國大陸航空把數位看板設在員工休息或經過的重要區域。做為企業的一項溝通工具。數位看板能在工作場所中讓斷了聯繫（正在休息）的員工受惠，並協助全公司的人聚焦在同一件事，可說是個優秀的工具。

小結

了解並確定要部署什麼類型的網絡，是個相對複雜的任務。正如我們所看到的，各式各樣的次網絡在細微之處有區別，但又有某種程度的相互重疊。然而在接下來的章節中我們將看到，這方面的決策將是判斷與發展正確內容的基礎。花時間學會辨別網絡類型及搭配符合其目標的內容，在開發過程中將為你節省時間及金錢，而事實上這也是「有效網絡」與「投資失敗」的差異所在。

3 創造內容的關連性

在前面的章節中，我們經常討論到數位看板網絡的內容必須有關連性的觀念。簡單地說，這意味著帶有某公司訊息的內容構思，在某種程度上需要對該公司想要影響的特定受眾有意義。

即使在公司決定將數位戶外媒體做為他們市場行銷及傳播策略的一部分之前，他們通常對於誰才是其產品或服務最有可能的買家早有概念。網絡的選擇在一定程度上取決於這些買家的習慣——數位看板需要在他們最可能去的地方、他們最可能在的時候接觸他們。

但內容本身的暗示還是最有可能讓目標閱聽人直接被吸引。無論何種類型的行銷，唯有徹底了解視聽受眾才能創造出吸引人的內容。此外，由於數位看板讓行銷人員可以運用的變數非常多——從內容分段的長度到一天中展示的時間點——因此重點是行銷人員更該深入了解其特定的閱聽大眾。

「數位看板有其非常明確的目標，而且當情境與內容結合時效果最佳——因為在那裡消費者已經準備好接收訊息，」博達華商副總裁暨內容總監傑克・蘭伯特如是說。「廣告牌就在那裡；它或許對你很重要，或許沒意義。不過數位看板的內容卻能為某個你想接觸的人量身打造（圖3.1）。我們將數位看板劃分時段，因為我們知道在一天中的每個時間裡誰會進商店購物，而我們可以依其背景資料改變我們的內容。」

在適當的地方與時間傳遞適當的訊息給適當的閱聽大眾，是所有媒介都想達到的終極目標。但數位戶外媒體或許是第一種可以將這些要素全都一起兼顧的媒介。事實上，數位看板傳遞訊息不只預期會準確傳遞訊息，也能用來獲致成功——更何況它還可以被測量。

只要對閱聽大眾的了解與數位看板的顯著特質能結合在一起，行銷人員就可以開始安排內容，讓數位看板的投資早日回本。

基本人口背景

有時新的技術一引進，就連最簡單的道理都會被遺忘，數位看板也是一樣。人們常常會為了省事，便簡單地使用任何現有的內容，讓他們的網絡快速建起。但每個人其實都需要從最根本的問題回答起，誰會買（或我希望誰買）我賣的東西？即使答案是所有人，設計不同的內容來與背景殊異的群體對話仍然相當重要。雖然十八歲與八十歲對公司的飲料或信用卡來說都是販售的目標，但這些產品在各個年齡層的人眼裡，卻代表著完全不同的事物，行銷的訊息也會不一樣。針對不同背

圖3.1　依據季節的不同而改變內容，將能持續與購物者的固定思維及家庭主婦的日程表產生關連。

景的群體設計內容是一項挑戰，但也是以許多不同方式推銷供應品的一個大好機會，而我們通常只需稍微改變一些元素，就能觸及到對這些群體深具意義的事件與看法，如圖3.2所示。

當然，這只是一般性原則。每個群體都由數以百萬計的美國人組成，而每個群體內也存在眾多差異，與性別、種族及性傾向；收入、教育及職業；區域、社區關係及居住狀況；宗教及政治信仰；婚姻狀況、雙親狀況，甚至是否養寵物等有關。了解這些廣大的群體分別關注何種內容，同時從最新研究當中習得這些群體如何做出購買決定，都是非常重要的事。

舉例而言，最近一次的嬰兒潮伴隨而來女性勞動力的成長，並促使行銷人員開始重視媽媽這個群體。家裡有小於十八歲兒童的媽媽們（主要跨越X世代及Y世代）掌握了絕大部分的可支配收入（Disposable Income），而且

人口背景	重大事件	主要特徵
第二次世界大戰（一九二八年至一九四五年出生）	持續的經濟成長、普遍的社會安定、冷戰、麥卡錫主義	順從、保守、傳統的家庭觀念
第一波嬰兒潮（一九四六年至一九五四年出生）	甘迺迪與馬丁路德．金暗殺事件、越戰和政治動盪、登陸月球、社會實驗和性自由、民權運動、環境和婦女運動	實驗主義、個人主義、自由奔放、社會公益導向
第二波嬰兒潮（一九五五年至一九六四年出生）	尼克森與水門案、石油禁運和汽油短缺、中東動盪、通貨膨脹和經濟停滯	不樂觀、對政府不信任、普遍的憤世嫉俗
X世代（一九六五年至一九七九年出生）	太空梭挑戰者號爆炸、伊朗軍售醜聞、社會性抑鬱、雷根經濟政策、愛滋病、安全性行為、單親家庭	尋求情緒安全感、獨立、不拘小節、創業
Y世代（網路世代）（一九八〇年至二〇〇一年出生）	網際網路興起、911恐怖攻擊、文化多樣性、兩次伊拉克戰爭	尋求人身安全與保障、愛國主義、升高的恐懼、接受改變、科技通、環境議題

圖3.2　人口背景圖表。

通常是家庭消費的主要決策者——家庭方面的需求是其購買動機。據估計約有七五%的這類美國母親，主要負責的是食品及基本生活用品上的購買決定，而她們的意見絕大多數影響了所有家庭經濟決策的結果。

同樣地，寵物主人（跨所有年齡層）花費越來越多比例的可支配收入在他們的寵物身上，而且認為牠們是家庭成員的一份子，並相應地決定支出的項目。男同性戀者、女同性戀者、雙性戀者及跨性別者（以其英文字首簡稱為GLBT）在過去幾年裡也成為一個強大的消費群——有六千一百億美元的購買力——他們對支持其重大社會及政治議題的品牌有顯著的忠誠度。

行銷研究顧問公司尼爾森（Nielsen）最近採用了一種細分人口背景的有趣方法，稱做PRIZM市場細分法，依據人生階段群組與收入水準做為劃分的標準。尼爾森將人生階段群組區分為「年輕時代」（Younger Years）、「家庭時代」（Family Life）及「成熟時代」（Mature Years）。年輕時代主要是四十五歲以下，大多是沒有小孩的單身人士及夫婦。家庭時代主要是與孩子同住的中年家庭。最後一群的成熟時代，則主要是五十五歲以上，小孩已長大搬出去住的「空巢」（Empty-Nest）夫婦與壯年單身人士。根據這三個群體的收入水準，尼爾森再將各群分成三到四個主要部分。以年輕時代的群體來看，可以分成三個部分：高收入的「中年成功者」（Midlife Success）、中收入的「年輕成就者」（Young Achievers），以及低收入的「力爭上游者」（Striving Singles）。其他群體也照這種方法再做細分。家庭時代可分成四類：高收入的「財富累積者」（Accumulated Wealth）、中高收入的「年輕累富者」（Young Accumulators）、中低收入的「主流家庭」（Mainstream Families），以及低收入的「溫飽家庭」（Sustaining Families）。對於成熟年代，尼爾森亦將其劃分為四類：高收入的「富裕空巢長者」（Affluent Empty Nesters）、中高收入的「保守傳統族」（Conservative Classics）、中低收入的「謹慎夫妻」（Cautious Couples），以及低收入的「溫飽長者」（Sustaining Seniors）。在每個分組類別裡，又有三到八個社會群體。例如主流家庭包括八個社會群體：「新定居者」（New Homesteaders）、「藍天家庭」（Big Sky Families）、「白色柵欄家庭」（White Picket Fences）、「藍籌藍領家庭」（Blue-Chips Blues）等。白色柵欄家庭的社會組成份子，主要是有小孩的上層中年人、年齡在三十五至四十五歲、種族混居的房主、白領階級，大部分擔任受雇工作或一些學校職務，而種族則由白人、黑人、亞洲人及西班牙裔所組成。他們被分類出來的購買習慣，包括在沃爾瑪購物網站（walmart.com）訂貨、租／購兒童DVD、閱讀西班牙語版的《時人雜誌》（*People and Espanol Magazine*）、看迪士尼卡通台（Toon Disney），以及擁有日產（Nissan）中型貨卡Frontier。這些都是定義非常精細的人口背景，並有收集而來的實際數據做為根據。尼爾森也採取了同樣的群體分組，從市區、郊區、二級城市與城鎮及鄉村等範圍定位出社會群體，並進一步把它們再分解成高密度人口中心到小城鎮與鄉村地區。這個系統讓你可以分析顧客、找到他們的地理位置、了解他們的購買習慣，並了解他們的行為概況。

這些僅僅是要考量背景複雜性的一些例子。但要建立有效的內容，行銷人員還需要花時間來確定他們想要吸引的個體，其所屬特定群體的共同特徵是什麼。

了解這些不同群體對科技的普遍反應也是同樣重要，特別是數位看板。對科技與快速訊息傳遞感到最自在的，往往是那些伴隨錄影機與電腦長大的人——亦即四十歲以下的人。Y世代看待科技的接受度尤其高，而且一般而言看到數位看板不會大驚小怪，反倒還有所期待；後一波嬰兒潮與二次世界大戰的世代，就可能會對被螢幕與訊息包圍的環境感到不自在。

當考量到潛在的閱聽大眾時，特定螢幕的互動性程度也是一項因素。一些年長的消費者，或是那些不太習慣每天使用個人電子裝置的人，就會對觸控式螢幕的互動或讓使用者反應意見及控制的其他機制，感到不舒服或是產生抗拒。但邦恩戶外數位媒體公司的總裁萊爾·邦恩卻說這些都只是一般通則，不是放諸四海皆準的事實。「我還沒看過任何人口背景會沒有異常的影響數字，即便是來自於長者。最近有一個參加最佳數位產品大賞（Digi Awards）的例子，是在老人別墅區的數位看板，而透過稽核就發現居民的看法相當令人意外。我想不管是什麼年齡群、性別及種族，數位看板都是會一樣有效。」

行為態度

除了一般的群體特性，內容也應考量到具體的行為態度，因為它將影響觀眾如何看待訊息。這是許多專家研究的課題，也是極為深奧的學科，因此它是個複雜的領域。但即使沒有這項領域的預算或特定背景，行銷人員仍然可以運用一些常識及自己企業的知識，將行為的部分放到他們的數位看板內容裡。

讓我們看看與買車有關的內容，並檢視影響其潛在訊息傳遞的三種因素。第一個是買這輛車的人每個月要花費三百元。第二個是人們認為開這款車可以更引人注目。第三個這是一台省油的車，所以十分可靠。

成本花費（通常）是一個負面因素——買家將會衡量如果他或她進行這次購買，每個月就要損失一筆錢。引人注目的感覺（通常）是正面的——如果他或她進行相同的購買，將會增加令人滿意的無形資產。可靠性則（通常）也是正面的——如果他或她購買此一特殊車款，買方的經營成本（Operational Costs）就會比較低。這些訊息全都會影響個別潛在買家的決定，但問題是如何影響。

在這裡受眾的理解就很重要。對某些群體來說，引人注目的氣氛將超過所有其他方面的考量；他們的行為是出於對地位的渴望或他人的反應所致。我們可以做一個合理的假設，這些人是屬於擁有合理收入水準（Reasonable Level of Income）的群體，也許未婚且沒有孩子要扶養，同時住在較有機會被很多人看到的市區。針對他們的內容可能會強調，這種強大的吸引力只需他們可以輕鬆負擔的費用就能擁有。

另一方面，關心資金方面的買家也想引人注目，但他或她卻會比較擔心成本問題。我們可以做一個合理的假設，此類買家可能比較年輕或有家庭，且他們的錢必須拿來還貸款。為了迎合他們的行為，看板內容所要強調的點是可靠性能抵銷購買成本，因此有可能讓買方獲得有車階級的地位。

最後一點，需要一輛日常用車的買方可能一點也不關心有無吸引力。他或她的行為是出於能可靠地從A點到B點。這裡我們最有可能談論到的對象，就是通勤好幾英里去上班或帶小孩去上學的人，而且他們也有許多確實可行的替代辦法，例如搭城市裡的地鐵系統。這些群體中的人，最有可能對宣傳可靠性及購車成本合理的內容有所反應，只有提高身分地位大概無法打動他們。

我們可以看到，更深入地了解閱聽人才能預測其行為及評估其態度。個人所擁有的態度越強，其行為及因此而傳遞特定訊息的成果也越是能加以預測。注意人群的生活方式、日常的生活型態及其他面向以發掘其態度，這將會在形塑內容方面特別有用。

形塑內容關連性

制定有效果及有關連的內容，必定會牽涉到良好的策略及研究。創意行銷人員仍然需要掌握中心理念，創造能連結情感的體驗，令其驚訝不已，而且做得真實又可信，才能讓觀眾把內容帶回家。可以讓人產生某種連結並使其投入才是好的故事。創造關連性才能讓人帶回家。

除了研究閱聽大眾及行銷策略與目標，發展內容的下一步，就要由其他因素來決定如何讓它最有關連性。要知道閱聽大眾的背景組成會根據一天中的時段而改變，因此這就會促使我們要去決定在特定的時段要傳遞什麼類型的內容。在上班時間開始前二小時內的咖啡館，可能會吸引大批正在前往辦公室的人；他們在趕時間，而且看起來一副沒睡醒的樣子。他們會對可以帶來活力的產品訊息有反應，可能需要穿插在立即有用的資訊（股票市場行情、新聞頭條、天氣預報）當中。再晚一點，閱聽人就會變成推嬰兒車的母親，她們對低調的產品訊息較能印象深刻，且適合穿插輕鬆的資訊或娛樂內容。放學之後，閱聽大眾可能會再次變成青少年，而內容也有了不同的組合方式。當然這也取決於該咖啡館的位置；在繁華商業區的閱聽人，可能會比通勤鐵路車站附近的郊區中心還少有變動。

能幫助決定內容關連性的另一因素，則是外部數據來源的提供，像是溫度或天氣這類簡單的資訊。如果外面很冷又下著雪，那麼咖啡館的產品內容就要與特殊口味的熱巧克力有關；如果外面陽光普照且溫暖和煦，則相同的內容時段就該用來推廣冰茶。這樣做就能讓觀眾在一天時段中的體驗更有關連性。市場研究公司阿比創（Arbitron）的資深媒體研究分析師黛安·威廉斯（Diane Williams）曾對此類資訊來源測量收看率，甚至只是單純增加一個時鐘來吸引注意。「大多數人都有手錶或可以看時間的工具。如果看板上有時間資訊的話，人們也會比較常看它。交通樞紐佔地廣大，但人們好像不知道火車到來的時間，所以有時鐘可看通常讓他們很興奮。人們往往就是會對時間產生緊張的習慣。我們實際上在紐約的傳統廣告牌上只增加了一個數位時鐘，然後我們發現收看率有所成長。雖然這是一個非常簡單的內容，但我們卻經常看到類似的作法，只因為這似乎真能促進收看率，也不用特別花什麼成本。」

在很大程度上，關連性也要視觀眾身處特定地點與時間的心理狀態而定。也就是說，無論人口背景或固定特性為何，千萬不要以為人的想法永遠不會變。在星期二早晨趕著上班的人，若是星期天早上在同一時間、同一地點出現，可能心情上會較為輕鬆。

觀眾的類型

了解此一重要概念的方法之一，就是要區別出消費者（Consumer）與購物者（Shopper）之間的差異。我們可以把大多數個人看做消費者，也就是說，他們有可能為了個人或家庭而購買產品及服務。但消費者是在家裡、在工作或在玩樂。在這些環境之下，他們或許也想要多少買點東西，或者做出各種與潛在購買有關的決定。用某些訊息──例如品牌──就能吸引這類消費者，但若要直接提供優惠就會比較困難。

然而消費者在POS網絡前面，就會變成購物者。一個人刻意進入一間店，其固定思維通常更適合給予某種暗示，並有機會將他們的需求與特定店家出售的商品產生連結。他們現在可以用更直接的產品優惠予以吸引，特別像是根據其性別、年齡及收入所提供的內容。把這些全都結合起來，便能為POS看板的內容創造真正的關連性，因為它產生了促進期望行為（Desired Behavior）的情感反應。

換個角度來看，我們可以觀察另外二種類型的觀眾：停留者與來來往往的消費者。停留者的情況要不是病患就是別無選擇，只能被動地留在螢幕區，或者他們離開家來到像是商場美食區的地方尋求放鬆。停留者也可能是在電梯或診所裡，逼不得已只好原地等待。他們都處於停留狀態，但卻為了完全不同的原因，而正是這些原因，在制定有關連性的內容時必須予以考量。

另外一種則是來來往往的消費者──正在步行或開車，以及在大眾交通工具中通勤的人們。處在這種環境下的人，他們的固定思維專心在前往目的地或展開旅程，而所在的地點通常也是

POT網絡佔盡優勢之處。他們正準備前往某處，而這就是關連性的關鍵。他們要去哪裡及為何要去？這些問題複雜到有千百種解答。這當然取決於POT網絡的次類型及一天中的時間。這也是開始了解來來往往的觀眾其固定思維的第一步。在早上通勤的交通中，你可以猜到大多數的觀眾都是要去上班。在地鐵的部分也一樣適用。他們的心裡在想什麼？最有可能的，就是與工作或咖啡有關。他們也會思考通勤的起點，像是家庭和與家人相關的問題或事物，需要從工作忙碌的一天中找出時間來處理。相對地，在回家的路上他們則會反省自己的一天，並且期待著家庭、朋友、家人及晚餐。當然這些例子是對購物者、停留者及來來往往的觀眾其固定思維的基本思考，而根據網絡次類型的不同，這些都可以為了符合關連性而進行微調。

若能根據網絡類型及購買者、來來往往的觀眾或停留者的固定思維來分類，那麼考量內容時就可直接幫助你將工作處理得更有組織化。

情感的關連

在POS網絡，要洞悉購物者固定思維背後的心理，購物者即將要有的體驗才能真正停留在其腦海裡。盛世長城國際廣告公司（Saatchi & Saatchi X）的心理學博士克里斯多弗．葛瑞（Christopher Grey）告訴我們，「這種體驗將被歸類在四個方面：影響體驗的身體知覺（他們所看到的）、對內容和環境的情感反應（他們感覺到的）、針對環境與店內互動所形成的想法和態度（他們所思考的），以及因體驗而產生的購物行為（他們所做的）。」

店內消費者的固定思維絕對會改變，他們即將成為購物者。做為一個購物者，消費者的行動取決於他或她的意向，因此將品牌置入一個尚未存在的固定思維，是很難得到消費者的關注。購物者主要是任務取向；在他們的心中或手中早有一份購物清單。因此這意味著大多數購物者都關注於某些產品及品牌，並排除去選購其他產品與競爭品牌，這種現象被稱為排除選擇（Deselection）。換句話說，消費者專心於購買任務與清單而排除其他品項——它們會像背景噪音那樣被消費者視而不見。排除選擇可說是一個品牌最可怕的夢魘。

透過數位看板提供優秀的內容，能有助於突破消費者的心理障礙。如果執行得當，數位看板在該處的存在將突出於一般噪音的水準，讓品牌能抓住消費者的注意力，並有機會在選購過程中被納入考量。但葛瑞說，這意味著在店內使用數位看板仍需運用智慧。「想像一下，如果沿著通道有一大群數位看板排排掛，有這麼多的數位看板在製造噪音，購物者將不堪負荷，訊息或品牌也無法在人群中受到矚目。這也是為什麼數位看板必須做得正確，而且要做得適量才會真正有效果的緣故。」

過程中的第二個步驟，他指出當數位看板把他或她的注意力都集中過來時，就要帶來有價值的主張或特惠給消費者。為了這麼做我們需要創造一種情感，才能有助於促使他們付諸行動去購買。原因導致結論，情感導致行動[1]。「這世上根本沒有中立環境（Neutral Environment）這種東西，」

[1] 神經科醫師唐納．卡恩（Donald Calne），《合情合理》（*Within Reason*）

葛瑞繼續說。「在環境之中所形成的，不是正面情感就是負面情感。」正面情感讓購物者留下來的時間更長、購物籃裡的東西更多，甚至還可能超過他或她在進入商店之前原本的預算。一如克里斯多弗所指出的，衝動性購買及忠誠度提高二者有直接的關連性。

運用八種正面的情感

如果要把制定的內容放在情感方程式裡，就必須要能觸發正面的情感才行。所以什麼樣的情感是在制定內容時需要考量的？基本上有八種心理驅力（Psychological Drivers）代表購物者正在尋找的一種情感：自我創造、掌控、夢想、安全、遊戲時間、運動、庇護所及連結。

自我創造是一種顯露自己的情感，透過自我反省、地位、有本錢炫耀及有意義的刺激，來創造、增強與表現自我認同。例如某些品牌可能會注重環保，將引起有意義的情感（我是一個願意拯救地球的人），而勞斯萊斯品牌則喚起地位及有本錢炫耀（我是成功、富有的人）。盛世長城公司曾與海倫仙度絲（Head and Shoulders）合作制定一項數位看板的計畫，在螢幕前放了一部攝影機拍攝購物者的頭頂。購物者可以走上前去看看他或她的頭頂有無頭皮屑。「這招讓人們看看自己並驗證其對身體的認同，是個非常有效的方法，」葛瑞博士這麼提到。

另一個情感驅動因素是掌控，它能因為學習、表現及共享而被喚起。消費性電子產品就是個知識領域，在那裡賣方可以營造出一種買方掌控複雜產品的感覺。你到任何「蘋果商店」（Apple Store）裡都能找到「天才吧台」（Genius Bar），那是有特別認證過的專家以樂於助人的態度在一

圖3.3　美國居家產品大賣場家得寶（Home Depot）製作了一部宣傳片叫「打造你夢想中的露天平台」，用漂亮的露天平台成品鼓舞購物者。

旁提供專業知識，讓人們可以掌控最新iPhone的特定地方。寶馬汽車（BMW）讓每個買車的駕駛在開回家之前都要經過四十五分鐘的訓練，即使在購買之後仍能提供掌控的感受及正面的情感，而不是有可能讓買家後悔。

夢想是希望、鼓舞、野心，並能發展出任何的可能性。為了激發這種情感，我們就必須建立與這些訴求相關的內容。有賣廚房相關產品的百貨公司及寢具、住家裝潢店（圖3.3）都是很好的例子，在那裡的數位看板可以用內容鼓舞購買者，做得像是他們夢想中的家園、庭院或露天平台，鼓勵他們購買產品。

有所準備、補給充足及有個遮風避雨的地方，是喚起安全情感的關鍵因素。關懷家庭、自我及家人而預做準備的內容，將會與許多購買者產生共鳴。狗飼料是輕易能透過此種情感辨識的產品之一——感冒藥也是。令人驚訝的是，新鮮的食物同樣也屬於此類。制定與這些情感有關連的內容不但幫助了購物者，而且最終也會創造出更多的銷售業績。

「遊戲時間是我的最愛」，這種情感是可以擁有如孩童般的歡笑、表達及樂趣。引發這種情緒的內容需要娛樂，而且包括各方面的創造力及刺激。雖然這可以適用於各種不同類型的產品和服務，但某些產品還是最為合適——像是遊樂園、搭乘郵輪，以及其他休閒度假行程。這也可以結合一些其他的情感。以前面的狗食為例，可以將安全情感與遊戲時間結合起來，在內容上可以轉移到小孩與狗玩，然後狗跳到櫃台上咬東西吃。這可從單一內容創造出多方面的訴求。

與遊戲時間類似的是運動，它能激發冒險、狩獵、競賽及謀略的情感。運動是充滿熱情地追求目標，然後達成該目標之後就有個人的成就感。可以想見，這種情感是適合於運動、與運動相關的產品及戶外活動。

雖然這些情感能直接產生關連的都是與其密切相關的產品，但它們也可以適用於許多其他非相關的產品，只要該情感可同時與產品和品牌一致。同樣地，雖然某些情感在吸引女性購買者方面比較突出，而其他的則較能引起男性購買者的反應，但如果產品及別種因素適當的話，其實這些情感也可以對男女都能喚起行動（有很多女性享受競爭，會對運動的情感有感覺，而很多有小孩的男性也會對居家安全方面有所反應）。

在光譜的另一端，庇護所則代表安全、避風港及放鬆的情感。當購物者急急忙忙要完成購物的任務，你就可以制定能喚起這種情感的內容，放慢購物者的步伐並提供一個介紹品牌訊息的機會。美麗的場景、平靜的鏡頭，像是潺潺流水般的節奏讓購物者放鬆，並且花他幾秒鐘的時間從購物的壓力中暫停一下，這種體驗使購物者對品牌及產品的感覺會有正面的影響。「像都樂牌（Dole）蘋果低脂奶油那樣『美味、放縱且無罪惡感』的供應品，就能提供一個情感上覺得安全的產品，而且吃了還不會胖。」葛瑞這麼提到。

使用與發展、維繫及關係深化連結的情感，將幫助購物者感覺他或她獲得保障或歸屬於某個特殊群體。「好市多倉儲批發俱樂部（Costco Wholesale Club）在讓人有歸屬感方面做得相當不錯。當你加入俱樂部拿到會員卡，卡片上貼的是你的相片。想進場就必須秀出你的會員卡，」葛瑞觀察到這點。「透過與會員之間不斷的緊密結合，甚至提供食品的免費試吃，讓這份關係更加的深化。這樣做讓購物者感到有聯繫，而且馬上就能獲致購買體驗以外的東西。」這些情感連結的效果強大，而且也促使忠誠度升到新高。

當考量到這些情感的驅力時，我們必須專注於讓內容的概念與有情感關連性的產品相契合。這最終為消費者提供了一種正面的體驗，並鼓勵消費者購買產品。

增加關連性到所有網絡

任何經營數位看板網絡或正在規劃網絡的團隊，都有獨特的機會為這個新興行業帶來傑出的貢獻並首開先例。我們已經可以看到一些致力於研究的網絡專業人員在這方面的工作成果。他們將相關訊息視為內容來源及因素的創新作法不但有效果、有幫助，而且還為觀眾提供正面的體驗。消費者的固定思維與網絡類型的緊密結合是此一探索的重點所在，無論美國內外都成功誕生出許多傑出的網絡。

這樣的網絡之一就是廣告空間網，他們在大約一百一十個購物商場中擁有超過一千四百座螢幕。主席暨執行總裁多明尼克．波爾科解釋道，從二〇〇五年開始，廣告空間網就已針對內容做過研究，包括從焦點座談（Focus Group）學習，而將成功推向新的層次。「你需要設想他們的心理狀態。我們賣的是能吸引消費者的環境。我們需確認誰才是我們的目標、了解他們的固定思維，以及為什麼他們在那裡。」

廣告空間網的閱聽人大多是婦女及少女，然後根據波爾科的說法，「她們真的是為了逃避才在那裡──而了解這樣的固定思維，對我們提供有效的內容到該網絡至關重要。我們所制定的內容能以更為有關連的方式投射到我們的特定受眾上。一直不斷的研究讓我們有了今天的成果。」

廣告空間網的內容是建立在幾個頓悟時刻（Epiphany Moments）的基礎上，但首先要了解廣告空間網所代表的網絡類型為何。雖然在商場裡的公共區域人們只是忙碌地經過看板，看起來可能像是POT網絡，但實際上它卻是個POS網絡。這裡波爾科解釋道，「我們的購物者有三種類型：任務購物者有其購物清單，並以快節奏的步伐要去買藍色的襯衫，他們進來買完就出去了。我們也有瀏覽購物者，將商場視為避風港而在裡面消磨時間，並看看有什麼新貨到。當然我們也有等待的人及美食區的購物者。經過多次調查及焦點座談的研究，我們在設計內容上就能與這些各有不同固定思維的群體都有所關連，讓他們覺得自己是個聰明的購物者。」

他解釋說道，為了該網絡制定的內容有三種不同的形式，差別在於編輯過的內容及廣告。「『本日十大精選』（Today's Top Ten）是個獨特的數位編輯內容環境（圖3.4）。每週我們都會從不同零售商裡選入產品的優惠促銷（免費為他們提供），並且從零售商之中推廣特定的產品。我們也有個叫做『重點商品』（Essentials）的節目時段，裡面是關於最新獨特產品的內容。我們展示的其他內容則集中在賣場活動，從木偶戲到演唱會都有。當然我們也會秀出廣告。」

圖3.4　廣告空間網多年來進行了大量的研究，才做得出像是「本日十大精選」的相關內容。

需謹記在心的是廣告空間網有超過一百一十家的商場，而每間都是獨一無二的，所以每家賣場的內容都不相同，這是因為每個商場的零售商及活動就是不一樣。因此，特色產品當然也各不相同。

國際性的網絡也需要特別注意關連性。尼歐媒體集團（Neo Advertising）的網絡深具遠見，他們發現全球廣告客戶能以不同的語言，在全世界接觸有關連性的閱聽大眾。其創始人暨執行總裁克里斯提恩．瓦格利歐—究斯（Christian Vaglio-Giors）早已在各種網絡中預訂廣告。「像電影等等全球同步發行的產品如今已是個趨勢，所以我們看到越來越多的品牌及代理商想要在國際性的廣告系列中爭取下訂。我們有一些跨國際網絡的交叉銷售（Cross Sale），讓加拿大的客戶在歐洲的螢幕上下廣告。就電影來說，每個國家的內容除了語言之外其他都一樣。因此大多數情況下皆由代理商直接提供，包括當地的語言。」這方面的挑戰也有來自於觀眾傳統看待媒體的習慣。「例如在設計資訊娛樂（Infotainment）、新聞時我們會看到差異，從這個國家到另一個國家都非常不一樣。例如在荷蘭——內容用的是影片中的連續鏡頭。而在瑞士或法國，所有的內容卻都是用Flash格式做成的動畫繪圖（圖3.5），沒有影片，」瓦格利歐—究斯這麼說。「我認為這只是觀眾品味的差異，而市場就必須適應人們的口味。在荷蘭當他們看到一個螢幕，即使在超市裡，他們期望在螢幕上看到的是傳統的電視內容。然而在瑞士或法國甚至西班牙的人，他們卻希望內容是類似於網站的Flash橫幅廣告。所以你可以看到從一個市場到另一個市場的文化差異頗大。」

購物者來來去去，但如果企業裡的觀眾每天一直保持不變，你要如何讓其溝通網絡維持關連性？麥基食品公司（McKee Foods）的湯姆．杭特（Tom Hunter）認為，關鍵是要在企業結構中讓某些不同個體參與其中，在不同層級裡的管理者裡拓展此項工作——並成為拓展中心。「我認為保

圖3.5　尼歐媒體集團在荷蘭運作的是像電視的廣告，在法國則是Flash動畫的廣告，好讓它們更符合觀眾的期望及代理商的要求。

©2009 Neo Advertising.

持在地的切題性非常重要，」他說。「一般來說，每個工廠設施裡，不管員工在哪，都會有正、副管理者。即使他們是最低程度的貢獻者也有分配的權力（下頁圖3.6）。這些一般都是我們想要使之接近最新內容的人，我們試圖讓他們將出現在他們辦公桌上的最新情報置入我們的平台。」

隔幾分鐘便能準確提供航班抵達與起飛時間的機場資訊網絡，每天都為觀眾帶來關連性。如果有人要開始考量有關連、有用的資訊，那這些網絡就是首選。若有人努力想將此一想法拓展到其他網絡，將能啟動創新和創意的能量。

要考量特定時間與場地之下，什麼對觀眾的固定思維才適當（或不適當）。如果觀眾是在診所，而螢幕位於等候區的中央，那麼內容就要特別針對觀眾出現在那裡的原因，這樣才會有雙贏的局面。例如在運動醫學練習的場合，關於關節和肌肉健康、鍛鍊及表現的內容與廣告才會較有關連性，並且比心臟疾病及如何戒菸等訊息還能獲得更多的關注。

「如果螢幕的目的是要讓消費者的心理忘卻等待，那麼訊息就需要將你的心思轉移到不同地方，」普律澤集團合夥人保羅．弗蘭尼根這麼說。舉例而言，「如果你在就業服務站排隊，你不會希望看到跟失業率攀升有關的東西。」

在地化的內容若能根據網絡類型、固定思維、文化、語言，甚至正確的用色來融入在地資訊，就能成為高度相關的要素，隨即成為有助益且有用處的內容，讓觀眾不止看到並給予高度評價，最終為你的網絡催生更多的業務。

圖3.6　與企業網絡內的部門貢獻者緊密聯繫，將使內容維持新鮮度，並與員工持續產生關連性。

數位看板網絡若能善加運用關連性的邏輯與力量，就可以是有助益、有用處，而且會被觀看。

位置

正如我們在前面的章節中所提到的，螢幕的實際位置對效果有決定性的影響。同樣在決定什麼樣的內容才是最有關連的時候，位置也是個重要的考量因素。

從最大意義上來說，網絡的類型是螢幕位置的決定性因素之一。POT網絡大多數情況下，應位於擁擠的公共空間、裝在牆壁上或中央位置的多媒體導覽機上，甚至是火車或地鐵月台的時刻表旁邊。

即使是在廣告空間網，螢幕也設置在美食區、電動手扶梯與休息區裡面及周圍，提供許多機會讓內容不只被看到，同時也真正被觀看。廣告空間網也將自己的螢幕以縱向模式而不是橫向方位裝設，形成獨特的活海報效果。

戶外影片廣告局（Out-of-Home Video Advertising Bureau，簡稱OVAB）認為位置的安排是測量的關鍵要素。其合乎要求的其中一項特徵，是「處於該位置的人必須從媒介物（螢幕）看得到，同時在適當的情況下也要能聽得到。戶外網絡不像傳統電視那樣，當人們接觸螢幕時總是會想要去看。考量到此一差異，我們需要另外的特徵來證明螢幕至少已被注意到。」

同時由於它們的位置，在大部分POT網絡中的成本，將由付錢刊登訊息的廣告商來認購。他們在地鐵月台或機場大廳花錢吸引人們的目光。因此，交通操作員放在播放列表中且已穿插那些廣告的內容，對於將人們的目光轉向螢幕並持續關注那裡很重要，廣告收入也有了正當性。在大多數情況下，其他有關連的資訊亦將有助於維持觀眾的持續觀看。

透過休閒運動設施及學生會等人潮聚集區域中的校園電視網絡，大學網（The University Network，簡稱TUN）接觸到的是大學裡的閱聽人。其總裁彼得・柯睿耿（Peter Corrigan）擁有許多獨特的節目合作夥伴，並用簡短的格式處理內容。「在關鍵區域的位置需確保螢幕會被觀看⋯所以內容必須對此一年齡群要有吸引力（圖3.7）。」

即使在診所內讓人很難錯過螢幕，但包括接待人員的其他考量，都必須列為計算。如果螢幕是在接待處看不見的地方，而且有可能在最高的音量範圍之外，就會有助於員工維持理智，讓螢幕一直持續播放。

圖3.7 數位看板要座落於適當的地方才能引起注意，這對於接觸閱聽大眾來說至關重要。

根據塔吉特百貨的媒體製作團隊主管馬克・班奈特的說法，「我們從其他網絡學到了很多，並據此開發了可以立即遵循的關連性指導原則。以商店產品來劃分，你應該只看得到與特定區域有關連的內容。例如在電視區、DVD和CD販售區，或兒童娛樂及電玩遊戲區等，在這些領域中所顯示的一定是直接與該位置及產品相關的內容。」

等候時間、停留時間與循環長度

數位看板與觀眾連結最強的領域之一，就是它能夠提供不斷變化的組合內容。進一步來說，這在決定內容方面，增加了紙本形式所沒有的某種複雜性，像是每則內容需要在螢幕上出現多久，以及整組內容——亦即播放列表——要重複多少次數、要多久換成不一樣的播放列表。等待的時間與循環播放的長度直接相關。我們需要追蹤螢幕內容傳遞範圍內的觀眾，該訊息是否能被他們所吸收，以及呈現訊息給他們的次數是否適當。

網絡類型能馬上給我們線索，去了解內容能被用多少次以及它需要（或可以）在螢幕上播放多長。大多數POT網絡中可利用的時間相當有限，因為觀眾在某些情況下只有幾秒鐘可以看到畫面。所以內容必須是品牌導向、極度依賴圖像而不是很多字，同時還要有吸睛的作用。在便利商店裡，一般消費者只會花短短三分鐘的時間在裡面——雖然比POT網絡的時間還長，但數位看板仍僅能用來使其留下深刻印象，才能對購買行為產生影響。所以播放列表將由各為十至十五秒鐘的簡短內容分段所組成。

當然每個場地都很獨特，而地理位置與區域性的因素也可以納入這個算式當中，我們可以拿銀行來當作實例。在馬來西亞銀行等待出納員作業的時間大約四十分鐘，然而在美國的平均等待時間則是六分鐘。因此在美國銀行運作的播放列表，其每個分段持續播放的時間最多是十五至三十秒，而每隔五分鐘左右就要整個再循環播放一次。但這種做法對馬來西亞的消費者可能會沒有效果，因為他們等待的結果會暴露在相同的循環內容裡高達八次之多。在那裡，一個較長的播放列表及可能較長的內容分段才比較適當，而一個播放列表恐怕得要持續播放半個小時。

「我記得是在一個手機零售商店，在那裡我看到一遍又一遍的相同內容，」美國數位看板協會（Digital Signage Association）的執行董事大衛・德瑞（David Drain）這麼說。「零售商似乎沒有想過人們會在那裡多久，而且一直重複聽到相同的聲音把我給惹毛了。不用說也惹毛了很多員工。」

麥基食品企業溝通網絡的內容製作人瑪莎・莫頓（Marsha Morton），根據員工的活動仔細觀察了循環長度。「在幻燈片開始重複播放之前，我們盡量保持週期所需的時間約在七到八分鐘之間。因為我們的閱聽大眾——製造工人——他們的休息時間好像是十二分鐘。因此我們要確保主螢幕上所有內含資訊的內容都能循環播放，好讓員工有機會看到所有的一切。」

曾為一萬二千個零售據點製作過內容的零售娛樂設計（RED）總裁布萊恩・赫胥，在循環長度上有稍微不同的見解。「我們花時間來了解我們的購物者概況，他們在店裡會待多久、在這段期間我們如何製造正面的印象，還有我們如何把他們導引到店裡的產品，是要強調新功能、做促銷還是要辦活動，或者只要在店內環境中娛樂他們等等。所以很多時候，我們的節目輪播會取決於他們購物體驗的平均停留時間。我們將許多節目做成約莫八到十個小時的獨特內容，然後讓播放列表將它們串成二十到二十四小時的長篇節目。這就像是典型的電台，如果新發行的專輯越重要、越具關連性及越有關的話，那麼就要越常在店內環境中播放。」

無論在場地停留的時間多久，內容都必須抓住觀眾的注意力，並使其持續關注。提供高畫質的內容永遠有效果，無論螢幕被觀看的時間有多長。

造訪頻率

第三個直接影響一段內容要在螢幕上播放幾次的因素，就是場地內的造訪頻率，這對維持內容的新鮮與被觀看影響甚鉅。根據網絡類型的不同，困難度也可大可小。在百貨公司裡的POS網絡，內容可以每個月改變一次，因為大多數人可能沒那麼常來造訪，也因此較少機會造成曝光過度。在便利商店，一般訪客可能一個禮拜有三天早上會來買咖啡——甚至於每天——因此每天更新內容就變得很重要。

內部溝通網絡的造訪頻率比其他網絡還要高，因為觀眾的工作時間一天八到十個小時天天都在那裡，無疑是個極大的挑戰。在麥基食品，湯姆．杭特用分割畫面的螢幕保持觀眾受到吸引（圖3.8）而解決此一問題。「我們認為只要有變換與多重的畫面區塊，讓觀眾的眼珠子繞圈圈跳舞，就會有所幫助。」

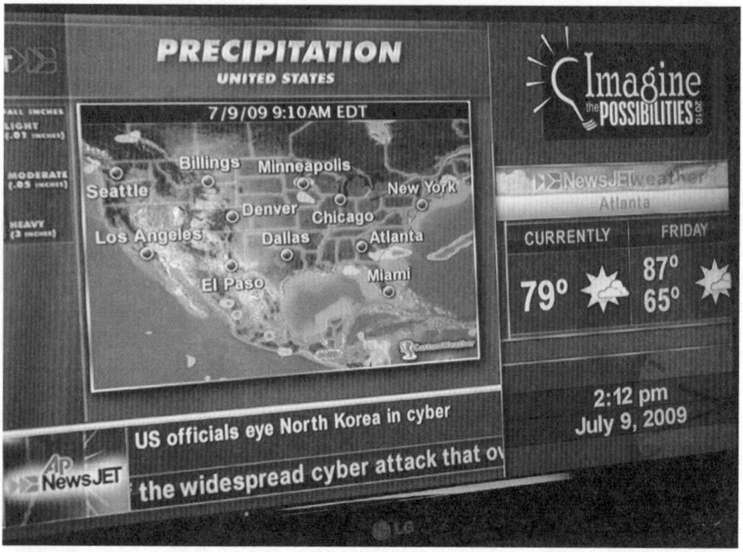

圖3.8　在內部溝通的螢幕上使用數個分割畫面能讓它持續被觀看，並且在觀眾的腦海中維持內容的新鮮感。

劃分一天的時段

根據一天中的哪個時段及一週中的哪一天來改變內容，會嚴重影響到數位看板內容對消費者與同事們的效果。同樣的循環播放內容對早上或星期三的消費者是有效的，在其他時間則不一定。此外，過度重複循環的內容會讓公司員工容易感到厭煩或無趣。危險之處在於同事們會散播這種感覺——甚至是不自覺地——給消費者，將螢幕的價值大打折扣。或者他們可能乾脆就把它全部關掉，削減螢幕做為訓練或提供員工資訊的功用。

一個最簡單的方法就是一天改變內容循環三次：早上、中午、下午。這會讓同事們保持愉快的心情，而且也能為消費者設計更多樣化的節目。另外同樣重要的是，在每個列表重複播放時，也可以更改內容的順序。這樣內容仍能在總體格局之下傳遞，對想要接觸不同消費者的行銷人員有其效果，但對消費者或同事們又不會顯得有太多花樣。

而較為複雜的方法則是整天或整個禮拜都對內容的分段進行增刪，讓播放列表隨時保持新鮮。就像電台播放流行音樂一樣，受歡迎的歌經常被重複播放，但不會每小時都在同一時段，而新歌也要跟其他快退流行的作品穿插在一起，創造多樣化並讓人感興趣才會讓人繼續聽下去。同樣的想法也適用於此處；對整體內容進行持續而微小的改變，加上順序的重新洗牌，將可避免消費者及同事們把螢幕關掉。

雖然這聽起來好像很費工，但這個過程可以透過一些播放列表軟體內建的複製工具，用來實現自動化的工作。這些工具可以取用一個播放列表，建立一個複製檔，然後按照一定的規則更改內容的順序。實際上，我們現在有二個可相互交替的播放列表了。這可以根據播放列表及為了特定內容的目的而規劃一天中各段落的長度，決定要操作幾次。

軟體在適當的時間、適當的地點，向適當的目標提供相關內容上也是大有助益。我們可以根據人口背景資訊將一天劃分成幾個部分，而這樣的劃分也能適用於每個螢幕。然後，如果有座螢幕適用相同劃分的內容分段，那該內容也能自動符合該螢幕的需求。隨著網絡變得越來越大，想要將關連性最大的內容運用在適當的時間給適當的閱聽大眾，那麼自動化就會是一個必備工具。

訊息的速度及長度

由於停留時間的不同，訊息也需考量傳遞的速度為何。這與網絡類型之間亦有直接的互動關連。

這是消費性電子零售商百思買（Best Buy）前網絡製作人保羅．弗蘭尼根的看法：「如果你在POT網絡，訊息必須非常簡單、非常顯眼，一則五個字顯現五秒鐘，而且需要能引起爭論並讓人覺得有利可圖。它是非常快速、非常簡易的訊息。但是當你到了POS網絡，這裡你可能要改變內容說，『你在這裡買東西喝，你為何會喜歡這個？』你的目標比較偏向於購買行為。」

在POS網絡，在最初的二又二分之一秒傳遞引人注目的訊息（將觀眾吸引到螢幕的東西）是獲得必要重視的關鍵。下一個有價值的主張（我要這個的原因）則需要在三到十秒之內傳遞，接著十五秒之內就要即刻呼籲其購買。結果在十五秒內，觀眾就有一套完整的報導，足以影響其行為改變。

這對於許多POS網絡的類型是真的有效，但也不一定能全盤適用。以水療（Spa）館與雜貨店相比，訊息的速度絕對會完全不同。水療館與溫泉浴池由於場地的氣氛及產品的類型，訊息的速度一定要慢、要輕鬆。但同樣像是在雜貨店裡，若訊息是引人注目且有用處（不只是價格方面），傳遞速度的放慢則可以成為一種與繁忙的購物完全相反的體驗。一則能讓消費者放慢腳步，並且帶有像健康食品這種有用暗示的訊息，能在雜貨購物體驗的喧囂中提供一個放鬆的避風港。

廣告空間網的多明尼克．波爾科使用一種獨特的方式來解決移動閱聽人的問題。「我們注意到你得融合影片、音效及靜態畫面。切記這些消費者都是一邊移動、一邊看螢幕，這就是採用靜態畫面的原因，也要動得非常緩慢。你不能預設他們在十五秒鐘的訊息裡，可以從第一秒到最後一秒都全神貫注。所以要盡快讓購物者一目了然，在螢幕上放著公司商標與簡短訊息，並且整個十五秒鐘都維持靜止不動，然後在靜態畫面之間再穿插影片播放。當然它們也必須盡量適應或重新調整正規廣告的長度。

瓦格利歐—究斯也同意波爾科。「首先我們必須確定在人們可以理解訊息的情況下，盡量不使用聲音。在許多情況下我們必須插入一些文字來取代聲音。我們嘗試使用更多我所謂的動態物件，因為會動的畫面比較能吸引消費者的關注，例如 Flash 動畫特效的使用。而我們也嘗試在可能的情形下將其縮短。以這種接觸而言，三十秒的格式一定會太長，十五秒會比較好。」

RED的布萊恩．赫胥檢視引導媒體製作的趨勢，提醒我們在其他地方也可以考量採用簡短的格式——像是音樂影片、電影預告片或遊戲宣傳片——但其實「一開始卻會讓人感覺那是長篇的格式。我認為在這裡添加的其他元素——像是某種微型格式或類似的東西——是在創造一種新的型態。你其實可以看到網頁媒體也在發展相同大小的格式，而廣播也正開始走向一種全然不同的趨勢。因此，整個二十四分鐘的廣播內容被刪減成三到五分鐘，而且說實在效果變得相當不錯。為了數位看板，你會看到哥倫比亞廣播公司及探索頻道（Discovery Channel）之流也都在改變他們現有的廣播節目。」

訊息在任何環境下都可以非常有效，只要提供報導與產品的適當素材。這些概念可分成簡單與基本的產品，以及複雜與高檔的產品。考量到這二種產品非常不同的屬性，將有助於為適當的產品制定出適當的內容。將產品的品牌屬性分門別類，也可以影響訊息傳遞的速度。場地的氣氛更能直接判斷訊息的速度及長度。結合這些因素需要正確的策略與方法，如同第二章所述。

小結

內容的有效性與觀眾的人口背景、行為及情感方面直接相關。而內容的關連性則進一步成為觀眾與網絡接觸時，決定他們會有何種關係的重要因素。一天中的時間、觀眾所從事的活動甚至天氣狀況，在發展內容時都能是重要的考量因素。把觀眾的背景與網絡環境結合起來，在決定如何將個別內容成分聚集成完整而循環播放的節目，以及判定每個組成部分的變化與循環需要多少長度及次數上，都會對規劃者有所助益。確保我們的內容在觀眾的眼中與他有關連，這樣才能使其被注意到，並產生我們預期所要達到的效果。

4 保持內容流動

到目前為止，我們已經談過第五代螢幕的價值、數位看板網絡的三種主要類型，以及人們開始制定內容時需要了解的一些重要因素。很明顯的，有二件事情最為重要：確保內容要與觀眾有關連，同時為了引人注意並持續感興趣，也必須確保內容能維持新鮮度。

不管網絡的類型或內容更新的頻率為何，想要保持內容這部機器不斷運轉，將是個艱鉅的任務。網絡一旦開始運作，其內容就需要進行製作，並在有穩定人潮的地方負責傳遞。在前面四代螢幕上負責產出內容的人，像是電視台經理或網路新聞的網站管理員都很熟悉此一問題。他們每天的主要任務就是要去發現新的內容，或從他們自己的資料庫裡決定要重新呈現什麼內容給觀眾。

在這一章中，我們將著眼於網絡所需的內容量如何決定的過程、這些內容如何組織化的方法，以及介紹有助於填補空白的一些內容來源。任何開始從事數位看板網絡的人應將其視為一段旅程，若能精心策劃、詳加考量，那麼當網絡性格中貪得無厭的大魔王出現時，就能避免不愉快的經驗。

只要方法得當，在觀眾眼中的內容維持新鮮感，那這隻心裡的怪獸就能被馴服成你的寵物。

保持新鮮

讓觀眾一直對內容感興趣，是數位看板網絡主要的挑戰之一。而對某些網絡來說，這種挑戰還比其他類型更加棘手。例如企業溝通網絡要維持新鮮感就特別艱難，因為內容天天要呈現給同樣的觀眾看。為了達到這種需求，許多企業溝通網絡的管理者都會鑄成大錯，將他們所有的內容素材在第一個月的運作中全都展現出來，然後在一季剩下的時間裡甚至更久，都完全不做任何的翻新，不消說他們的觀眾一定感到厭煩，而且可能很快就會失去興趣。在所有的網絡中，特別在此處，放慢現有素材的傳遞速度才是成功的關鍵。

在麥基食品公司，企業溝通網絡的主視窗裡不斷在幾個類別中輪流替換：企業內容、政策、福利、財務及安全提示。他們有一些隨時準備被放進循環播放列表的內容分段，目的是讓特定的訊息產生變化，同時類別的流動也能維持完整性。媒體製作主管湯姆．杭特進一步告訴我們：「此一循環裡含有關於安全方面的訊息，而當整個列表播放至下一循環時，系統就會將下一個等待中的安全訊息向前推進。等安全訊息全都播過一次之後，才會再重頭輪流播放。因為每次都不一樣，所以你總是能看到新的安全訊息——這樣萬一你坐著的時間得經歷二次循環，你也能看得到另外一則安全訊息。」

為了跟上內容的需求，在網絡開始運作之前首先得要發展重要的共用素材。這些基礎元件相對來說能長時間使用，並可用不同的方式進行穿插及搭配。這不是為了某個廣告系列而儲存的內容，而是為了顧及網絡所在位置的整體外觀、感受及識別。

這涉及到制定關鍵的圖像元素及模組來發展一個大型的資料庫，當你要設計與展示你的內容時就可以拿來運用。了解當前及即將來臨的廣告系列目標（至少在當季，最好能一整年）至關重要，這樣才能事先制定好必要的內容元素。這裡需要全神貫注，完全不能拖泥帶水。內容規劃得越多，數位看板的執行就能越成功。

馬克．班奈特與其在塔吉特百貨的團隊，始終確保每位供應商提供給店內網絡的內容，都能為了消費者（塔吉特百貨稱之為「客人」）維持新鮮度。「就供應商的內容而言，我們像是顧問一樣幫助他們了解內容怎麼折舊得那麼快。我們（為單一分段的）設計了略有不同的各式版本，也嘗試（在循環列表裡）混搭內容。我們幫供應商製作了一些符合網絡高標準的模組並加到網絡中。這讓我們的供應商有簡單的方法可以與網絡產生聯繫。」

為了確保該內容能增加塔吉特百貨客人的體驗，班奈特每週都會在各個商店——以商場部門為主——觀看頻道上的整段節目。「每個網絡經營者都需要退一步來看：從客人的角度來檢視。」

創造可以隨時接連上的大量素材庫，將能使大部分廣告活動更具彈性。從設計能以各種不同方式放在一起的圖像元素做為起點，讓我們只要在螢幕上移動元素，就能看起來稍有變化。

這些視覺元素的範圍既包括公司商標及符號，也包含相片與肖像。販售咖啡飲料的網絡要收集香醇滿溢的咖啡杯照片、該品牌的商標，以及飲料本身的任何標誌。在消費性電子零售商的店內網絡中，得收集重要產品的圖片、製造商的商標，以及例如藍光等品牌的標誌。內部溝通網絡則要組合有關安全的訊息及一些企業政策，包含可能要開發的幾套相關設計，上面再搭配相關文字——安全訊息要放在紅白相間的警告條內、政策相關的則要搭配藍色紋條框——這樣跨越不同內容區間的網絡設計就能保有一致性的元素。

在某些方面，這是類似於網站設計或印刷刊物背後的概念。雖然內容會源源不斷地變化，但仍然會有固定的視覺元素一直被使用，讓觀眾一眼就辨認出這是不是他們在找的網站或刊物。這些元素有助於與觀眾之間創造一種連結並使其感到安心，然而對於特定內容如何呈現也提供了相當大的彈性。由於這些元素對網絡識別非常重要並使用頻繁，因此它們需要在其他內容之前先行考量與開發。

模組

內容呈現保持新鮮感的另一關鍵，就是要建立一系列的模組，才能很容易地適應大多數情況下所需的目標及訊息。模組簡單地說，就是預先準備一些圖像元素、配色，以及為了添加具體內容而留白的空間。透過模組的使用，網絡管理者可以省時且更加輕鬆地維持網絡的辨識度，不用多花精力為了每個內容區間而設計新的版面。

圖4.1　使用能交換背景或更改文字及圖片的模組設計，就可以幫助網絡持續更新。

為了效果而對模組過度設計（Overdesign），或變化得太過複雜都是沒有必要的。只要在設計上針對顏色或圖像元素做一點簡單的變化，就可將模組適用在一則又一則的內容上。例如打算給金融新聞使用的模組，可能要有一張綠色美鈔的符號放在左上角、一個標題的空間、內文的部分在下方，然後右下方有個空間可以放圖表，所有的邊框再選用綠色。將美鈔符號換成黃色的太陽、圖表換成溫度計，然後邊框改成藍色，現在模組就能用來顯示天氣預報（圖4.1）。（上一節談到收集元素非常重要的理由，在這邊應該算是顯而易見。）

就模組而言，千萬不要冒險從一個數位戶外媒體網絡直接複製到另外一個。每個網絡都有不同的需求，而可用的素材及設計出來的模組類型都是獨一無二的。如果我們以銷售點網絡——特別是店內網絡——來看，其內容始終會有包羅萬象的品牌訊息，並伴隨著商品一起出現。我們可以為了讓重要商品曝光而設計品牌元素及模組，做為置於店中央的品牌訊息來經營一整年。我們也可以在品牌訊息中為商品創造一層屬於其自已的品牌模組。這些商品設計的元素模組可重複使用，且略加修改就能維持訊息新鮮度只是一個例子。菜單看板則是另一個很好的例子，可以看到模組如何用來改變售價、圖片，或者從早餐到午餐、晚餐都在變換的特別優惠。

任何網絡都需要建立一套模組，而且至少一季要更新一次。這不是一個公司品牌的重塑運動，或為了網絡建立全新的視覺語言，而是為了引進新元素，讓那些已經運行三個月的內容產生一點變化。例如，為了特定目標而要建立一系列有企業品牌元素的模組。這時你可能有一系列要求配合的訊息需要秀出，所以專為這種類型的訊息創建一個模組。觀眾會學到當特定模組出現時，內容就是有關於工作場所中的配合事項。用品牌元素的模組創建其他類型的訊息，或許對觀眾也會有同樣的影響。但如果你把相同的模組完全套用在所有的狀況，觀眾將因為看起來都一樣而不斷感到厭倦。

例如在廣告空間網，首席行銷主管比爾·甘吉姆（Bill Ketcham）為POS網絡建立了模組，好讓內容得以週週變化，並在每個零售季結束之後完全替換。「我們分別有春、夏、秋、冬四套模組，然後在這些模組中，為了假期我們還有不同的創意。此外我們也密切注意（顧客）：『開學或假期時媽媽都在想什麼？』」

同時一系列的社群訊息及懷舊的視覺誘惑，可以在日常工作中給零售店員工一個舒緩壓力的機會，也讓他們可以會心一笑。有許多方法可以讓觀眾對內部溝通網絡感興趣，而透過數位看板的溝通則能為此賦予力量。

同樣重要的是，模組建立整個網絡的整體外觀——亦即讓各螢幕都能維持圖像連貫性的東西。這點我們可以師法於第二代螢幕。電視台建立了某種識別，以致於它的節目或促銷廣告即使沒被認真觀看，也能直觀地讓觀眾知道他們看的是第五頻道。擁有並經營網絡的電視台則更進一步；透過一致性的視覺線索，像是字型、螢幕版面，甚至電視台商標的形狀，我們就可以說這是某特定網絡的一部分。不僅數位看板網絡能從這種連貫性受益，事實上經過在電視上曝光那麼多年，觀眾甚至會不自覺地想見到某些標準的外表及識別。正如馬克．班奈特所指出的，「你知道你正在看塔吉特的電視節目，因為播放豐富又好看的內容中間，有塔吉特的活動或推銷廣告在裡面（圖4.2）。」

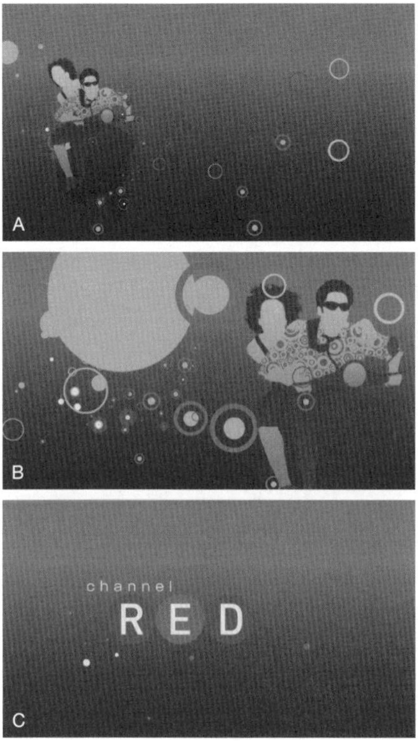

圖4.2　對塔吉特的識別建立了網絡的連貫性，並帶給購物者驚喜。

對塔吉特的識別在建立網絡外觀及感受上扮

演了重要的角色。「電視台的識別或品牌就像呼吸新鮮空氣一樣不可或缺，」班奈特說。「它們受人矚目而且夠有趣，因此真的開始在頻道中給了一個塔吉特推廣品牌的時段。它成為一種酷要素（Cool Factor），目的是讓我們的客人又驚又喜。在製作節目時我們都用特定的美術設計來處理當前的廣告系列，也將這些廣告系列的元素加以分割並增添動畫。演示靶心（塔吉特的商標）如何構成及用什麼東西組合真的很酷，同時也擴張了品牌的影響範圍。」

除此之外，塔吉特是跨網絡地審視其所有內容，不會只是因為供應商需要網絡，就把任何內容上傳。塔吉特網絡比較像是統合性的業務，而不是單純提供給供應商購買時段。

模組公式

為了更加了解網絡維持新鮮感，以及與人口背景相關需要多少模組，有個簡單的公式可以協助我們計算模組的正確數量：D×V＝T或（一天時段）×（造訪次數）＝（人口背景模組）。基於得考量每一種背景的需求，於是我們可以將所有的人口背景加總得出所需的訊息模組TT（模組總數），類似實例所示（圖4.3）。我們可以在試算表中列出特定月份所需的訊息版本數量，並了解一天中的什麼時間會出現在該場地的特定背景。這將告訴我們可能需要多少版本的訊息才能維持新鮮感，而何時該把這些版本放入時間表中。在這個例子裡，每個月第一組人口背景的造訪次數（V）為三。因此，要計算第一組人口背景要維持新鮮感所需創建的適當模組數量，就只要將一天的時段劃分（D）＝五乘以造訪次數（V）＝三，共計十五個模組（T）。我們也可以為第二組人

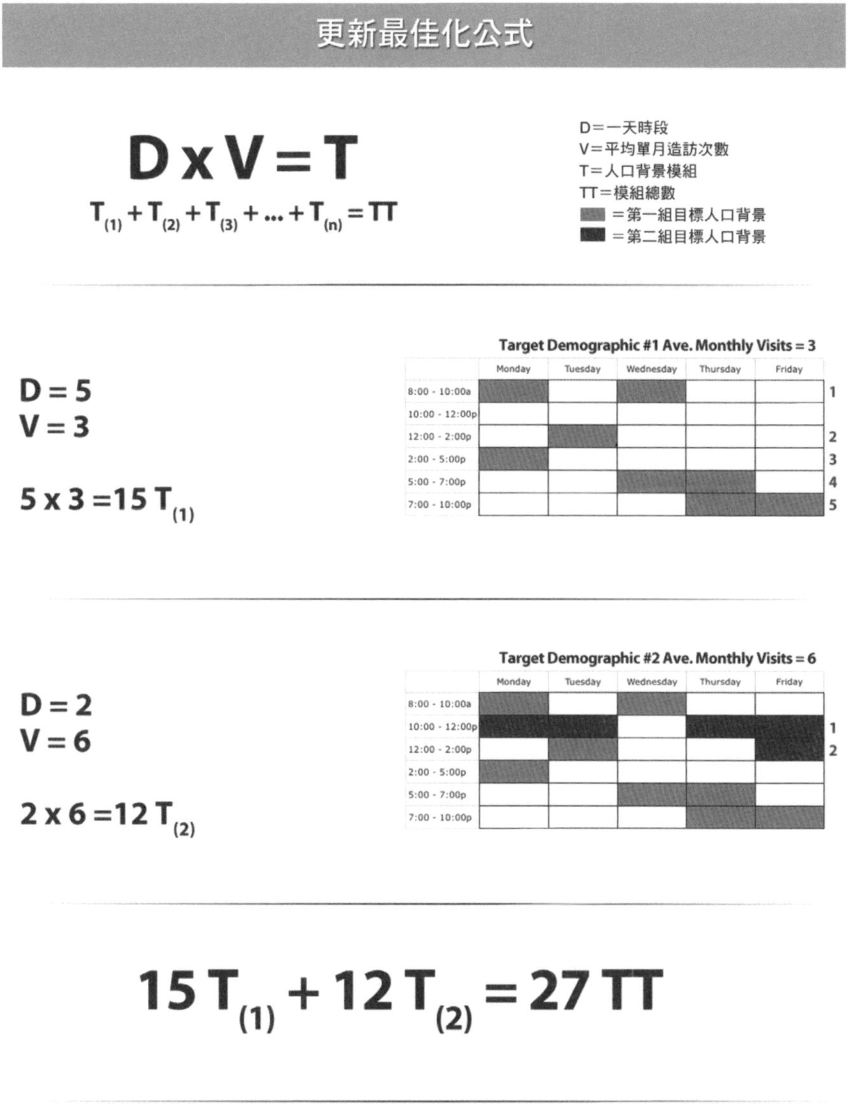

圖4.3　此表及公式將幫助我們在任何特定時間內，針對適當的人口背景建立該有的內容數量。

口背景進行相同的計算，他們的一天劃分（D）＝二、造訪次數（V）＝六，所以共需要十二個模組（T）。而所有模組的總數則為二十七個模組（TT）。然後我們就曉得，一個禮拜之內在每天早上八點到十點之間，週一及週三要針對第一組人口背景播放廣告，而十點到中午之間則是向第二組的人口背景播送。針對人口背景的廣告版本可稍微根據模組而改變。讓你的內容保持新鮮且與人口背景有關連，將讓你的數位看板網絡持續被觀看！

極短篇還是長篇大論

不管是零食還是一頓正餐、專題報導還是八卦專欄中的話題，人們想要消費的事物有各種不同的大小。在大多數情況下，數位戶外媒體網絡的特性——顯示給觀眾的訊息時間很短、訊息是嵌入觀眾的空間而非由個人直接挑選、能同時傳遞多組訊息的價值——需要給觀眾易於消化的大小（Bite-Size）來維持他們的關注。即使網絡的目標是傳遞複雜的訊息給觀眾，但將訊息分割成簡短、易於消化的大小，就幾乎能肯定會有更好的效果。

請記住，即使是在POS網絡，其內容都不是本宣傳冊，而是去慫恿、用情感呼籲購物者索取更多資訊或採取購買行為。

對零售娛樂設計（RED）來說，總裁布萊恩．赫胥花了很長的時間累積一套在零售店的經驗，尤其是名牌服飾零售店。「在那個空間你有很多種方式可以播放媒體。就內容而言，在店門口的話它明顯就得短小精幹。這可能是一些周遭的連續鏡頭，亦即我們就地從現場產品拍攝及推銷影片快速編輯而來的照片集，但播放的速度真的要夠快。你知道你大概只有一秒鐘能夠吸引消費者，目標就是讓他們往店裡面走去。」

一旦進入服飾零售店裡的空間，玩法就變了，與在雜貨店裡又是完全不同的遊戲。「這不再只是拍攝從魚缸裡撈出一條魚，再跳接到一個幸福的小顧客身上這種十五秒廣告。在我們的環境中它比較像是讓我們看到魚在游動，讓我們看到魚在做這個、在做那個。我們打消把同樣的想法拿來套用的念頭，但也了解到在零售店裡的時間長度實際上可以有一點久。」（編註：此處之意為，與其拍攝商品和快樂顧客的廣告來取悅顧客，不如讓顧客現場體驗購物的樂趣。）

在任何網絡中，即使是POW（循環時間較長），資訊都該以簡短的形式呈現，這樣網絡管理者才有辦法三不五時調整一下內容。這將讓顧客及工作人員與螢幕更加協調，並且避免令人厭煩與激怒每天在桌子後面迎接顧客的某些人。那樣也才能組合較短的濃縮資訊，可以有助於維持訊息的新鮮度，以及放上搭配訊息的廣告。

那長篇大論的訊息有用嗎？是的，還是有一些例子，特別是在POW網絡，的確需要更長的訊息。舉例來說，當一個人在醫院候診或即將動手術時，他就會對手術程序及術後健康所需步驟等這類切身相關的資訊非常感興趣，而且還會逐字詳讀。這種內容的形式可以更長，並將它分割成更短的分段。不過網絡經營者要提出的問題則是，如果你需要更換時，訊息的切割法會讓你有更大的彈性嗎？這同樣適用於企業的溝通網絡。將廣泛搭配的模組混排而成的內容放在循環列表之中，也總是能抓住觀眾的目光。

教育性質的內容

具教育性質的內容是數位看板網絡最基礎的元素。告訴觀眾有用而且可能是他們不知道的東西，將使其受到吸引並一直感興趣。

在大學網（TUN），總裁彼得・柯睿耿解釋他們的網絡如何真正取代了娛樂中心，以及全國大學校園學生聚集場所中的傳統公告板（圖4.4）。「我們的螢幕有一部分是資訊性質——他們提供的資訊包括了學生活動，以及與生活用品或校園問題及設施有關的特殊情況。然後我們與其他的內容及廣告結合起來。因為我們具備有用的資訊、娛樂與廣告，所以讓我們的螢幕持續被觀看。也因為與可靠的校園資訊和娛樂綁在一起，讓我們

圖4.4　數位看板讓大學生隨時了解最新的活動及其他資訊，舊的公告板因而被取代。

的廣告商受惠不少。」

教育性質的內容若涉及到POS網絡中的某樣產品時會特別有效。當消費者做出購買決定時，據此下判斷的名單當中仍以有用、實在的產品資訊列為優先。

就以維他命狗糧旁，位於商店寵物食品通道貨架上的POS螢幕為例。除了只是反映產品的其他廣告及當日特價之外，也可以考慮增加教育性質的內容安插在裡面。廣告若告訴觀眾在食物中添加維他命將如何增強狗的體力及活力，就能讓他願意花時間在怎麼使自己的寵物變得更有價值上，而不是只傳達吃維他命對狗很好這樣的訊息。接著再在資訊中加入具體推薦的維他命方案。產品將如何用在一隻大狗身上？用在老狗呢？小型犬呢？維他命在何時及如何使用能獲致最好的效果？搭配食物？還是早上的時候食用？

這是一個互動技術的增加如何在網絡的成功上扮演重要的角色的例子，我們將在後面的章節進行更詳細的討論。讓觀眾在不同的選項中進行選擇，才能將利潤最大化，並允許觀眾與實體產品產生連結，而不是單純只提供所有給狗用的維他命養生資訊。吉娃娃的主人對大丹犬的方案並不感興趣；而其他人可能第一個想知道的是產品有多方便。

如果該網絡能結合產品促銷及互動式的教育內容，而且在視覺上若能與幸福家庭經驗的內容相關，那麼在銷售上成功的機會幾乎能比沒有教育成分的狀況還要來得大一些。

在像銀行這些POW的次類型網絡中，類似的教育訊息成效就非常好。例如網絡若尋求出售新的儲蓄帳戶，如果它以有效方式穿插成立帳戶的說明就會更有效果。一個人必須存多少？是根據收入水準、年齡、生涯目標，還是三個都要有？有什麼選項——直接存款、自動轉帳、每週六結算當週的利息？根據目前的利率，觀眾一年之後總共能存到多少錢？五年又是多少？將這些都與觀眾的未來產生聯繫，並讓他們對其有信心。

對於大多數類型的網絡來說，重要的是教育性質的素材仍然要簡潔。此一規則的例外是醫療保健網絡，亦即POW網絡其中的一種次類型。例如，觀眾在診所平均的等待時間是三十分鐘，我們就有機會增加節目的深度，而醫療保健是最能刺激觀眾渴望能有資訊內容的一個例子。然而一個值得注意的問題是：更長的內容不一定等同於更好的觀賞體驗。不要喋喋不休，讓每一秒鐘都有用。為觀眾提供更短的內容分段，別浪費他們的時間；如果觀眾連續二次都看到好的內容，而不是一次就對內容感覺差，他們的體驗可能會更好。

在美國，公益廣告協會（Ad Council）以公眾服務宣言（Public Service Announcements，簡稱PSAs）形式成為教育內容的主要資源。這些高品質廣告的重點都在社區、教育、衛生及安全，而且採典型的三十秒鐘長度，同時也是免費的。根據他們官方網站[1]的說法，「公益廣告協會自從一九四二年首創公眾服務通告類別以來，一直致力於改善所有美國人的生活。從早期包括『禍從口出』（Loose Lips Sink Ships）到近期的『我是一個美國人』（I am an American），公益廣告協會的公眾服務宣言在提升知識、激勵行動，以及挽救生命等方面已經運作超過六十五個年頭。根據我們實現正面改變的悠久歷史，可以說公益廣告協會運動已經啟發了好幾個世代的美國人。我們的最終目標是確保後代子孫能享受我們努力至今的成果，並讓我們的公眾服務運動未來能繼續鼓舞人心。」

圖4.5　PSACasting.org是所有數位看板公眾服務宣言的交換機構。

©2009 Ad Council.

PSACasting是公益廣告協會首度參與數位看板領域之作，以前只給傳統媒體網絡的PSAs資料庫，現在提供了買斷式授權（Royalty-Free）供人使用豐富的資源。它們都為數位看板而設計，並可在www.PSAcasting.org上取用（圖4.5）。

廣告

除了少數例外，付費廣告是網絡收入的主要部分。無論它的形式是POS網絡在貨架上的特定優惠，或是高速公路交通點在數位廣告牌上的品牌訊息，以新而有效的方法登廣告是數

1 http://www.adcouncil.org/default.aspx?id=68

位看板的主要優勢之一。主要的差別在於每種類型的網絡都需要用獨特的方式給廣告商最佳的利益，並與觀眾建立連結。

最重要的規則是，數位看板的產品廣告與電視上的廣告是不一樣的。它們具有完全不同的目標與觀眾體驗，因此是完全不同的媒介。從電視廣告系列分享訊息給數位看板呈現內容很重要而且很有效；在這二個媒體中可以同時進行最大的投資。但數位看板的廣告，需要從觀眾固定思維的情境中，發展不同的形式。

讓我們看看為何電視廣告不能在零售店的數位看板中正常發揮，最主要的區別在於這二代螢幕的對象不同。電視上具銷售取向的商業內容，其主要的任務是促使顧客到零售商店——說服他們在心態上從消費者變成購物者。電視廣告與其他廣告相互競爭，在家庭環境中成為另外一種干擾。最後的結果是，電視廣告無法靠它們自己創造銷售。消費者必須離開家前往零售據點才能完成購買行為。

在電視上所看到的廣告系列，還必須與店裡所看到的具有連貫性。普律澤集團合夥人暨百思買網絡前製作人保羅．弗蘭尼根，同意跨螢幕廣告系列的結合絕對是必須討論、探究並小心執行的重點之一。他是這麼看的。廣告商——零售商或店內產品的品牌——可以用標語、顏色等特質來形塑一個驚人且有力量的廣告系列。但如果這些特質與店內的數位看板不符，那問題就嚴重了。

首先，他說：「這邊你會出現一個巨大的斷層。店外的顧客滿心期待，他們在廣告牌或在自己的電腦上看到廣告，然後想要去商店購買，但若他們走進店裡，卻沒有得到與你努力在店外所呈現相同的視覺情感，買方就會感到困惑。」

一般來說員工對廣告系列的經驗過份偏重於店裡的視野，使買方的困惑更形惡化。所以員工參與指導銷售實際上是擴大了斷層，因為他或她缺乏對顧客期望的認知。弗蘭尼根繼續說道，「顧客來了說，『我覺得這款烤麵包機不錯，而我真的想買它。』然後他們走進來之後店員卻說，『我不知道你在說什麼。我不曉得你講的什麼烤麵包機，而且我也不知道它在哪裡，但我們這裡有一個漂亮的攪拌器』。哇，這真是差太多了。」

以弗蘭尼根的觀點來闡述，在店裡的POS網絡正在努力誘導的是購物者，而非消費者。電視廣告已經完成了它的任務，現在廣告需要說服購物者選購廣告商的產品。很顯然包括圖像、模組，還有觀眾看到而與產品有連結的口頭禪，對店內廣告都有其價值。但同樣重要的是在這個階段，也得顯示消費者還沒有看過的東西。例如，百思買運用非常有效的技術在連鎖店裡販售DVD產品。POS網絡不是播放消費者已經在電視上看過的預告片，而是展示完整電影的剪輯版，結果銷售獲得了提升。店內數位看板有各種不同的用途，而店內的內容可以建立一種持久的情感聯繫，留住本已存在的顧客。

POT網絡一般來說都與廣告有關係。地鐵站和機場已被證實是品牌吸引觀眾非常有效的地點。同樣的，在機場航站的螢幕上只播上個禮拜的電視廣告是行不通的——消費者會視而不見。但他們會關注一個為該處環境設計而發人深省的廣告，儘管它與電視廣告系列共享一些共同元素，以維持連貫性及品牌識別。在航站或車站的根本問題是要吸引忙碌旅客的注意（在大多數情況下是移動者）。POT網絡也和電視廣告一樣，目的是透過訊息的重複發送讓觀眾留下深刻的印象，在腦子裡鍛鍊肌肉。但是就像在健身房鍛鍊身體一樣，一直重複相同的例行公事非常無聊，至於數位看板，不斷重複更導致觀眾不想去關注它。例如在同一條地鐵線上通勤往返工作的人，在他家附近的地鐵站通過特定POT的螢幕平均每週十次。因此網絡經營者不僅要針對上下班的通勤者及中午不上班的人，依其固定思維在螢幕上劃分一天的時段，經營者每天還需隔個十到十五秒在螢幕上輪換廣告。將同一個廣告製造變化，使其每天給相同的閱聽人不一樣的呈現方式，對延長數位看板廣告系列的壽命會有所幫助，而且也有助於保持觀眾的關注。

考量到廣告的另一個關鍵是，不管廣告有多好且通常有多少變化，如果置身於網絡及位置的背景情境之外就不可能有效果。不要認為只是建立網絡和賣出一些廣告，就可以創造成功的事業。數位看板這個行業不是只有吸引目光而已——它其實能傳遞非常切中觀眾眾多特質的訊息給他們觀看，甚至與其產生互動。在POT網絡甚至更難以針對大量通過的觀眾篩選其利益或特性，但廣告的背景還是與教育或資訊內容的背景一樣重要。交通目的地的新聞、天氣及社區活動能吸引到觀眾，而廣告與這些交通主題相關的話，就可以在月台上產生更大的影響力。

想讓廣告商了解數位戶外媒體使用的細節不太容易，特別是如果他們或其廣告代理商只關心傳統指標（到達率和收視頻率）的話。這是在電視等傳統媒體上採用的固定思維，因為最大的影響來自於一則廣告要盡可能接觸最多的觀眾，並盡可能經常重複這樣的印象。數位戶外媒體提供的則是完全不同的東西：它能在相關背景的設定下傳遞較高品質的訊息，此為掌握觀眾心理的關鍵所在。無論是

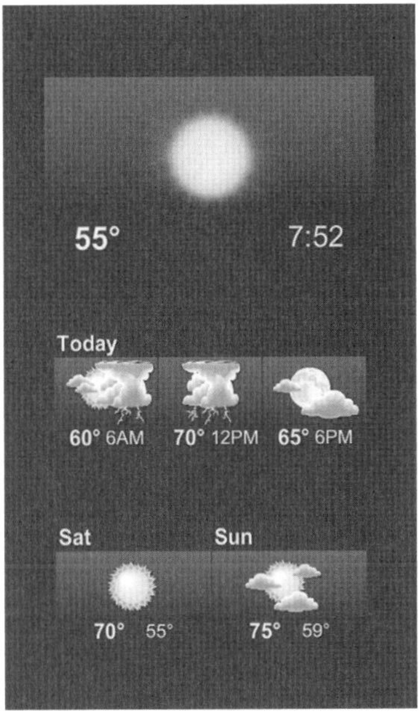

圖4.6　天氣預報是一種常見的RSS資訊來源。其客製化圖像的顯示，背後是採用來自氣象資訊軟體AccuWeather的XML數據。

圖4.7　股票行情是另一個需求很高的RSS資訊來源。

POS、POT或POW，了解每種網絡類型甚至其次類型的獨特之處，將為廣告商提供最有關連性、最有效的廣告效果。在網絡的基礎上為廣告選擇內容，其成果將好到超出對電視或其他媒體的期待。

資訊性質的內容

透過網路摘要跑馬燈（RSS Ticker，即資訊的簡易聚合系統，詳見詞彙表），甚至是全螢幕視覺效果所提供的天氣、新聞、體育及股票行情，是另一種在網絡上維持內容新鮮度的方法（圖4.6及圖4.7）。

圖4.8　多媒體RSS資訊來源能為每則報導傳遞各種多媒體檔案。

這是大家都感興趣的資訊，因為其本身及來源的性質而具有相當頻率的變化。觀眾也希望他們每天接觸的螢幕都能傳遞這類訊息——例如，沿著有線電視新聞節目畫面下方慢慢移動的頭條，以及自己電腦網頁瀏覽器邊緣所顯示的天氣預報。此一資訊來源不但被廣泛使用，而且也提供了實用性的內容給觀眾，因此在他們接觸數位看板時會較為容易接受，而成為另一種吸引及維持關注的方式。許多公司都提供可延伸標記語言（XML）的數據，然後能任意加上客製化的相片及圖像來運用。

由雅虎（Yahoo!）所設計的多媒體網路摘要（Media RSS，簡稱MRSS），是一種能讓內容提供者以簡單的XML資訊來源輕鬆同步發送多媒體檔案的RSS延伸格式。該資料格式目前在網際網路上用途廣泛，並迅速成為動態、相關及數位內容提供的標準方法，現在也包括數位看板（圖4.8）。MRSS允許傳遞各種類型的多媒體文件來傳遞

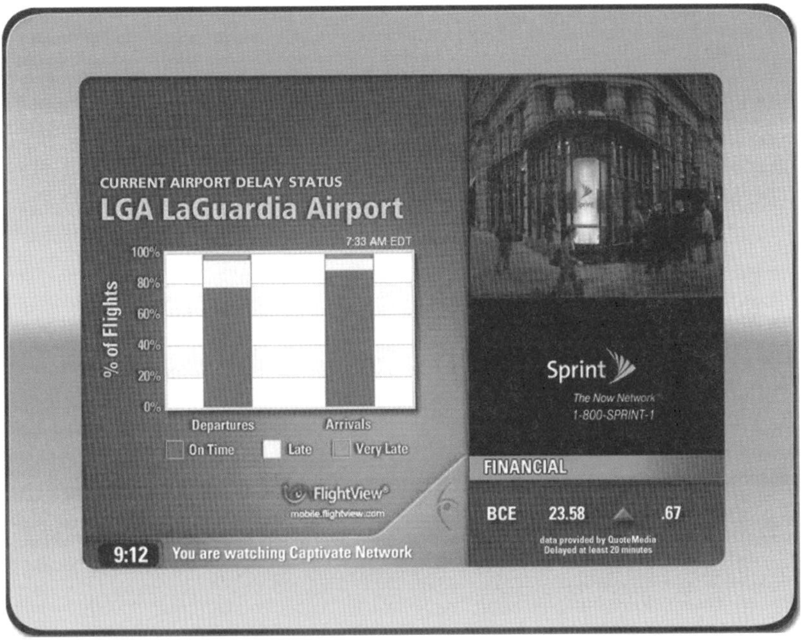

圖4.9 機場提供的資訊讓坐在辦公大樓裡的專業人士，能自動持續更新航班的相關訊息。

報導，而非擴展的RSS只能傳送一種。影片、Flash動畫及其他豐富的多媒體內容也可以透過MRSS傳遞。採用MRSS格式具有顯著的優勢，因為每個素材都可以含括大量的數據資料，諸如文件大小、多媒體類型、時間長度、描述及作者名稱。

迷人製播網雇用編輯人員透過RSS資訊來源，讓具關連性的新聞內容得以持續更新。所不同的是他們的網絡是用來提供諸如：穿插天氣、新聞，當然還有廣告的資訊內容（圖4.9），而其螢幕主要是能在電梯裡看到。其執行總裁麥克．迪佛蘭薩指出，「我們每天持續收集及編輯內容，然

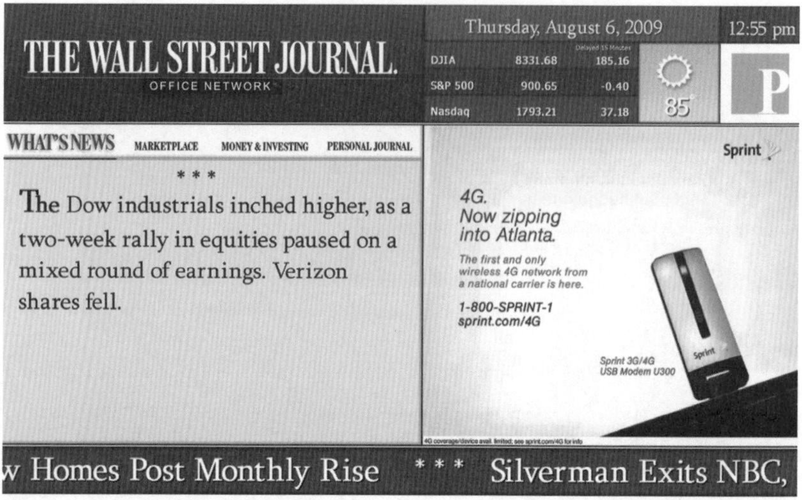

圖4.10　除了華爾街日報的資訊以外，華爾街日報辦公網絡也為租戶提供訊息。

後用我們編輯過的內容維持螢幕的更新。」

華爾街日報辦公網絡的執行總裁吉姆・哈里斯，指出其內容策略能如此成功的原因之一，是他們給業主時間在網絡上提供情報。「我們給他們時間呈現歡迎租戶的公告、大樓的最新消息，以及任何他們想溝通的事（圖4.10）。如果你很常在這類大樓裡出沒，那麼通常會看到很多板架及印刷板之類的東西，這是他們與租戶溝通最常使用的工具。然而現在他們可以使用這個數位網絡，事實上我們甚至為他們設計了模組，讓他們可以按需求客製化。」

同樣的，當我們選擇呈現哪種資訊內容及如何呈現時，需要考量網絡類型及什麼類型的資訊來源能與觀眾有關連。最重要的是要思考此一呈現的做法是能吸引到目光，還是會使人困惑。例如在POT網絡，沿著螢幕底部出現的跑馬燈可能會適得其反。廣告商知道吸引觀眾的時間有限，自然希望廣告出現在螢幕上時能讓他們目不轉睛，而且希望透過支配整個螢幕區域來達到此一目的。跑馬燈的出現會造成互相抵觸的態勢，把觀眾的目光從廣告吸到螢幕的該區。要觀眾持續觀看跑馬燈又不會錯過廣告中的資訊，事實上是個艱鉅的任務，他們甚至不願意看廣告一眼。這種困惑意味著廣告將無法達到想要造成的曝光次數，因此也不太可能有效果。

相反地，在這種情況下的網絡經營者，應該考量資訊內容的提供與廣告一樣要用全螢幕來處理，然後在廣告分段與資訊內容之間交互替換。這樣內容會有變化，又不會迫使各個分段相互抵觸。

完全不考慮使用資訊性質的內容也很有吸引力，特別是在POT網絡。這在許多機場中可以看得到，在許多情況下那裡的數位看板只提供全國性品牌的廣告。實際上，網絡經營者花費大量的時間及金錢所開發的也不過是個活海報，在吸引路過觀眾最大關注的效果上，它當然比不上混合了資訊內容的廣告。一流的、引人注目的及發人深省的廣告儘管有用，但某些人的心裡就是會抗拒廣告，他們只會看穿插在廣告中的內容，這樣在他們等待下一個資訊出現之時，才能使其暴露在廣告訊息當中。

反觀大學網，他們的內容卻劃分區域顯示，而且仍然組合了廣告。為什麼呢？彼得．柯睿耿解釋道，「將廣告加以稀釋還有些爭議，而我也與廣告商有夠多這方面的經驗，要向他們解釋為何我們要增加更多的內容區域來吸引觀眾，讓他們花更多的時間在螢幕前面。校園的資訊會更常讓他們回到螢幕這來，於是收視頻率提高且到達率增加，所以這就是為什麼我們增加了區域劃分。我想現在大多數的廣告商都已明白這個道理。」

視覺吸引點（Eye Candy）

視覺上的吸引點能讓顧客暫時從日常生活中獲得抒解，還能同時讓他們的精神為之一振。網絡播放列表展現一張美麗相片的瞬間，說不定會與消費者心中的某地、某季或某個節日產生關連，將他們帶入另一個境界。這些例子包括了情人節充滿鮮花和願望的訊息，或者是美麗秋天落葉紛飛及收成景象的相片。高畫質的螢幕對觀眾來說會有一種催眠的效果。他們會把它們看成窗戶，而不是掛在牆上的照片。這激發他們更強烈的情感層面，所以讓你有機會為他們提振精神和放輕鬆。一些公司制定內容時採用高品質的HD畫面，就是為了在醫療保健中心達到此一目的。改變醫療診所的氣氛，讓病患的心理獲得平靜，是其主要的目標。就像在POW網絡中，辦公室裡的魚缸有正面的作用，而高品質的相片也具備相同的功效。數位版本的優點是能以非常有品味、整合的方式分層堆疊訊息，同時又不會阻礙想要達到的某種體驗。

這些技術幾乎在任何類型的網絡中都能有效果。以POW網絡來講，像是銀行或醫療網絡，增加這種內容能吸引觀眾的注意，因為它恰好與他們的生活有關連。按月提供高品質的度假或活動內容，證實觀眾無論在任何月份都期待下一次的假期或活動，尤其是在造訪次數頻繁的網絡裡。

圖4.11　米高梅大酒店的「澀谷」餐廳及其數位看板心境牆。

在拉斯維加斯米高梅大酒店的一些餐廳當中，有很多內容的設計都只是為了撫慰心靈，並有助於營造氣氛。特別是一家叫「澀谷」的壽司店，那裡有一座視訊牆，以非常平靜、有視覺吸引力的方式涵蓋餐廳一整面牆，並播放魚兒悠遊在水裡的動畫（圖4.11）。在餐廳或醫療設施使用視覺去促進預期的效果，通常能有很大的影響力。自創或購買這種類型的內容將有助於建立品牌的忠誠度，這都是因為它用有趣的方式提供了有用的訊息。

使用者原生內容

使用者原生內容（UGC）通常是指上網的人所制定的內容，不管他們是用電腦還是行動電話。這些由使用者制定的內容接著會上傳到網絡，然後顯示在螢幕上。使用者原生內容的一些實例，包含貼在Facebook或MySpace的個人相片和報導、發佈到Amazon.com的評論、上傳到YouTube的視訊影片，以及張貼到Flickr的照片等形式。其他對話式的UGC發文，則包括了使用WordPress的Blogging或Twitter上的Tweeting。有人可能會問數位看板如何與使用者原生內容合作，而且想達到何種目的？二〇〇九年睿域行銷（Razorfish）發佈了一篇「數位品牌研究」的報告，當中指出數位品牌的體驗能創造顧客，而事實上有六五%的消費者表示「數位品牌的體驗改變了他們對於品牌的看法」。此外，研究中還指出九七%的消費者宣稱數位體驗影響了其購買決策。這些類型的體驗也能將網際網路及行動體驗與數位戶外媒體連結起來。二者之間的主要互動整合了動態Flash、多媒體播放器，以及像是Flickr、YouTube或Twitter之類使用者網站的運用，甚至是使用手機SMS簡訊或語音指令等方式。威訊無線公司（Verizon Wireless）最近結合時代廣場，推廣他們最新DROID內建的定位語音搜尋功能，並且可讓路過的行人控制二座戶外數位廣告牌：湯森路透（Thomson Reuters）及納斯達克（Nasdaq）。路過的人可以撥打免費電話的號碼，並連接到一個提示使用者的應用程式，然後告訴他們與看板互動時有什麼值得期待的東西，而伴隨著指令他們將收到回電。回電之後，參與者可以從二件事情中挑一樣做：用講的搜尋紐約市商店、餐館、電影或戲劇等資訊，然後在納斯達克看板觀看Google地圖的搜尋結果，或是唸一段密碼讓看板中秀出一個壯觀的動畫。一旦打完電話，使用者就會收到一則SMS簡訊，引導他們到最近的威訊無線商店，在那裡就可以購買DROID。

在一般情況下，UGC會是第一個自動放棄的關鍵字，因為我們都不希望它會顯示在時代廣場中間五〇英尺的數位廣告牌上，而且這也是廣告商刻意讓人會主動排除的內容。使用UGC的另外一個例子是理奇媒體集團（Reach Media Group，簡稱RMG）的網絡（正式名稱為Danoo）。他們提供設施給使用者，透過上網及行動裝置發佈當地活動到他們的螢幕上。像「街頭派對」這種當地的熱鬧活動發佈之後，RMG就隨即分送訊息到當地的螢幕中。其他的例子包括在預定的時間及地點，從行動電話使用SMS投票來影響螢幕上的結果，或上傳照片、圖檔以顯示在大螢幕上。

UGC是一個即將影響數位戶外媒體的行動趨勢。數位看板也可以擁抱這種新的社會體驗，以新穎的方式吸引使用者，並最終影響購買決定。請持續關注未來的互動方式會有何發展。

購買或自創內容

觀眾對數位看板有很高的期望。在其他各代螢幕上不斷提高的圖片及內容品質——無論是網際網路上的Flash動畫及視訊影片、HDTV或IMAX電影——都希望觀眾在螢幕上所看到的任何內容，能在其心目中建立期望。我們的內容品質必須設計得夠高，讓觀眾願意受到吸引，而且不會有該圖片（及訊息）很粗劣的印象產生。就像用文字設計PowerPoint幻燈片是個一定會讓觀眾失望的方式，而且坦白說這還會影響到觀眾對公司、零售商、醫院或飯店的觀感。

正如我們在其他行銷方面必須付出努力，此一媒介裡自然也不例外。當做一本小冊子或新聞通訊時，我們建立的是專業的東西，而且竭盡所能地反映出最有視覺衝擊、品牌或產品的資訊。數位戶外媒體也沒有什麼不同。數位看板的視覺衝擊，是種能讓這種媒介非常受人矚目的功能。網絡管理者只要把文字或公司商標放上去就不用理會的這種想法，一直被試圖拿來當作正當理由，為其螢幕與他人辯解，其實這都是因為內容無法吸引人。數位看板是個強而有力的媒介，如果使用得當，更是個可以超過任何行銷需求的吸睛工具。相反的，倘若因為將不合格的內容放在螢幕上而被濫用，那它注定會失敗。

那麼，避免網絡由於內容的問題而失敗的方法有哪些？其中一個好辦法就是購買外部來源的內容或創造一定品質的服務，才會增加網絡的專門技術。有許多公司專門產出有助於傳達概念的獨特內容，提供了包括圖庫相片、視訊影片或Flash動畫等多項服務。採用良好的視覺圖像來幫助傳達良好的概念，是任何網絡邁向成功必須要走的一段漫漫長路。

有些公司現在開始專門為POT網絡，也就是廣告牌產出內容。這些公司通常也是廣告代理商。其他POS網絡的內容制定，如服飾零售店，也有很多授權及自創的內容，並與品牌整合在一起。提供給這些POS網絡類型的內容，甚至整合報導與品牌而創造出有情節的短篇節目系列。

零售娛樂設計（RED）正是從事這方面的公司。其總裁布萊恩・赫胥解釋他的理念說：「我認為收藏庫一直以來都是內容匯集器，因此它們已經收集了大量的視訊影片，而且坦白說，我覺得它們在數位看板市場想做的事業與廣告代理商雷同。他們不必然了解在這個行業是沒有大筆的預算去創造很多內容。在大多數情況下它都在眾多位置上發揮作用，可說是個適應性很高的媒體平台。有時候收藏庫試圖適用一毫秒五百美元，或任何他們能夠提供的傳統模式。而當你建構一個傳統的電台廣告時，這可能會進行得很順利。但當你建立ＰＯＳ的媒體或網站媒體時，你需要的就不只這些。我們把內容策略看得不一樣，而且內容的來源也的確有所不同。今天我有個ＨＤ網絡並且正在運作，而整體目標就是要讓電視看起來最好，這也許可以算是當務之急。」

根據網絡的寬度及廣度，預算也會有所不同。一般說來，ＲＥＤ的客戶以持續播出為前提支付節目的製作費用。他們分配一〇％到一五％的節目總成本讓新媒體取得內容，有時還有ＲＥＤ實際收集內容並為其付費的直接成本。他們有一支到外面蒐羅內容的團隊，以最優惠的價格收集最好的內容。

其他八五％到九〇％的預算是節目真正的製作、創造及包裝成本。「製作人、編輯人員、圖像設計人員及技術合作夥伴，決定了我們將如何把內容實際以節目設計的方式播出，而其最終目標：當然也是為了增加銷售而量身打造。我們長久以來沒有建構以廣告為基礎的網絡。我們歷來都是在建構以娛樂為基礎的網絡，只是有時有廣告贊助。」赫胥說。

許多電視及有線電視頻道都有授權內容給數位戶外媒體網絡。它能不能有用取決於數位戶外媒體網絡及內容與場地是否有關連性。有助於節目或電視網絡推廣本身品牌的剪輯短片，在一些ＰＯＷ網絡裡司空見慣。從ＣＢＳ和國家廣播公司（National Broadcasting Company，簡稱ＮＢＣ）的體育頻道，到喜劇中心頻道（Comedy Central）及賽車體育頻道The Speed Channel的任何節目，都授權將其節目重新編輯成短篇內容，這在停留時間長的地方播放有良好的效果。還有一種像戶內直達（Indoordirect）這樣的網絡，在全國各地的速食餐廳都設有螢幕。他們在餐廳用餐區創造了有如看電視的氛圍，然後將廣告穿插在短篇的授權內容之間。這是POW此類網絡獨特且非常適當的作法。

即使是在醫院這種POW網絡都有與健康相關的具體內容，甚至有像手術類型這般的主題。這種購買現成內容再稍加修改的方法，是迅速獲得很多內容的絕佳方式。授權給即將與你合作的創作團隊至關重要。有些公司聲稱他們建立了數位看板的內容，但買家要小心，請確保該公司不是只因為這行熱門才試圖跳進數位戶外媒體的領域。也請確保他們有專門的團隊，且對數位看板內容有深入的認識。詢問他們曾經做過的實例及客戶名單。如同任何媒介剛出現時一樣，真正了解數位看板的公司屈指可數。這本書的目的就是幫助更多的人起而加速內容的產出，並增進對該媒介的認識。每個公司對其熟悉的程度各有不同。讀完這本書之後，你知道的就會多到不能再多。使用知識來幫助你找到合適的工作夥伴。

數據驅動的內容

許多服務都提供數據驅動的內容，這將有助於保持內容的新鮮感。它們包括了關於體育、天氣、股票、航班資訊、頭條新聞，以及交通等族繁不及備載的RSS資訊來源。即便是電視及有線電視頻道，也可以為數位看板網絡提供RSS資訊來源。這些資訊提供至少都有經過許可，有的更可能簽過合約並收費，而資訊提供之所以重要，是因為這些數據能在商業應用程式中使用。

此類數據可用Flash動畫及圖像來客製化呈現的方式，進而產生一種高品質的外觀及感受。這些數據也可以透過資訊來源特定部分的使用進行客製化。例如，網絡經營者可能只想要一、二則納斯達克的股票行情，並隨之呈現相應的圖像讓你知道特定的結果。

你也可以用這些RSS資訊來源驅動內容。如果一支特定的球隊贏了，相關的產品內容就能以自動化的方式改變，呈現與獲勝隊伍有關連性的產品。這也可以應用到對天氣敏感的產品——例如在下雨時推廣雨傘。

以在地化及客製化的方式傳遞內容，在許多方面都會是個艱鉅的任務。為了有助於驅動內容使其更有關連性，經營的公司會採用客製化軟體，以便在適當的時間、適當的地方傳遞適當的內容，這正需要數據來驅動。對於觸動旋律公司來說，在地化內容的程式設計是以在哪種類型的酒吧需要哪種類型的音樂為根據——這可是個相當複雜的場景。首席行銷主管羅恩．格林伯格解釋道：「或許我們可以讓它看起來容易些，但它其實真的相當複雜，因為基本上你必須將程式客製化的內容，個別傳至超過四萬個位置上。我們有幾乎每個位置的歷史數據，因為我們握有歌曲播放的記錄，現在主要是用它來將音樂發送出去。所以根據特定位置的播放記錄，我們才能確保他們可以得到適當的音樂類型。因此我們才不會將鄉村音樂送到愛聽重金屬搖滾的位置。這一切都取決於實際的播放記錄。所以我們已經有個可供設定的演算規則來進行辨識的工作。但它也為我們提供了廣告內容在地化的能力。譬如，我們可能無法在整個網絡中播放推銷的內容。但實際上我們可以剖析說，好吧，所以如果它是在推廣某個歌手的音樂，那我們就要播放那位歌手或曲風接近的其他歌手在該位置經常播放的曲子。這也可以用來針對消費心態的目標市場選擇（Psychographic Targeting）。」

數據也可以根據螢幕的位置幫助在地化的推動，才能在適當的地點獲得適當的內容。例如，從紐約市及舊金山起飛的航空公司廣告可能有相同的品牌訊息，但飛到紐約市與從舊金山起飛的廣告就會有所差異。再者，若我從紐約市要去度假，我可能會去加勒比海，但如果我是從舊金山離開，就可能要前往夏威夷。廣告可以根據螢幕的位置自動組合，從而提供給觀眾更多有關連的內容。

以自動化的方式，並在許多新層面使用數據來幫助驅動內容，將使觀眾持續觀看與吸收，而這也將讓你的網絡與觀眾的日常生活與固定思維保持相關。

小結

餵食怪獸——保持內容有新鮮感及有關連，好讓數位看板網絡流動——是一個很大的挑戰，但我們已經知道內容的類型及來源種類廣泛。它們雖然不是所有都適合特定網絡，但內容類型的適當組合及搭配，將產生並維持網絡觀眾的興趣。內容的類型是用來告知、娛樂或單純引起注意，而它們也可以用來支援螢幕的主要訊息，並在核心訊息周圍填補空白。組織得當亦將確保該混合內容能擴大網絡的價值，更不會變得混亂或成為干擾的噪音，而是可以讓觀眾吸收或受鼓舞。請記住，要讓內容在這場競賽中保持領先，是每個網絡經營者必須克服的一項艱鉅任務。如果你還沒趕上這股潮流，那請開始嘗試一些在本章中所討論的工具，進而馴服這隻野獸吧！

5 優秀內容的制定過程

即使極為仰賴外部來源的內容，每個數位看板網絡都還是需要為其螢幕實際做成最終的內容。這可以如前面章節討論過的，簡單地用模組來組合外部的資訊來源，還能將內部來源的現有內容元素加以再利用與重組，或為數位看板制定全新的內容。對大多數網絡來說，這三種方式也有必要進行一些混合應用，才能為播放列表製作所有的內容。

在前面的章節中，我們檢視了如何看待方法與過程的問題，以及做調查和關連性如何直接影響訊息的傳遞。這一切都是要在制定內容之前，為了建立藍圖及設計指導原則而預作準備。本章則將繼續從藍圖探討內容制定的過程——分析現有素材和創造新概念，以及可用來產出最終內容的工具。此外我們也會檢視音效是否為合適元素的時機問題。

對許多網絡經營者而言，這是建立數位看板網絡的工作變得有趣之處。在小型網絡中，只有少數人能參與內容制定，過程中人們承擔了多重角色：製作人、導演、藝術總監、攝影師、編劇、動畫師或技術總監。在大型網絡中，這些角色則分散到具備適當背景及技術的人。無論是哪種情況，就如同為了一部電視節目或電影把他們湊到一起，這就是創意活力源源不絕的最好時機。

分析目前的傳統媒體

大部分數位看板的螢幕部署，都被當作現有行銷及廣告系列的一種附加部分。正如我們在前面章節中討論過的，保持數位看板上整個廣告系列的影像及訊息密切配合有其重要性。經營者應該仔細檢視所有可用於其他各代螢幕的原始素材——主要為電視及電腦——可否成為共同資源的素材，然後被再利用或變更用途在數位看板的內容上（圖5.1）。這樣做不僅能確保它符合現有廣告系列的外觀及感受，同時也為內容提供一個極為節省成本的方法來獲取原始素材。畢竟制定內容往往不可避免得從零開始，而這也會非常花錢。

現有的內容除了第四章中描述的基本圖像元素及基礎元件之外，還可包括廣告連續鏡頭的成品與毛片、靜態相片與繪製的圖形、動畫、聲音及配音。記住，如果我們取得已完成的成品，例如三十秒的電視廣告，它們應該被視為可從廣告中取出個別鏡頭及段落的母體，並以更適合數位看板網絡的方式再利用。

除了以螢幕為基礎考量可用的素材之外，也不能忽視要用來當作印刷品素材的大量潛在素材。由於今日印刷的前製作業幾乎已完全數位化，攝影、插圖，甚至文字都很可能已用電腦檔案的形式

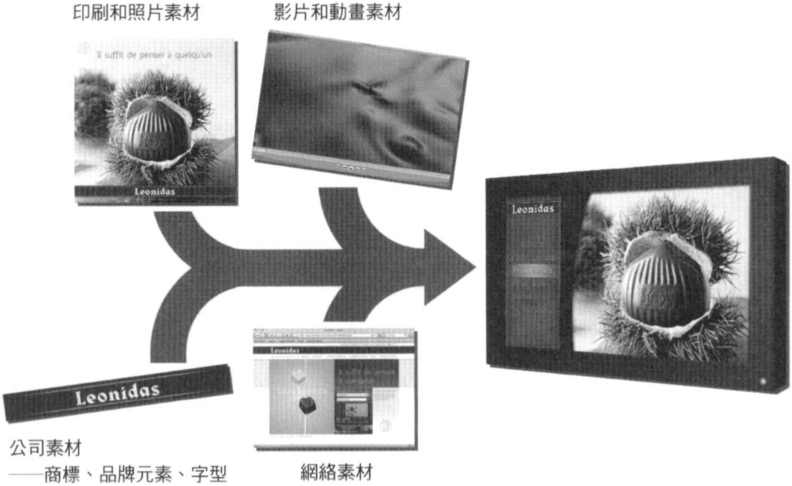

圖5.1　利用其他媒體的素材將有助於連貫性和製作。照片由媒體磚瓦公司提供。

儲存，因而可以讓數位看板直接使用；圖片則幾乎一定有夠高的解析度，即使是最高等級的高解析度螢幕也能供其使用。

一般公司內有幾個地方可以讓我們尋找現有素材的資料集。從公司內部的行銷部門開始尋找最為合理，因為他們本來就負責創建和維護品牌形象及訊息的工作。他們很可能有許多原始素材，而且就算他們不是直接擁有，也會知道如何取得。在網絡發展的過程中有他們的參與及合作是成功的關鍵。

還有可當作素材的其他內部來源，有時得要看牽涉到何種網絡類型。人力資源或參與內部溝通功能的其他部門，都有印刷品及數位的素材可供取得，為企業設置的POW網絡所用。如果公司股份在市場上公開交易，那麼股東關係（Investor Relations）小組也會有財務方面的相關素材，可能適合於企業大廳，或者客戶和其他人想要知悉該公司表現及穩定與否的其餘等待點網絡區域。社會關係部門有慈善機構及其他社區發展計畫的資訊，可以幫忙該品牌制定能強調良好公民形象的內容。

最後，負責維護及規劃公司官網的小組也可能是一個極佳的原始素材來源。此外，該小組已經有用在數位看板上相同格式的素材，更可能已有非常熟悉的相同創作工具——包括軟、硬體——可用於制定最終的數位看板內容。在大多數情況下，他們將這些檔案儲存在有組織的資料庫裡，這將使它更容易供數位看板的團隊來取用，並維護一個可供使用的原始素材清單。同樣地，與這些人相互配合、協調及合作除了可以獲得素材之外，也能有助於共同推動一個成功的網絡。

丹・格蘭特（Dan Grant）及其在麥基食品的小型媒體製作團隊，已收集了制定數位看板內容所需的資源，而這些來自公司許多部門的資源他們也善加利用。「我們在小黛比電視網（Little Debbie TV，簡稱LDTV）做成了一件事，那就是我們可以有一個部門來處理一些大事，而不是只有一位秘書。」儘管該公司有一個更傳統的媒體部門，格蘭特的團隊仍能保有內容的完全控制權。「我們關心它的外觀，我們關心其內容，我們關心圖片，我們也關心專門技術。更有工作人員可以支援我們製作好的LDTV。」

數位看板的問世，意味著格蘭特及其團隊對於應用在數位看板中的素材收集方式，與以往大不相同。「我們甚至在考量如何做影片這件事上都不大一樣。我們的風格曾經非常像製作公司，會按照劇本並完全根據腳本來拍攝。現在我們一直念茲在茲的是：『我們在LDTV上可以比照辦理嗎？我能找人給我可用在LDTV上的快速引用（Quick Quote）嗎？如果我得到一些額外的連續鏡頭，我們就可以與一個小東西一起放在LDTV上嗎？』所以這幾乎是我們現在做的每個專案裡要一直想的某些問題。在一定程度上我們真的要改變我們執行業務的方法。這真的表示產業在遷移。」

然而大多數公司在向大眾實行對外傳播時，卻從不自己創作素材。有一些外部顧問及服務提供者會創作素材，因而可以利用這些檔案及原始素材來補足像是廣告之類的東西。公司外部如果有廣告代理商的話，也一定會深入參與創意決策及素材的產出。對於在這些領域沒有足夠技能的網絡經營者而言，他們亦能成為創意及技術專家的來源。

公司及其廣告代理商同樣也可利用獨立製作公司，來拍攝、剪輯並製作出最終樣式的廣告、行銷影片，以及其他動態的視覺圖片。同樣地，這些顧問不僅能提供素材，他們也是專業知識的來源，特別是在製作技術方面。

不僅收集可用的素材很重要，擁有一個完整的資料庫，並分析手頭上有什麼東西能夠利用也很重要。原因有二方面。首先是我們需要了解什麼是可以用的，然後才決定最有關連及最有用的內容是什麼，以及該如何重新使用它們。在制定最終的數位看板內容時，這將節省不少時間。此外，網絡經營者也將能找出資料庫中的任何漏洞，從而弄清楚需要持續用到網絡上的創作素材數量。

當我們素材開始累積時，就應該特別注意其組織化的問題。素材及分類可根據每季維持內容更新及當季廣告系列的現況來組織化。以經營的網絡類型為基礎分門別類也可能很有用。在像是企業溝通管道的POW網絡，我們可根據訊息的類型來將素材組織化，或者也可以按部門的訊息貢獻度來劃分。在分類上可能包括安全、人力資源、銷售目標和資訊、員工、公司活動、社區專案、行銷活動及副產品等。了解為網絡貢獻創作素材的資源至關重要。一個公司擁有的素材量將決定創意預算的需求有多少。從現有的素材依分類設計模組，將能以非常節省成本的方式逐步實現此目標。通常一些加上新資訊的模組，亦將逐漸滿足內容保持新鮮感的需求。

假設若有人正在設立一個POT網絡，他意識到在此網絡上播放的訊息類別是廣告，大部分與品牌有關，就會與廣告代理商密切配合安排廣告系列，並為此一媒體製作適當的內容。

隨著數位看板成為市場行銷組合的一部分，它被含括在整個媒體創意和行銷思考之中，所以跨平台的考量非常重要。對於麥基食品來說，它已經從傳統的內部製作部門（現在真的很難再找得到）走出來，遷移其思維至真正接受和理解多媒體的製作團隊。格蘭特解釋團隊如何思考素材的收集。「我們要確定能接近我們網站的民眾，當然也要確保主要目標的專案能夠完成。但是我們始終要（在心中）考量整個媒體系列的其他方面，其中看板製作佔了很大的一部分。我們正用另一部門（開發）的類似東西整合到網際網路，並透過新聞快訊發送。但是我們（的想法）已從……直接攝影、錄影或影片剪輯，轉變為保留全部或（盡可能）多的鏡頭才最符合我們的利益，這正好增添了價值。」

無論你是要經營或制定內容給哪種類型的網絡，都需要為了網絡的整體外觀及感受，或與在電視、電台一樣重要的識別作用來收集素材。任何網絡要建立或連貫所需的素材，通常要每季更新一次。這些素材包括季節性的素材（例如與假期相關）及文化性的活動。注意內容及素材創作的品質，否則最後不是幫網絡成功就是使其受害。

久而久之，這個為數位看板收集素材的過程，需要轉變為所有各代螢幕的創作素材。創作跨平台媒體素材最省成本的方式，就是去制定可用於電視、印刷品、電腦、手機及數位看板的基本媒體素材。例如為產品照相時，你可以三六〇度拍攝單張照片及錄製影片，以便有可能創建產品的3D模型，然後可以跨所有媒體使用這些素材，包括數位看板。

領先業界的數位看板代理商之一艾爾克米（Alchemy），其總裁麥可．蔡斯（Michael Chase）正是這樣做的。「我們在一開始時做了很多計畫，並且考量怎麼利用你的素材及如何把它弄出來給所有這些媒體。我們正在為所有的媒體制定內容。於是真的可以說，『我要一台KitchenAid果汁機或攪拌機之類的產品，而當我把它放在我的攝影棚，我要盡可能以各種不同的方式來拍它。所以我要以真正的高解析度來拍它，我也要用正交投影去拍成3D。我要用CAD繪圖軟體把它畫下來。我要拍它在生活中使用的樣子。我要拍有人握著它的樣子。因為一開始我就全都想到並設定好要拍十種不同的方式，對我來說此為增量成本（Incremental Cost），因此現在我可以把這些素材提供給各種不同的媒體。』如果我不這樣做，我會發現我將為了不同用途而一遍又一遍地回到攝影棚工作。這可能是給網際網路用的，可能是數位用的。這可能是競賽或促銷用的，也可能是要當成廣告傳單直接郵寄。」

如果我們在供應內容之前有考量到所有不同的媒體，那麼為了達到許多平台上廣大的內容需求，我們就會體認到設立一個極為強大的素材處理資料庫有多麼重要。從此一素材資料庫，我們可以為所有適當的媒體取出和置入適當的內容，並且為客戶及網絡創造更高的投資報酬率。

在二個層面上考量內容

我們前面已經討論過網絡的識別如何納入網絡整體外觀及感受的概念。在這裡我們同樣還要談及大多數網絡制定所需內容時必須考量的二個層面。首先是整個網絡的外觀及感受，第二是每則個別的內容部分，要注意如何與整個體驗協調。

網絡識別保持一致性的指導原則

在此過程中的下一步就是建立藍圖或設計指導原則，然後產生一份創意策略單（Creative Brief）。從最根本的問題開始，為什麼？為什麼你要這麼做？你的目標是什麼？接著是訊息設計，從可以產生共鳴的顏色、有效果的字型，一直到停留時間的心理、意象，以及如何建立與人們有關連的內容。

為網絡及內容創建設計的指導原則，是過程中一個相當重要的步驟。這個過程一開始要與重要的利益相關者進行討論，並且結束時得有一份正式的設計指導文件，讓每個人都可在過程中奉為圭臬。這些指導原則將包括商標樣式與顏色、商標樣式的用法、字型、識別設計與使用、網絡的設計元素，以及識別系統與創意策略單等規範。此一文件就算網絡的規模再小也很重要；一致性是要去強制維持網絡識別及訊息的效果，如果不在過程一開始時做的話，結束時將會花許多時間在建立這種一致性上。

例如，網絡的一些關鍵設計元素可能包括攝影、鮮豔的顏色、保證及引文。內容的設計就得包含幾個方向，像是有一個主照片、清楚的標題、簡短的文案、文字短但字型放大，且可清楚辨識的一句話、大膽的色彩，以及高反差等等。

花時間來制定網絡指導原則，將在未來為你節省時間與金錢。以下是網絡的設計指導原則要制定時，我們最起碼要考量的基本範圍：

顏色用法

- 識別公司、產品等等的品牌顏色。
  通常顏色的設計要能相互襯托，並在構圖上彼此和諧。
  使用色彩包圍（Color Bracketing），亦即用顏色的透明度來提供每種顏色的漸層色度。
  使用漸層，亦即用漸層背景來建立一種圍繞產品的空間感。

字型用法

- 利用品牌的標準字型，以確保在其他行銷素材中的連貫性。一般在網絡上只會使用一或二種字型。
- 字型的用法多樣化，以對比的方式創造視覺質感，並增加吸引力及和諧感。結合粗體及細體的樣式將有助於保持觀眾的注意力放在適當的句子上。

- 選用三或四個字型的樣式，如細體、正常、半粗體和粗體。

展示產品

- 確保產品拍照或錄影的方式維持一致，所以產品之間才能看起來具有連貫性。注意，產品的拍攝要保持高畫質及高解析度，以確保網絡上的所有內容都有高品質。

圖示

- 用圖示建立一種網絡的速記語言（Shorthand Language），以幫助引導圍繞特定主題的觀眾。它們可根據網絡的不同分為許多類別，可能是季節性的、部門的、背景的或情感的。
- 以特定方式讓圖示富有生氣，以提高網絡的連貫性。
- 圖示必須具一致性。例如，所有的圖示可能與特定的外觀及感受有關。他們基本上可能是大膽、輕柔，或者明亮、柔和。

轉換

- 轉換能讓螢幕增加動作，並引導觀眾注目螢幕上的某些地方。

- 在每則內容之中或彼此之間要無縫轉換。

螢幕

- 確定環境中的螢幕都要為了某種特定目的而設計。舉例來說，貨架走道轉角（專案架）或收銀台上我們都設有螢幕。每種類型的螢幕都要為了實現其目標而進行不同的處置。
- 確定螢幕中的區域佈局能適用於每種類型的螢幕，以幫助達到預期的目的。

區域

- 在螢幕中建構區域。某些網絡裡我們可能要將一個螢幕區視為主要內容，其他區域為次要內容，然後還要準備第三個做為資訊內容區域。

主要區域通常是產品或主要廣告。

次要區域通常與主要區域有前後關連，並告訴觀眾接下來會有什麼。

資訊區域則可提供天氣、新聞、日期或時間。

主題式訊息

- 根據網絡類型做為主題的訊息可以很有用處。例如一個企業的溝通網絡可能要以部門做為主題呈現，這種類型的訊息觀眾才會比較了解。

內容規格

- 確定內容的規格。設定訊息的最低標準可解決很多令人頭痛的問題。確定什麼是可以接受的格式、編碼和大小，以及傳遞的訊息是要用高解析度、標準解析度，還是二種規格兼而有之。

麥可．蔡斯在任何創作素材進行製作之前，就努力去符合設計藍圖的過程。他會問客戶，「你要打算怎麼用它？為什麼它很重要？我們從傳統媒體到正在執行的廣告系列討論每一部分的思維過程，一直問到現在市場中他們已看到的混搭訊息是否與人們有關連。當他們進入你的位置時是否得到相同的訊息？而這確實為他們詳加說明了一段過程或藍圖。」

網絡品牌創造了個性及標識（網絡識別）給有機會產生關連的觀眾。這可根據用色、影像及訊息傳遞的速度來產生一種情感反應。在思考整體的網絡形象時，記得要把它的目的和用處帶給觀眾。

網絡識別也可在網際網路上找得到實例。Google幾乎每天都會設計其商標的新版本，重點則放在一些特別難忘，或令人回味的那一天——可能是一個節日主題、歷史事件或目前發生的大事。與此同時，沒有人會認不出來是Google商標；它符合其既定的身分（配色方案、排版、對齊方式），可以即時、直觀地傳播Google的品牌。為了數位看板而創建、組織及利用這些類型的素材，可以幫助你的網絡不至於辜負通曉媒體的大眾對內容高標準的期待。對網絡的預期及整體的外觀及感受，能直接影響其成功與否。

我們能設計對內容來講如同容器一般，具備整體外觀及感受的模組，這在創建當地的社區網絡時效果良好。推廣社區網絡將提供一種聚會的感覺。這些網絡通常提供一個社區活動行事曆及當地資訊，以推廣網絡識別及商標。觀眾發現這些資訊有益而且有幫助，隨即以這樣的感受識別出網絡品牌。這種情感聯繫是眾人對網絡非常高的期待之一。

創設概念與分鏡腳本

制定一個供播放列表使用的完整內容，與廣告或行銷專業人士稱作概念的東西有關。基本上，這是組成部分——設定、產品或服務、參與的角色，以及由誰和如何提供訊息——的整體思路。想像一部電視裡的喜劇影集。創作者提出了一個概念，包括劇情發生的地方、有哪些主角、他們的個性，還有他們彼此之間的關係，以及使這些角色和發生地點有意義的大致情節。而整個概念連結起來的方式必須讓人感覺有可信度，一齣描寫紐約市計程車司機每日辛苦工作的戲，就應該不會出現司機討論核子物理學細節的情節。

廣告空間網最近有一些優秀的創作內容，說明了數位看板釋放出來的力量。在《百貨戰警》（*Paul Blart: Mall Cop*）的廣告中，主角凱文．詹姆斯（Kevin James）站在原地，彷彿它是一個靜態的廣告，然後他轉向他的無線電呼叫，「有人要去美食廣場嗎…可以幫我拿個小東西嗎…」然後他再轉回原來的姿勢（下頁圖5.2）。而在威爾．法洛（Will Ferrell）及約翰．萊里（John C. Reilly）

主演的《爛兄爛弟》（*Step Brothers*）廣告裡，法洛想找個觀眾打架，這時萊里則把他擋回來（圖5.3）。在螢幕外面小小想一下，才能真正投資在媒體上。廣告空間網的首席行銷主管比爾・甘吉姆解釋說：「這都是製片廠的功勞，是他們想到了這點。索尼影業（Sony Pictures）的創意人員跟我們去了一家商場。他們走到螢幕前，突然間意識到做廣告最好的方式，就是在環境中吸引消費者，因為環境本身就有提供這項功能。因此他們想為什麼我們不讓演員與觀眾對話。他們簡直就像在與觀眾對話。這就是威爾・法洛廣告及《百貨戰警》廣告的源起。」

圖5.2　凱文・詹姆斯在《百貨戰警》廣告裡想要請某人從美食區帶點東西給他。

©2009 Sony Pictures. 圖片由廣告空間網提供。

人們往往以二種方法處理概念創造的過程：低預算的方法及較高預算的方法。這二種方法只要遵循本書前幾章所立下的指導原則，都能成功地制定內容；不同的是最終版本的訊息是如何製作。

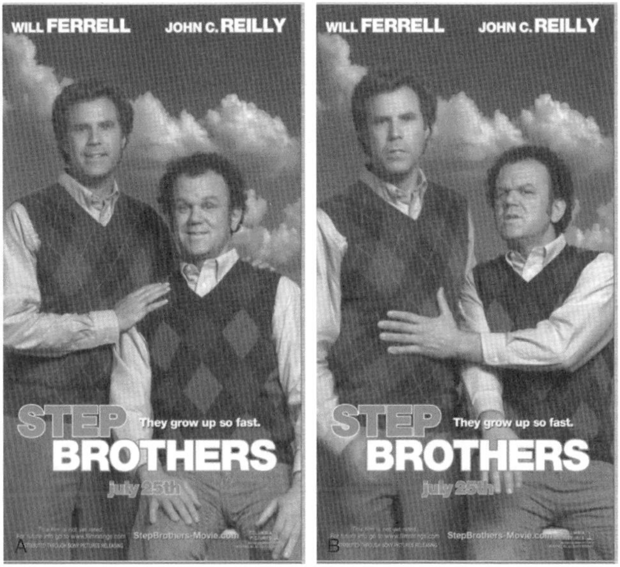

圖5.3 威爾．法洛想找個觀眾打架，約翰．萊里則把他擋回來。

©2009 Sony Pictures. 圖片由廣告空間網提供。

對於地區網絡中較低的預算來說，收購素材的過程絕對是至關重要。一般的方法是分析現有的素材看看概念能啟發什麼，然後建立模組以提供符合概念的素材。這是小規模網絡比較快且省成本的方法。預算有困難時就盡量不要制定新的內容，而內容也必須簡單一些。低成本與高產值是相互衝突的，所以太有野心的概念可能會產生不了令人矚目的成果。

預算因網絡的寬度及廣度，以及個別的廣告系列而有所不同。這是由製作人、剪輯師及美術設計師來負責。即使預算是個問題，但絕不能省略一項最重要的元素，那就是在制定內容之前要為概念或腳本做分鏡腳本。分鏡腳本是製作電影、電視節目及廣告時的標準程序；其實一些在電影史上最知名的導演，如希區考克（Alfred Hitchcock），皆因以一絲不苟的態度為其劇本做分鏡圖而聞名於世。

分鏡腳本是擬訂大綱的過程，將構成最終作品的事件，用圖及特效預先確認其順序。此一範圍可以從簡單手繪的鉛筆素描、用一或二句話敘述的情節，到每一個角度、鏡頭及影像的詳細佈局（圖5.4）。實際上，做分鏡圖是給批准內容者的一項概念檢驗，同時也是實際產出內容者的一套指示說明。一則內容的時間越長或動作越複雜，分鏡腳本就得描述的更詳細。但即使是簡單的一則內容，也可以從分鏡過程的使用獲致許多好處。這種分鏡過程有助於讓每個人有個討論的依據。它亦為非常直觀的媒介，讓腳本離最後的成品更近一步。當每個人都同意該成品的外觀及感受要怎麼做時，那我們就可以把它帶往下一個層次。

雖然對很多沒有做過分鏡腳本的人來說，這可能是個難懂的概念，但從長遠來看，跳過這一步將要花費更多的時間和金錢。而在另一方面，廣告代理商則始終都在為了製作的每則訊息而創造概念及做分鏡腳本。建立必要的分鏡腳本將能以清晰直觀的方式，獲得客戶對概念的贊同。

在概念及分鏡腳本獲得批准之後，創造作品的過程也準備好上路了（下頁圖5.5）。

建立優秀的內容

從分鏡腳本到最終成品只需三樣東西：時間、工具及人才。

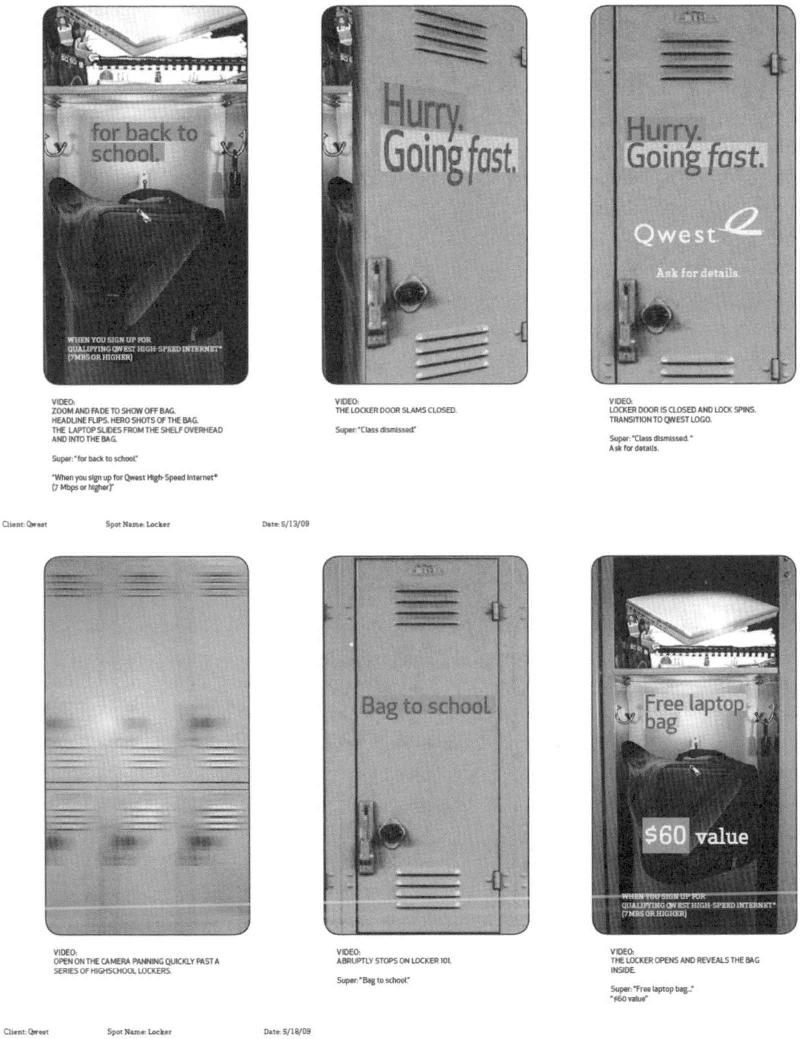
for back to school.
WHEN YOU SIGN UP FOR
QUALIFYING QWEST HIGH-SPEED INTERNET*
(7MBS OR HIGHER)
VIDEO:
ZOOM AND FADE TO SHOW OFF BAG.
HEADLINE FLIPS. HERO SHOTS OF THE BAG.
THE LAPTOP SLIDES FROM THE SHELF OVERHEAD
AND INTO THE BAG.
Super: "for back to school."
"When you sign up for Qwest High-Speed Internet*
(7 Mbps or higher)"
Hurry. Going fast.
VIDEO:
THE LOCKER DOOR SLAMS CLOSED.
Super: "Class dismissed."
Hurry. Going fast.
Qwest
Ask for details.
VIDEO:
LOCKER DOOR IS CLOSED AND LOCK SPINS.
TRANSITION TO QWEST LOGO.
Super: "Class dismissed."
Ask for details.
Client: Qwest
Spot Name: Locker
Date: 5/13/09
VIDEO:
OPEN ON THE CAMERA PANNING QUICKLY PAST A
SERIES OF HIGHSCHOOL LOCKERS.
Bag to school.
VIDEO:
ABRUPTLY STOPS ON LOCKER 101.
Super: "Bag to school."
Free laptop bag
$60 value
WHEN YOU SIGN UP FOR
QUALIFYING QWEST HIGH-SPEED INTERNET*
(7MBS OR HIGHER)
VIDEO:
THE LOCKER OPENS AND REVEALS THE BAG
INSIDE.
Super: "Free laptop bag..."
"$60 value"
Client: Qwest
Spot Name: Locker
Date: 5/18/09

圖5.4　分鏡腳本讓每個人都可以在視覺上有個討論的依據。

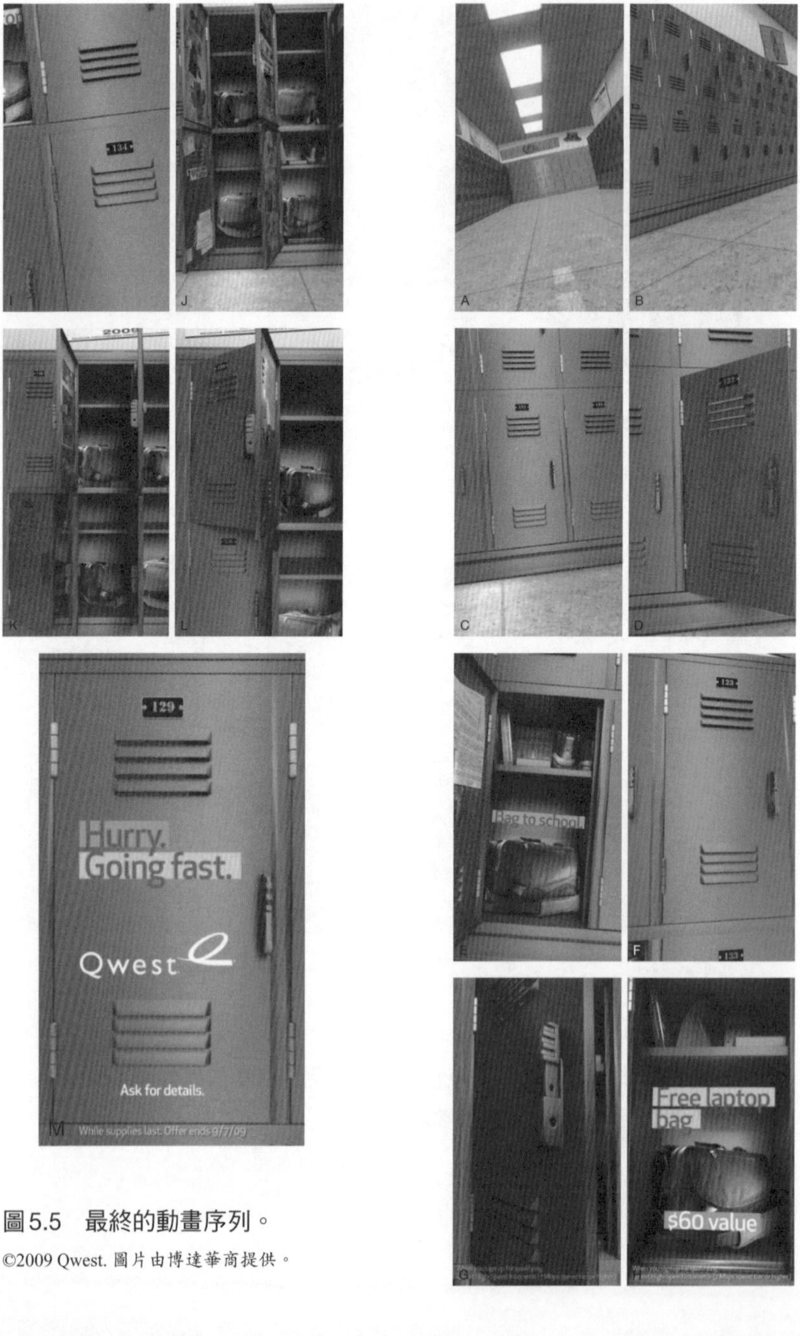

圖5.5　最終的動畫序列。

©2009 Qwest. 圖片由博達華商提供。

制定優秀視覺內容的工具多到不可勝數。其中建構數位看板內容最流行的一些工具，包括Photoshop、After Effects、Maya 3D、Flash、Final Cut Pro及Illustrator。所有這些程式都有不同的用途——Photoshop是為了修改靜態圖像，Flash是用來組合素材然後以視訊來顯示或讓圖片會動，而Final Cut Pro則是用於影片剪輯。

你選擇的工具大部分取決於制定網絡內容的複雜程度。製作簡單看板的工具，可能只要在一些元素上做點移動，就與你製作全3D模型環境所用的工具大不相同。這些複雜程度及所需效果不同而範圍廣泛的工具，早已是非常專業的領域。我們能用Extreme 3D程式如Houdini製作驚人的3D景深與動作，像是用在諸如電影《蜘蛛人3》（*Spider-Man 3*）與《無敵浩克》（*The Incredible Hulk*）裡的特效。中景則用特效程式如Maya 3D這樣的軟體，能製作出有好萊塢水準但用起來沒那麼複雜的視覺處理。用圖像創造動態較為簡單的解決之道，就是用Photoshop或Illustrator來做。

選擇工具有很多種方法，而且也有很多種好用的軟體可以讓你輕鬆輸出Flash格式的動畫。雖然這些工具有的很昂貴，就像一般的軟體，但在此處重要的是——如同各式各樣的工作——要去投資品質好的工具。了解這些能讓你以數位格式產出內容的工具非常重要，因為它可以被操控數位看板網絡的軟體所使用。

建構優秀內容也需要好的人才。我們可以根據網絡的需求將人才分門別類。一些網絡需要一支有完整班底的製作團隊，包括執行製作、創意總監、Illustrator美術師、製作美術師、3D模型設計師、Flash製作美術師，以及Flash技術動畫師。這份名單可以更長——也能更短。

即使團隊的規模再小，擁有美術設計師及Flash技術動畫師還是很重要。有製作Flash動畫經驗的人在這個媒體業界非常受到歡迎。Flash動畫的功能非常強大。團隊裡有這種人才，將讓網絡經營者得以使用專業的資訊來源，並創造特製的Flash模組，長遠來看絕對會節省時間與金錢。本書有許多例子都是用Flash做的動畫。想參考真正的Flash與視訊動畫及其他最新例子，可前往本書的輔助教學網站www.5thScreen.info。

我非常提倡高品質的內容。當我們有人才及適當的工具等要素可供制定優秀內容時，我們也必須分配適當的時間量。製作有品質內容所經過的時間，會因為專案的不同而有所變化，有可能只花一個小時創作靜態的圖片，或者要花上一個月才做得出全動態的3D動畫廣告。一旦包含動畫序列，則時間與金錢都一定會提高。簡單的動作費時較少，且能增加正面的成分。請記住在經營網絡時要持續注意這三個元素，亦即時間、工具及人才之間的平衡。

無論團隊或專案的大小，我們討論的過程其實只有三個步驟：前製、製作及後製。

前製

規劃對於所需內容的制定來說是基本的要求，同時才能確保資源與預算可以使用到最需要的地方。除了發展概念及創作必要的劇本與分鏡腳本以外，我們還需要在拍攝開始之前採取其他的一些計畫步驟。預算需要先制定好，影片拍攝的後勤也需要好好籌劃——確認地點、為工作人員及其他參與者排班、安排運送必需品等等。至於圖像與動畫方面——安排設計師、技術專家，以及任何可能需要用到的特殊設備或攝影棚——也需要類似的後勤計畫。確保在計畫後勤期間要考量到時間依賴性（Time Dependency）。許多拍攝因為背後的金主、攝影場地或其他項目不能配合，而在大量經費消耗之下必須延期。

製作

製作就是電影或影片連續鏡頭的實際拍攝、圖像與動畫的創作，以及任何要加至最終過程的特效準備工作。視內容複雜程度的多寡，這個部分也可能會比前製與後製階段還要少花時間。事實上，這是供最終內容使用的原始素材最後一次開發的時期，而非原始素材組合到最終作品的階段。然而製作可能是此一過程中最花成本的時候，這也是為什麼前製分鏡腳本與後勤計畫那麼重要的緣故。

對影片來說，新鏡頭的拍攝是依循分鏡圖，然後可能要整合進最終內容裡。但以動畫而言，它在播放時製作團隊就能看到作品做得如何。如同所有的數位動畫一樣，我們能在動畫過程中的某些點著手進行修改。對動畫進行修改時運算（Rendering）時間是主要因素。修改很重要的是，得在動畫尚未完工的早期階段來進行，而非全部運算完成之後的晚期階段。

後製

後製是我們取得已經收集來的素材，並開始要整合進最終內容訊息的階段。這包括連續鏡頭的挑選與剪輯，然後如同分鏡腳本與劇本所描述的那樣，將Flash、動畫、3D動畫及特效加入到成品中。

有聲還是無聲？

聲音在適合採用的地方可以是數位看板的一部分，事實上這能加強觀眾的體驗。在某些情況下，這是成功網絡絕對必要的成分。當然，也有許多例子會沒有效果；如果要考量聲音此一部分的話，網絡的類型通常就是決定性因素。

在三種網絡類型裡，POT網絡幾乎是不需要有聲音——與高速公路廣告看板對話沒什麼意義。在貨架上的POS網絡可以有聲音，但其他地方比較沒有，這很大程度取決於螢幕的位置。POW網絡則可能是使用聲音的最佳選擇。對某些醫療保健網絡來說，呈現三十分鐘的無聲內容實在很難想像，而其他地方若有聲音則會導致員工把螢幕關掉，因為他們太靠近螢幕。

在POT網絡，實在沒時間讓人接收訊息的音效部分，所有重點都擺在視覺的體驗上。甚至在交通運輸的終點站裡，因為有飛機起飛或火車入站而頻繁出現的公共廣播通報，讓網絡的聲音可能有太多的干擾，遂難以傳達任何訊息。事實上，很多這種地方的音響效果對音訊來說也是毫無助益，像人們都在費勁去聽航班是否延誤的通報就足以證明此點。

在POS網絡，根據場地的類型與螢幕的位置，聲音的使用也會有所不同。即使在店內，在專案架（貨架走道轉角）上使用音效才會較為適合；例如在消費性電子產品商店，聲音的效果就非常好，尤其是對於複雜的產品來說更是如此。供應商喜歡音效，僅僅是因為它加強了員工的教育，並能有效地讓路過的購物者停下來觀看。銷售人員甚至利用數位看板聲音的優勢，在服務顧客的同時讓另一位客人在旁邊稍待。我們也必須考量到在結帳櫃台的收銀員及其與音效的體驗。一遍又一遍地聽著很短的循環，會把人逼瘋到想拔掉螢幕裝置的電源插頭，否則會無法正常工作。在銀行出納櫃台使用音效也肯定會為員工帶來問題，最終還會影響到顧客。

在其他像是服飾店的場地，音效則促進了體驗。RED的布萊恩·赫胥告訴我們公司如何利用音效來促進零售環境中的體驗。「我們正在創造受人矚目、引人入勝的體驗，而音效在我們大部分零售環境的購物體驗中發揮了巨大的作用。簡短形式加上動感音樂的內容，讓我們購物者的腳都跟著在打拍子。」當使用音效時，節目的數量及其更新的次數扮演了很重要的角色。布萊恩的節目團隊創造了好幾個小時的節目，以減輕員工對內容所產生的疲乏感。「一般情況下我們要做的是將許多節目做成約莫八到十個小時的獨特素材，然後讓播放列表將它們串成二十到二十四小時的長篇節目。」

在POW網絡中大多都會使用音效，因為聲音幾乎就是訊息的一部分。這裡的訊息通常比較複雜，而且較富深度、具教育性質，看起來比較像是電視。然而重要的是要注意，這也是有例外的情形。舉例來說，在監理站或為了辦護照而排隊等待，此二者就是不適合用音效的地方；相反地，你所有資訊的提供都必須用文字和影像的形式來進行視覺暗示。

「我們的個案是要為健身房提供娛樂，」變焦媒體的執行總裁弗朗索瓦．包賓如是說。「因此走進來聽到的音樂，以及螢幕上觀看的音樂影片，都是我們做的。當然我們也會圍繞它們賣廣告，因為（從）場地可享地利之便。所以它是有廣告的娛樂、音樂影片。」

考量到聲音時，「小心為上」就是最貼切的形容。技術有時可以解決這方面的問題。我們需要仔細考量螢幕的位置與同事之間的關係，他們得要在螢幕聲音面前花八個小時才能輪班。

「假如說螢幕是在休息室的角落邊而有人坐著，」傳播顧問及禮來電視網經理克里斯．拜爾斯指出。「當我控制聲音高低的同時，還能知道對這些位置而言音量要開多大就很不簡單。我嘗試在員工餐廳的午餐時間播放一支影片，但我不能從他們坐的那個位置把電視聲音開得夠大聲好讓人們聽到。然後當餐廳沒有人的時候又完全太大聲，這會把你給氣炸。我在某些建築有某些螢幕是很適合有聲音的，以便播出最新的藥物廣告或最新的公共廣播通報。」

技術可以幫助減少數位戶外媒體在環境中的直接影響。有幾家公司提供有針對性的揚聲器。此種揚聲器能直接穿越房間把聲音傳到一平方英尺的空間。這實在是相當驚人的技術。聲音可以經過一平方英尺的聲音區域，穿越房間傳到經過的人耳裡。這個人只會聽到從該區域裡的螢幕所發出來的聲音。如果此人踏出該區域，這個來源的聲音就聽不到了。

具環境反饋（Ambient Feedback）的音量調節器，也可以用來根據場地內的聲音大小來調整。當人群出現時它可以提高音量，只有少數幾個人在時則降低。

環境聲亦能增加到消費者的體驗當中。在某些情況下，當視覺資訊獨立運作時，螢幕可以播放一組連續的音樂曲目。但當視覺資訊同步發出聲音時，音樂曲目就要結束，並結合音訊及視訊片段一起播放，之後音樂曲目再重新開始出現。

聲音是視覺內容的強化。有專門的公司提供聲音以加強場地裡的體驗，無論是企業溝通管道還是零售環境。數位看板上美麗圖片結合美麗聲音所提供的想像，這種組合會在餐廳裡效果非常好。

在設計內容時，先詢問需不需要聲音。如果要，研究一下網絡類型及其次類型，以了解有聲音是否真的合適。

小結

制定內容最好的方法就是照著一個過程走，從最高層級的網絡識別開始，再繼續往下執行。成功的網絡有一套一致性的指導原則，決定了款式、色調及其他特點，這將使它瞬間能讓觀眾識別出來。個別內容的分段也最好透過一個過程來創作，在這種情況下我們會類似電影和電視的製作人，事先在分鏡腳本詳細規劃該專案。當規劃過程與指導原則的階段完成，這些都會在製作內容的三個階段中讓你更易於決定所需的工具，並在是否用音效加強內容的問題上做出重大決定。

6 內容使用的規格

在前面的章節中，我們介紹了網絡類型、策略、關連性及閱聽人的一些主題。這些主題的目的是要幫助你在制定優秀內容時，能培養做出重大決策的知識基礎。在接下來的幾章中，我們將談及制定數位看板內容的實際規格及技巧。

雖然網絡經營者不用對網絡所有的技術領域都感興趣，但還是有幾項重要的問題，從螢幕的不同型態到內容制定及儲存的數位格式都需要有相當的了解。還有一些設計的基本原則，從類型和顏色的選擇到如何劃分螢幕實際使用面積（Screen Real Estate），這些都是相當重要的考量。本章將檢視上述這些問題。

圖6.1　畫面比例為四：三的螢幕。

畫面比例：內容成形的方式

如果數位看板有可供使用的實際面積，那麼畫面比例就是其全部的整體形狀——以螢幕來講，亦即寬度與高度的比例。很多人都已熟悉這個一般概念，這都要歸功於HDTV與其寬螢幕畫面的發展。對於數位看板而言，這不過就是螢幕的絕對大小——亦即讓內容符合螢幕的形狀，特別是視訊內容。

在HDTV出現之前的傳統電視螢幕，其畫面比例是從電影的螢幕發展而來，當初是為了顯示愛迪生時代已經開發的三十五毫米膠片而誕生。它不是完全的正方形；畫面比例為四：三（圖6.1），也被稱為一．三三（將四除以三所得出的結果）。直到最近，大多數電腦螢幕上還內建了四：三的畫面比

圖6.2　畫面比例為十六：九的螢幕。

例。一九五〇年代之前幾乎所有的電影，還有直到最近絕大多數的電視節目及電視廣告都以此畫面比例拍攝，因此也能在此種螢幕上填滿全幅（Full Frame）。

一九五〇年代為了避開電視的競爭威脅，電影業界於是開始大量研發寬螢幕格式，而如今電影觀眾看電影時已習慣寬度幾乎有高度二倍的螢幕——在某些情況下，螢幕甚至還要更寬。HDTV的發展也與此一新穎畫面比例的採用有關，最常見的是十六：九，通常也被稱為一．七八（圖6.2）。一九五〇年代以來的許多電影、電視上重要的黃金時段與體育節目，以及一些電視廣告都使用此一畫面比例。今日販售的所有電腦螢幕也幾乎都採用這種格式，而隨著HDTV越來越普及，從電視界來的影片也會越來越多使用此一格式。如果我們正在安置一個新的數位看板網絡，無論它們是在貨架上的小台POS螢幕或大型的戶外數位廣告牌，都很有可能完全由十六：九的螢幕所組成。

這些是最常見的畫面比例，但也有其他種類，特別是一些高預算製作的電影，使用的是二．三五：一的格式（數位看板極少採用這種格式，但少數製造商還是能夠提供）。有些採自訂形式的螢幕可能具備獨特的比例，或者相對於寬度而言，它們的高度是可以為了迎合所在位置而調整（在時代廣場的大型室外數位看板是後者的一個實例）。

這些比例之所以重要，是因為以某種畫面比例所制定的內容，要在另一個比例上顯示時需以某種方式進行調整。這給網絡經營者製造了許多問題。如果一個數位看板網絡是由不同畫面比例的螢幕所組成，那麼相同的內容如果沒有經過特別處理，在各類螢幕上看起來就會不一樣。即使網絡只包含單一螢幕格式──隨著硬體的更新，四：三已被現有網絡淘汰──以其他畫面比例制定任何的內容也會造成相同的顯示問題（這是數位看板網絡直接使用電視廣告時，必須謹慎思量的另一個原因；今日幾乎所有的廣告仍然是四：三）。了解內容將被部署在何種類型的網絡，然後要求其規格。

除非網絡只有單一的畫面比例，且所有網絡的內容可以相同比例從頭開始建構或收購，否則網絡經營者很可能需要決定，如何將某一比例的內容置於另一比例的螢幕上。取得十六：九的內容而要顯示在四：三螢幕上有二種基本的方法可以解決，這應該也是在舊電視上觀看寬螢幕電影DVD的買家熟悉的方式。

第一種方法稱為水平黑框處理（Letterboxing，如圖6.3）。在這裡十六：九的影像被容許填滿整個螢幕的水平寬度。由於畫面比例的差異，這意味著內容無法延伸至螢幕的完整高度。相反地，它被垂直居中在螢幕上，並有二塊黑邊顯示在影像邊緣的上下兩處。水平黑邊處理的優點是保留原始

圖6.3 水平黑框處理；一種讓十六：九HDTV影片適用於四：三螢幕的方法。

內容的完整影像，但它留下了一些不算少的螢幕實際使用面積沒被用到。如果螢幕不夠大的話，那麼影像中的一些個別對象可能會變得不太清楚。

第二種方法是讓十六：九的影像完全填滿四：三螢幕的垂直高度（下頁圖6.4）。這意味著整個寬度必然沒辦法完整呈現，而一些原始影像將會看不見。這可以透過裁剪原始影像的左右二側並以四：三的比例顯示中央部位，或經由更吃力的過程稱為全畫面模式（**Pan and Scan**），其中一邊會裁切得更明顯以保持影像的重要部分在中間。這通常需要編輯或技術人員查看原始內容，並決定每幅畫面的哪一部分要被裁切，然後根據這些決定制定出四：三的版本。在這二種情況下，內容取得了所有可用的螢幕空間，但

圖6.4 在四：三螢幕上裁剪十六：九影像的全畫面模式。

卻損失了大量的影像。

由於十六：九螢幕在數位看板的普及，在大多數網絡中比較常見的問題則是關於四：三的內容要如何顯示在更寬的HDTV式螢幕上。大部分電視內容的製作都有轉換成HDTV的十六：九格式，但一些作品還是以四：三完成，所以從商業電視收購素材時這是最常見的問題。其中一項解決之道就是在螢幕中間使用完整高度，以正確的畫面比例顯示四：三的素材，在內容二側之外使用黑框來填滿螢幕側邊與影像之間的空間。這種相對於水平黑框處理的有效方法稱為垂直黑框處理（Pillarboxing，如圖6.5）。它的優缺點與水平黑框處理一樣，但卻沒有個別對象顯得不清楚的潛在問題。

另一種解決方法是垂直高度維持不變，而在水平的方向伸展四：三的內容，這樣所得到的影像將能填滿十六：九的畫面。這是寬螢幕電影實際投影的方法，使用特殊鏡頭將三十五毫米膠片的影像水平擴

圖6.5 垂直黑框處理是把四：三的影片不經裁切就放在十六：九的螢幕上。

展，但其影像本身的攝製則透過特殊的寬螢幕鏡頭而事先將影像壓縮。拉伸標準的四：三影像明顯扭曲了畫面中出現的對象——人看起來變得很寬、普通的汽車變長變低、門窗寬得很不自然，而且任何在螢幕上出現的字都不成比例（下頁圖6.6）。因為會造成這種扭曲，所以將四：三的內容水平拉伸的方法並不推薦使用。

第三種方式是放大四：三的內容，並讓它填滿螢幕的寬度。如同在較小的螢幕上裁剪十六：九內容的二側，這樣做會導致影像損失，只是損失的位置是在頂部及底部（下頁圖6.7）。選擇以這種方式在全幅十六：九之下顯示內容的中間部分時，就要了解原始影片中的任何特寫鏡頭都將面臨危險——失去頭頂及下巴的危險。雖然觀眾的腦袋會將畫面完整解讀，但看到這樣的影像還是會有點讓人感到不安。能否選擇此一方式，在很大程度上取決於原始影片的拍攝風格為何。

圖6.6　水平拉伸四：三的影像以填滿十六：九的螢幕。

圖6.7　四：三的影像被放大至填滿十六：九的螢幕寬度。

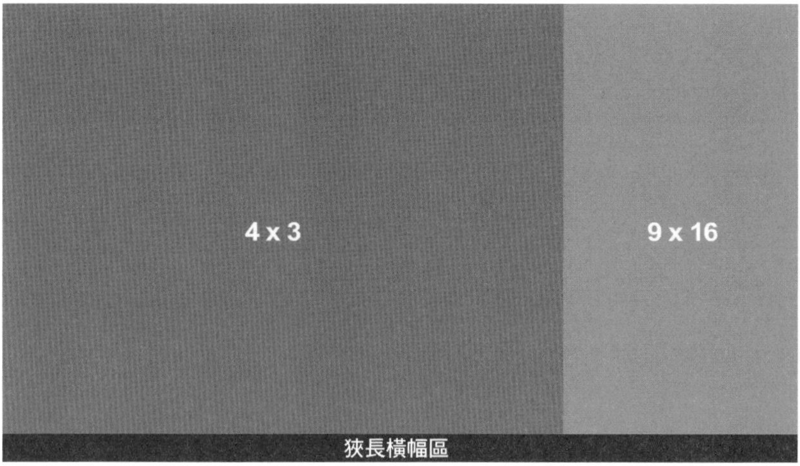

圖6.8 典型的三區螢幕劃分。

螢幕區域：劃分與否？

在螢幕上顯示內容的一個基本問題，可以再回到實際使用面積的推論上。整個螢幕的使用面積是該被單一的結構佔用，或者應再進一步劃分成二個、三個或更多不同的範圍？在數位看板中，這些劃分螢幕的範圍就被稱為區域。

典型的做法之一是將整個十六：九的螢幕分為三個範圍：一個保留十六：九的格式，另一個在它旁邊採四：三格式，然後是沿著十六：九區域底部的狹長地帶（圖6.8）。

我們可以讓品牌內容使用第一個區域，資訊或廣告內容放在第二個，然後第三個可拿來當作即時動態的跑馬燈。當我們使用區域劃分時，可能需要水平翻轉整個影像區域，以防止潛像（Latent Image）附著在LCD上。這種情形就是像素被某個特定的顏色釘住或卡住。你的版面最好與播放列表一樣整天翻轉。

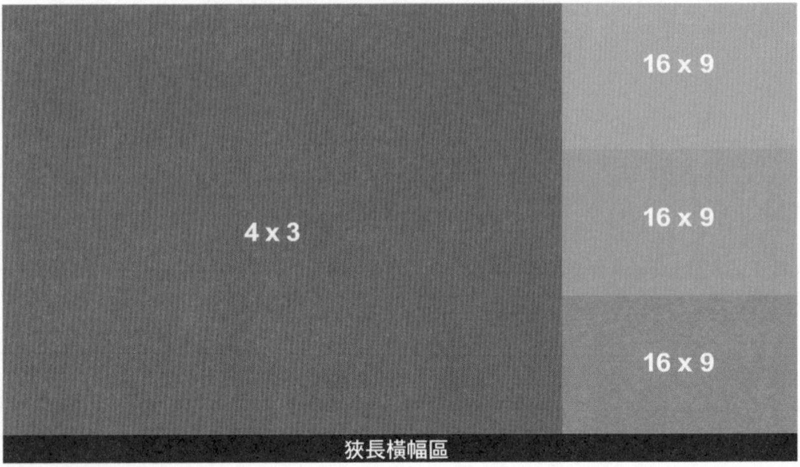

圖6.9 五區的螢幕劃分。

如果螢幕上有潛像或缺陷像素（Stuck Pixels），在大多數情況下可透過一個在黑白二色畫幅之間交替的全螢幕Flash影像來修正。如果沒有用，那麼我們就要製作一個紅、綠、藍三色畫幅之間交替的全螢幕Flash檔案，依紅色、綠色，然後藍色的順序播放二分鐘。這可以幫助像素不卡住。**警告：這可能會導致癲癇患者發作。非常重要的是，要在螢幕沒被觀看時再進行此一修正。**

當網絡要使用諸如新聞頭條、天氣預報或股市行情等數據驅動的內容時，使用多少區域的問題——或者說是否完全使用螢幕的面積——無疑就會經常出現。雖然一開始劃分區域的方法好像能解決一些問題——可提供以多種比例顯示完整影像內容的方法，而為觀眾創造多樣性——但還有一個基本的問題要問（圖6.9）。一直顯示這些內容比較好，還是會分散注意力而讓觀眾混亂，或妨礙觀眾關注帶來收入的內容？

要解決這個難題不容易，而答案往往取決於網絡所涉及的類型。所以讓我們來看看有區域及不該劃分的網絡類型有哪些，以了解為何這樣的選擇較為適當。

一般而言，POT網絡最不能採用區域劃分。為什麼不行？因為這些螢幕的功能類似活海報，且觀眾暴露在它們之下的時間有限，這意味著在短短的幾秒鐘內非得傳遞強而有力的訊息才行。廣告客戶深知要完全支配螢幕，才不會干擾到他們的訊息。雖然在螢幕上的訊息將定期變換，但任何時候都不該有第二區域將觀眾的注意力吸引走。

然而在POT網絡的某些場合，其區域以創造性的方式劃分反而讓它們更有效，只要記住觀眾關連性的問題即可。像在機場，有關目的地的天氣及其他資訊對觀眾來講有莫大的興趣，而有這樣的資訊顯示在螢幕的各個區域中，便能在稍微長期的時間內吸引及保持觀眾的關注，讓觀眾暴露在主要區域的廣告之中。同時氣象資訊也可以用全螢幕顯示，做為包含廣告的循環內容其中一部分。不過採取這樣的選擇仍需當心，在許多研究中都認為交通網絡的區域劃分成效不彰，而且廣告客戶試圖讓人理解訊息的效果會受到減損，這些看法仍具有某種真實性。

當數位看板普及並在我們的日常生活中扮演更多的角色，而人們變得越來越習慣視覺暗示時，上述的情況有可能會改變。隨著內容及技術的變化，觀眾的理解力也會跟著不同。如今我們不再覺得行動電話光怪陸離，而筆記型電腦也成為高中生書包裡的一部分。數位看板快要成長到無所不在，而觀眾可能很快就會更加習慣，並更為關注其螢幕的所有區域。要釐清數位看板此一元素如何被看待，唯一能做的就是要持續加以評估。

適合使用區域劃分的POW網絡次類型則是在電梯裡。雖然讓訊息被理解的時間仍然有限，而且螢幕實際能夠使用的面積相對較小，但其實在辦公大樓平均每人每天乘坐電梯六次，而每次搭乘時間平均一分鐘。因此這類網絡是在螢幕上分成幾個不同的區域，以呈現短篇內容（十五秒左右）的理想選擇。在一趟電梯的搭乘中選擇關注某個區域的觀眾，可能會在下次搭乘時選看其他區域，如此就能使之持續對螢幕感興趣，並讓這種方法成為該類型網絡的一種可行的解決方案。

迷人製播網的共同創辦人暨執行總裁麥克．迪佛蘭薩告訴我們，他們在自己的網絡，也是全球最普遍的電梯網絡所使用的四區劃分法（圖6.10）。「主要區域大致是我們工作人員收集（及濃縮）的編輯內容，置於螢幕的左側。廣告區域則置於螢幕右側。我們之所以將廣告區域定位在右側，是因為人們閱讀時習慣從左到右，而且這樣一來他們只有在廣告內容區才看得到廣告。在編輯區下方的螢幕底部，我們提供時間及日期，並在廣告區下面提供股票及天氣的資訊等等。我們也提供一組跑馬燈在底部，且不時會出現重要的最新消息。」

在其他網絡中區域劃分就變得非常有用，因為重要的是要減少無聊的機會。尤其是在像溝通管道的POW網絡，劃分區域有助於保持訊息新鮮感，這是因為觀眾在一天及一周之內要看螢幕很多次。分區提供資訊好讓觀眾關注螢幕的不同部位，因為這樣他們在一星期大部分的時間才會不斷地受到吸引。

另外一家已改變其對於區域想法的公司是大學網（TUN）。其執行總裁彼得．柯睿耿讓我們了解到促使他們改變的原因何在。「有一個播放內容的區域是主要媒體。然後另一區在螢幕底下被

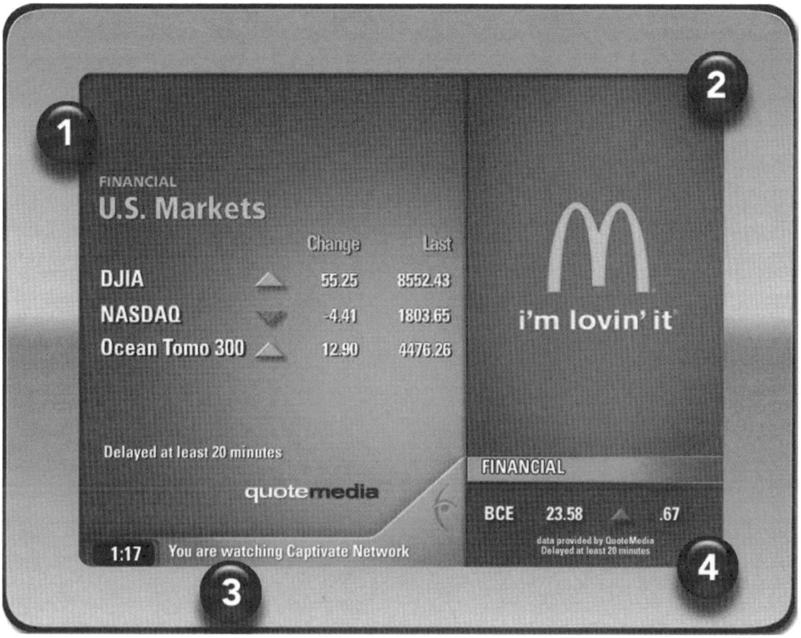

圖6.10　在電梯POW網絡使用的四區劃分。

當作有如出版品的文字欄位，或在右側當作圖文框。但我們讓大學的資訊放在第三或第四個區域。」

柯睿耿解釋說精明的廣告買家理解此一策略。「他們了解。他們說，『是的，我們知道你們為何同時運作那麼多的應用。我們知道你們是要他們來到螢幕前面。』然後當他們來到螢幕前看那裡的其他東西時，他們就會看到你的廣告。」

柯睿耿指出，雖然慣於使用廣播電台模式的廣告買家及內容提供者都難以理解這種做法，但那些來自網際網路領域的人「卻懂它，因為他們在網路上也是這麼做，他們明白這是有效的。當我們合作時，我會再三思量我們都學到的某些事情。」

廣告空間網對於區域的劃分具有獨特的方法——有些區域的內容完全維持不動。其資深行銷副總裁比爾．甘吉姆說，他們以自己的想法為基礎，已在超過三十項研究中證明有效。「你得混搭視訊、音訊及靜態圖片。至於需要靜態的原因，要記住這些購物者都是在移動。所以你不能假設他們在十五秒的廣告中，從第一秒到第十五秒都保持關注。只要購物者注意到螢幕，商標就必須在螢幕上，且整個十五秒都維持靜態，然後我們再播放（客戶的）正式廣告。」

廣告空間網如何設置靜態區域的一個例子，就是把動態及視訊外加廣告放在螢幕中間，但螢幕的頂部和底部則做成靜態的廣告牌。「我們試著把這些都混合在一起，因為我們知道動態一定能吸引人們的目光。」

請記住區域的劃分全都是與觀眾的固定思維及網絡類型有關。如果使用區域是某個網絡天生特質的一部分，而且是吸引目光的有效手段，那就用盡一切手段劃分區域來使用。如果其固定思維及網絡的類型不符購物者、服務生或移動者出現在該場地的目的，那觀眾就會忽視螢幕。

文字

螢幕上的文字始終是傳播產品名稱、品牌名稱、價格及簡短訊息的絕佳方式。缺乏文字發揮其功能的數位看板網絡，就算有也很少能獲致成功。但設計出版素材及網站的人早已發現，文字若

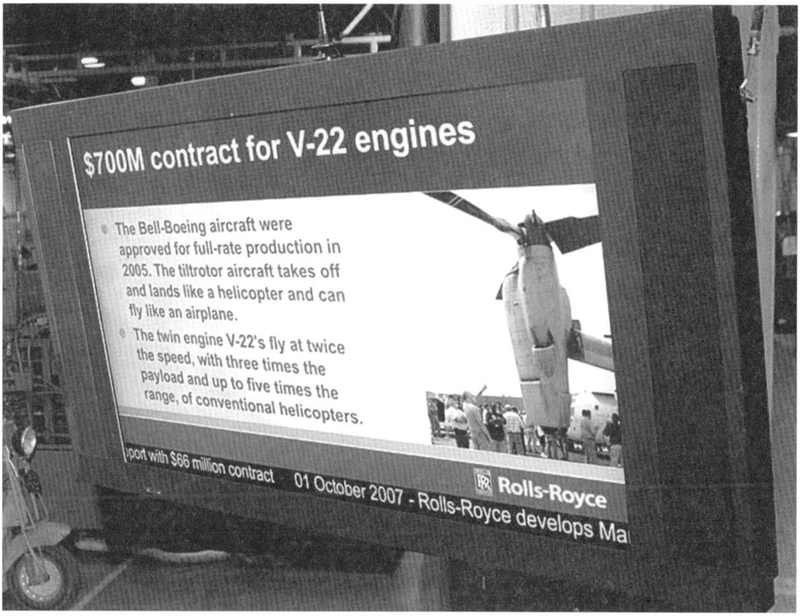

圖6.11　數位看板底部的跑馬燈。

要讓觀眾可以順利接受及吸收資訊得有許多考量。若文字太小、出現太多條列式重點（Bullet Points）、句子及段落變得冗長而複雜時，數位看板裡的文字通常就會顯得凌亂。任何文字用得過多的看板看起來有如大軍壓境，而且很少有人會停下來閱讀。不管是哪種類型的網絡，字太多就是字太多。盡量只用幾個字來陳述你的訊息，並平衡文字及圖像的比重。

跑馬燈尤其特別麻煩，因為它們通常都是文字。網絡經營者所要考量的問題是，觀眾需要更長的時間來理解這些移動的字——事實上相較於靜態的文字，是二至十倍的時間（圖6.11）。而跑馬燈若要讓更多的資訊顯示就得滾動得更快，但結果諷刺的是，其被理解的機率卻更低。最好的方法是一次顯示完整的一行或二行文字，然後再逐漸變成或翻轉到下一段文字。即使螢幕中文字顯示的時間相同，滾動的文字在喚起記憶的機率上，會比漸入漸出的方式還低一〇%至二二%。小心不要給觀眾太多資訊或太多動態的文字。

字型大小也是一個重要的考量因素，大多數人應該都有類似的經驗。網絡經營者需要平衡螢幕實際面積的使用與觀眾的位置，來決定文字到底得放多大。一般認為字母的顯示要有二英寸高，才能從大約二十到二十五英尺遠的地方看清楚。在四十二英寸的720p高解析度顯示器上測試後，我發現數位看板的字型大小可以再稍微小一些。事實上，黑底白色的印刷字一目了然，任何人都可輕鬆從二十英尺的距離看到一英寸的字母。在五十英尺的距離，人們可以很容易地看懂二英寸黑底白色的印刷字，並在一〇〇英尺處毫不費力地閱讀二．五英寸的字體。雖然大多數數位看板不使用這樣的距離，除了高速公路的POT廣告牌，但當要傳遞訊息給觀眾時，此一經驗法則必能節省時間與金錢（圖6.12）。另外，我們也可以很容易在十英尺的距離，看到〇．五英寸至〇．七五英寸的黑底白色字型。

但還要考量三個同樣重要的變數是：對比、顏色，還有年齡。第一，很明顯的是對比度越高，文字就更清晰易讀。對比度越低，則越不好理解。顏色也具有重要的作用（這將在下一節中討論）。至於年齡是怎麼樣呢？根據美國聯邦跨機構的老化相關統計論壇（Federal Interagency Forum on Aging Related Statistics）估計，到二〇三〇年六十五歲以上的成年人口將達到七千一百五十萬，是二〇〇〇年的二倍，而他們將佔美國總人口將近二〇%。隨著年齡的增長，人們的視力也開始衰

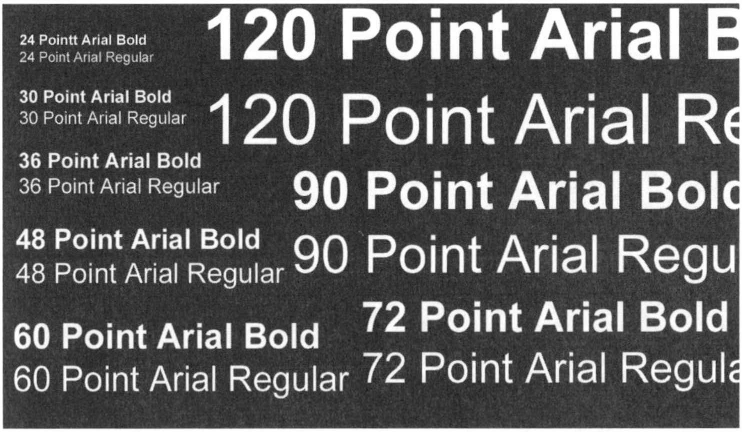

圖6.12　我們可以從5thScreen.info下載這個例子，並在各種距離用四十二英寸的螢幕去看○．五英寸到二．五英寸字型的結果。

退，而眼球晶體實際上則會變黃。這將直接影響到對比和顏色，更別說能維持雙眼皆二．○的正常視力。由於體認到這種正發生在一○%人口的趨勢，我們剛好能針對此一背景的人進行文字內容的調整。所以制定內容時為何不讓大多數人都讀得到？

字型樣式又是如何呢？在印刷的世界裡，已知在大多數的情況下襯線字體（Serif Font）——大部分字母的筆畫邊緣會有小突起——比無襯線字體（Sans-Serif Font）更容易閱讀。不幸的是，同樣的規則在數位看板並不適用。原因是技術方面；要在LCD螢幕上使相鄰的像素之間有效混合顏色，通常需採用反鋸齒（Antialiasing）運算使像素產生不可思議的變化。但是融合色彩的技術因為要讓像素不太明顯，反而易於模糊襯線字體（下頁圖6.13）。唯一的例外是如果網絡是在商用等級的螢幕上，採用真正的高解析度內容及較大的文字。像素密度更高再加上字型尺寸較大，不但能減少模糊還可允許使用襯線字體。襯線字體也

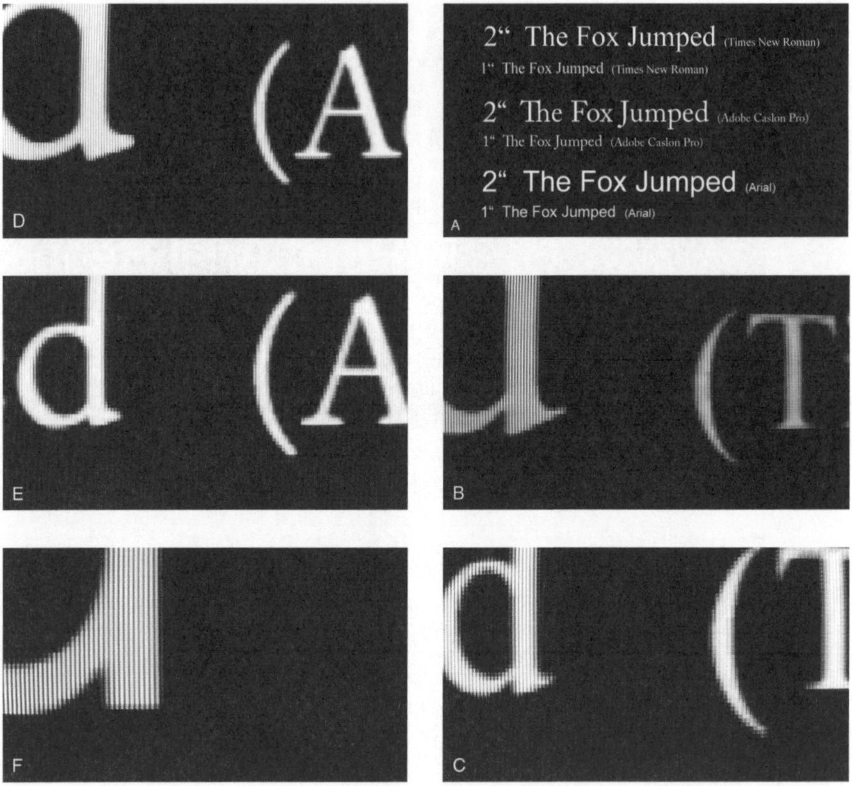

圖6.13　無襯線字體的尾巴容易模糊，除非用在高解析度螢幕並將字型放大。我們可以從5thScreen.info下載這個例子，並用四十二英寸的螢幕去看結果。B，仔細觀察二英寸的Times New Roman字型，我們可以看到模糊的效果。C，一英寸的Times New Roman其尾端明顯減損。D，二英寸的Adobe Caslon Pro有少量的拖尾，但基本上還算維持得很好。E，一英寸的Adobe Caslon Pro有少量的拖尾，但似乎還能維持原狀。F，屬於無襯線字體的Arial字型，無拖尾也無模糊效果。

圖6.14　如果我們限制自己只能用無襯線字體，那這個世界就會相當無趣。

可以選用不同的樣式。Times New Roman字型比Adobe Caslon Pro字型具有更薄的襯線（圖6.13）。如果每個人都使用一到二英寸的印刷字及無襯線字體的話，那這個世界將會十分枯燥乏味（圖6.14）。

若談及大寫及小寫字體，字體全部都大寫的話會更加難以閱讀。大寫及小寫字體混用就能讓人快點理解。為了特別強調才要使用粗體及斜體字。當然此規則也有一些例外。在基本規則的應用之後，如要真正確定文字的最終外觀，就得退一步在類似實地情況的距離上，看看螢幕上最終的呈現結果。如果結果無法閱讀，那麼現在就是打破規則的時候。

文字的下面應該要有對比鮮明的背景（深色文字底下有淺色的背景，或者淺色文字底下有深色背景）。注意在文字及背景顏色之間要有足夠的對比度。在印刷領域中，大多數人在深色背景的映襯下要理解淺色的文字相當困難，但在數位看板裡深色背景上的淺色文字反倒容易理解，這是因為數位看板本身就是一個發光源。過分明亮的背景顏色也會對觀眾製造困難——適合圖像的方式並不一定適用於文字。

此外，文字的視覺呈現也要盡可能短。如圖6.15比較這二個例子。右表的版本更容易閱讀，而且理解的速度也比左邊的段落還快。

還有另一種可以確保觀眾能快速且易於吸收資訊的方法，就是螢幕上的文字彙集以不同的字型大小來強調，並善用大寫字母而非只是一行一行寫下所有的文字而已，如圖6.16。

放入一段列表或引用一系列場景的優先順序，取決於簡單的記憶規則。人類通常記得他們看到或聽到的第一件事，以及看到或聽到的最後一件事。這是一種稱為序列位置效應（Serial Position Effect）的現象（圖6.17）。我們可以把重要的資訊放在最前面或最後面，就能最大限度地讓訊息喚起記憶。相同的概念也適用於安排整體的序列，以及廣告或甚至是播放列表每則內容的傳遞。

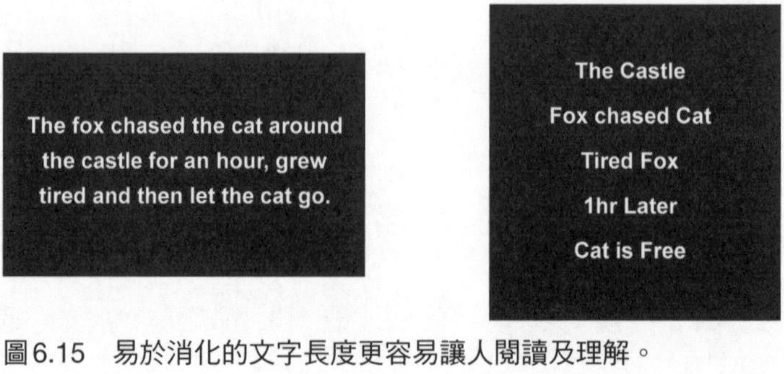

圖6.15　易於消化的文字長度更容易讓人閱讀及理解。

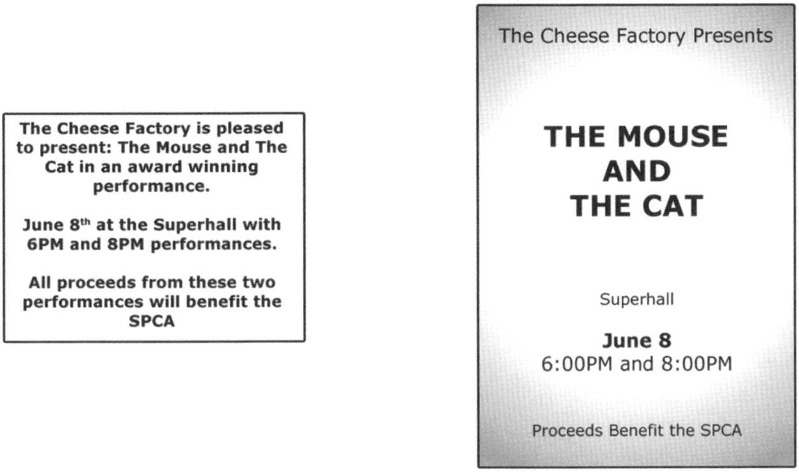

圖6.16　善用間距、不同字型的大小及大寫字母能讓資訊有層次感，使觀眾更容易消化。

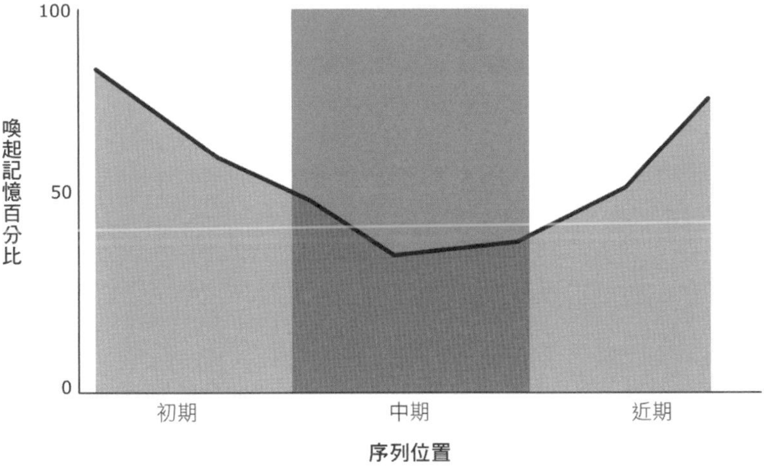

圖6.17　序列位置效應告訴我們，我們看到東西的順序對喚起記憶有直接的影響。

想要促使喚起記憶的機率增高，難忘的口號是極佳的方式。據《廣告時代》（*Ad Age*）雜誌的調查，前十名的世紀廣告口號如下：

- 鑽石恆久遠（戴比爾斯〔De Beers〕珠寶）
- Just Do It（耐吉）
- 心曠神怡的那一刻（可口可樂）
- 好喝，又不脹（Miller Lite 啤酒）
- 我們會再接再厲（艾維斯〔Avis〕國際租車）
- 滴滴香濃，意猶未盡（麥斯威爾）
- 冠軍的早餐（威提斯〔Wheaties〕麥片）
- 只有她的美髮師知道…（克蕾柔〔Clairol〕個人護理用品）
- 不雨則已，一雨傾盆（莫頓鹽業〔Morton Salt〕）
- 牛肉在哪裡？（溫蒂漢堡〔Wendy's〕）

那數位看板的文案怎麼辦？如果總能隨時想出不錯的口號當然很好。若不行，這裡有一些文案的提示僅供參考：

- 開宗明義地界定你希望觀眾採取的行動。
- 告訴他們具體的好處在哪。
- 解決方案要利用好奇心來誘導。
- 標題強調最吸引人的好處。
- 呼籲觀眾採取行動。

請記住數位看板是一個鮮活、生動的媒體。使用動態強調並關注我們的訊息，即使只有文字，也可以用漂亮的方式幫助喚起記憶。

另一個問題是一般應避免文字用得比圖片還多（圖6.18）。這往往會讓訊息非常難以閱讀，尤其是圖片有陰影、暗色，或在陽光充足的地方使用明亮的顏色時。

在圖文框裡放置圖片並在螢幕區域內縮小，然後把文字放在下面或上面，將讓你的看板更加突出（下頁圖6.19）。

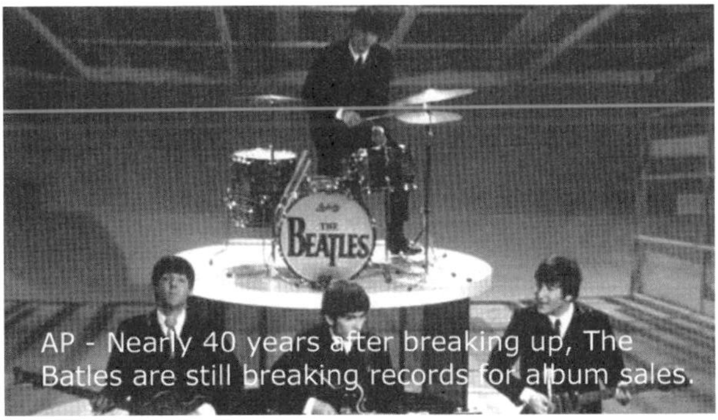
THE
BEATLES
AP - Nearly 40 years after breaking up, The
Batles are still breaking records for album sales.

圖6.18 疊加在圖片上的文字難以閱讀。

Beatles sell 2.25 million
albums in 5 days
(AP)
AP - Nearly 40 years after breaking up, The Beatles
are still breaking records for album sales.

圖6.19 把文字放置在圖片旁邊才能具有可讀性，同時也有助於組織視覺。

顏色

顏色的基礎知識可以概括的說是有一道彩虹出現，所以我們拿來使用。但是你要巧妙地運用彩虹。某些顏色的組合看起來令人愉快；有些則會不協調，甚至難看；同時在傳送訊息時還需根據共同的文化背景（在美國，紅色和綠色是指聖誕節；紅、白、藍有國旗、愛國、國慶日等含意）。有些組合則實在讓文字的呈現難以閱讀及理解。

首先，讓我們來看看在PowerPoint或Word選顏色時大家最熟悉的色輪（圖6.20）。仔細觀察色輪，我們會注意到色輪外側邊緣顯示的是較深的顏色，而中心則顯示較淺的顏色。這是基於RGB（紅、綠及藍，其中每種顏色都是零就成為黑色，而R255、G255及B255則創造出白色）的三十二位元色彩標準。R255、G0、B0就是純紅色等等。在〇至二五五範圍內R、G、B分別設置不同的值，就能提供幾百萬種可用的色彩選擇，儘管差一個值的變化非常微小，人眼很少能區分它們之間的色彩差異。

從色輪選擇一個顏色時，我們可以使用內輪顏色及外輪顏色的組合，來為任何使用文字的呈現

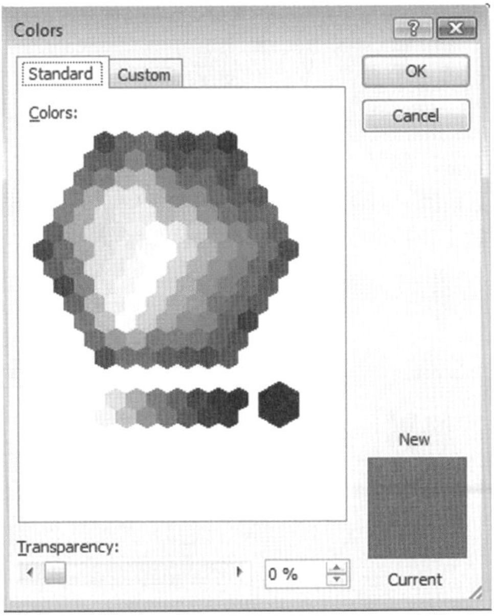

圖6.20　普通類型的RGB色輪選擇器（可在www.5thScreen.info看彩色的版本）。

產生對比。下頁圖6.21顯示了如何選擇對比的值——如黑色背景上的白字及黑色背景上的灰字——這將直接影響內容是否能順利被理解，以及人們理解訊息的快慢。

類似的考量在要選擇對比鮮明的顏色時，也能以實際的方式運用在色彩上。最重要的是，要選擇深色的背景及淺色的前景，反之亦然，這將直接影響理解的容易與否（下頁圖6.22）。

哪種顏色最適合與其他顏色搭配？

從圖6.23的基本色輪來看；你會發現在其最初的設計中係由十二種顏色所組成。第一個環狀彩色圖是牛頓（Sir Isaac Newton）在一六六六年所設計。實際上此一色輪的設計讓你從中挑選的任何顏色搭配起來都會很好看。儘管色輪及色彩理論的重要性對美術專家來說是眾所皆知，但擁有技術背景的人可能不完全了解。雖然色輪由十二色調組成，但基本上的組成是紅、綠、藍三原色（Primary Colors，如下頁圖6.23）。這不同於我們年輕時所學的原色，亦即紅、藍、黃。這些新原色是以我們正在工作的媒體為基礎：是投射光而非反射光。

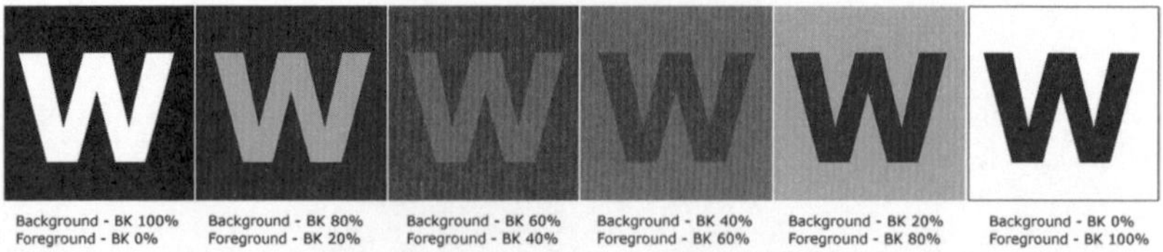

圖6.21　在黑色背景上使用白色的字，將能較黑色背景上的灰字產生更強的對比，並且使文字更容易讓觀眾讀懂。

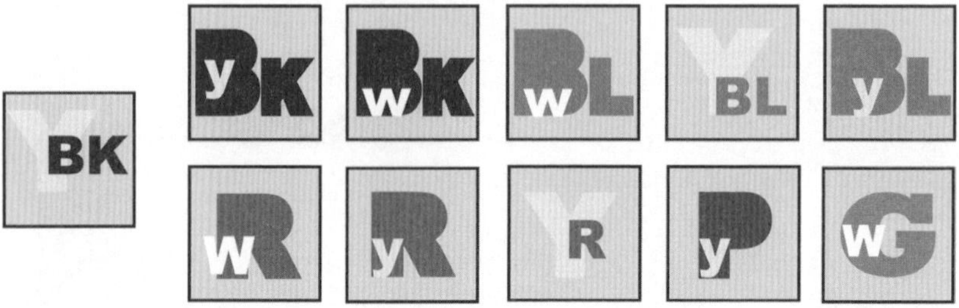

圖6.22　選擇有背景的文字需考量對比（在www.5thScreen.info看彩色的版本）。

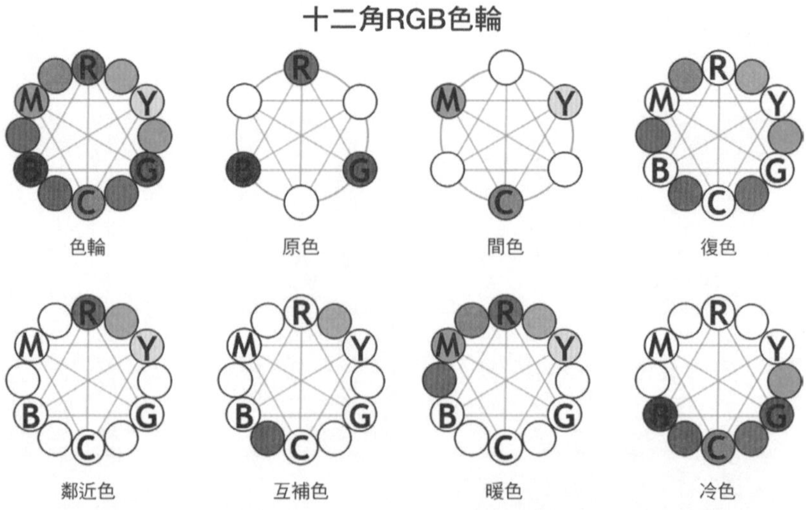

圖6.23　RGB色輪的組成（在www.5thScreen.info看彩色的版本）。

相鄰三原色的顏色是青、粉紅、黃三種間色或第二色（Secondary Colors）。最後六個居中的則是由原色與間色混合而成，稱為複色或第三色（Tertiary Colors），所以主要的分色共有十二個。

鄰近色（Analogous Colors）是直接與特定顏色相鄰的色彩。如果你開始用藍色，而你希望有二個它的鄰近色，你可以選擇紫色及紅色。使用鄰近色的配色方案通常能相互搭配，而且創造出自然與舒適的設計。但是在選擇鄰近色的方案時，重要的是要確保你有足夠的對比度。選擇一種顏色為主、第二個為輔，然後第三種顏色（加上黑色、白色或灰色）則用來特別強調。

圖6.24　互補的復色組合令人難以閱讀（在www.5thScreen.info看彩色的版本）。

互補色（Complementary Colors）是在色輪上彼此相對（例如紅色和綠色）。高對比的互補色看起來過於突出，尤其是完整飽和地使用時，不合乎數位看板的需求。互補色最好是用來強調，或當你想要東西特別突出時，但它們格外不適合用在文字上（圖6.24）。

在色輪上暖色在冷色的對邊（圖6.23）。我們可以使用此一暖色或冷色的配色基本方案來操縱調色盤。

任何媒體有適合用在一起的顏色，也有發生衝突的色彩組合。若要選擇搭配很好的色彩，你可以參考色輪並記得注意對比（深色背景上的淺色），即使都是相同的顏色也一樣。至於RGB的配色方案，黃色與藍色搭配起來很理想，如同紅色與黃色也是如此。顏色之間真的會相互衝突，它們會在螢幕上互搶或產生突兀（前頁圖6.24）。而顏色的組合通常要避免互補的復色。

與品牌及公司的顏色一起使用時，我們可以利用色輪來設計美觀的背景及其他圖像，這樣與公司的配色方案便能配合得很好。在制定任何訊息時，選擇正確的色彩組合可以讓訊息被理解，但也有可能事與願違。

用色的趨勢變幻無常，而且總是在不斷變化。季節性的顏色也要考量。即使是在政治或環境議題，色彩的流行趨勢也會發生改變。由於美國大熔爐及全球網絡化的實現，文化性色彩的影響將帶來某些有趣的轉折。在圖6.25中，我們可以看看文化因素如何讓顏色影響觀眾。

當然，顏色也有它們自己的屬性：

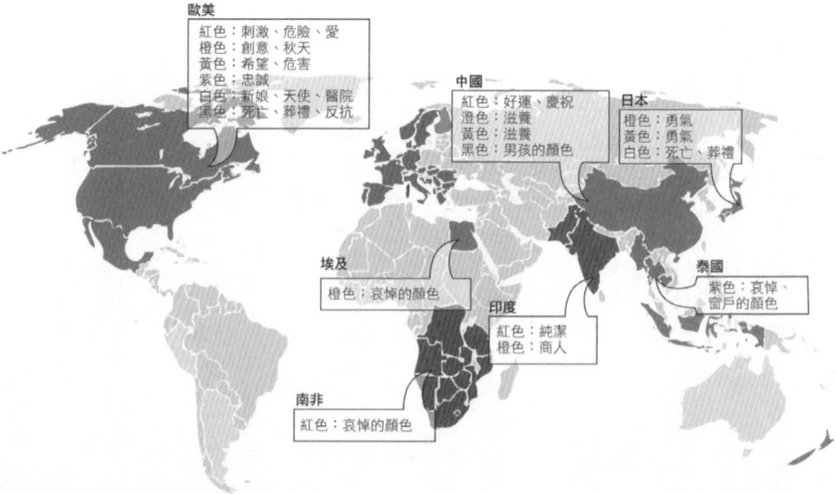

圖6.25　文化因素影響顏色的使用。

- 藍色被認為是令人最喜歡的顏色。它被看作是誠實、忠誠及熱衷。藍色也影響我們的身心，提供了一種沉穩的感覺，並直覺有援助的意涵。
- 綠色對人眼來說在光譜中是最明顯的顏色，而且也被選為受人喜愛的顏色之一。綠色普遍認為是自然的象徵，而且令人舒緩及放鬆。
- 紅色是一個非常個人化的顏色，而且其明暗度還直接關係到能量的程度。紅色引起注意，並可以立即集中注意力。紅色還可以提高熱誠，並鼓勵行動。
- 黃色是帶來快樂及樂觀感覺的顏色。黃金色調則帶來前途光明的希望。黃色也能觸發記憶並鼓勵溝通。
- 白色被認為是純淨。白色也有助於頭腦清晰及淨化想法或行為。
- 灰色代表經得起時間的考驗，並且是一種實用及穩健的顏色。灰色長期受人喜愛，也可與任何顏色搭配良好。
- 黑色有一種強而有力且居高臨下的感覺。在數位看板上非常適合做為白色文字的背景。它同時也富有神祕感，並給人帶來某種意義上的潛力及可能性。

內容格式

你不能把卡式錄音帶放到ＣＤ播放機裡；歌曲可能相同，但內容儲存的格式卻完全不同。數位看板網絡也是一樣。雖然沒有那麼明顯的實質差異，但也有許多不同的方式讓數據存成不同類型的內容。網絡經營者必須注意他們網絡可以容許的格式，並確保與內容創作者工作時有事先言明共通的格式為何。格式錯誤不但不會正確顯示，還需要額外的步驟及資源把它轉換成網絡相容的格式。此外當有大量的數據必須儲存或發送到網絡，在一定的品質水準下顯示一定長度的內容時，有某些格式會比其他格式更有優點。經營者需要衡量品質、尺寸，以及網絡在不同格式數據間轉換的速度。

常見的視訊格式

最常見的視訊格式是H.264及MPEG-2。大多數網絡都可以接受這二種格式的其中一種。

AVI

AVI是音訊視訊交錯掃描（Audio Video Interlace）格式的首字母縮寫，一九九二年由微軟（Microsoft）推出並廣泛應用於個人電腦及網際網路。它可以在單一檔案之中同步儲存音訊及視訊，也可以相容其原始尺寸已透過若干不同類型的壓縮技術縮小的視訊影片。壓縮——在大多數的視訊格式中經常見到——很重要，因為採完整高畫質（Full High-Definition，又稱Full HD）形式的視訊，僅數秒鐘的容量就會相當龐大。

▲MPEG格式：MPEG-1、MPEG-2、MP3及H.264（MPEG-4第十部分）

MPEG是「動態影像專家小組」（Moving Picture Experts Group）的縮寫，此一標準使用越來越先進及有效率的壓縮技術，且已開發出許多儲存動態影像及音訊的一系列不同格式。它除了是全球性的標準之外，其主要的優點是使用MPEG格式，大都要比同品質的其他格式檔案小得多。

MPEG-1是開發來進行壓縮編碼，以逐行掃描音訊／視訊數據的方式供早期的個人電腦使用，例如互動式光碟（Compact Disc Interactive；簡稱CD-I）格式。制定MPEG-2則是為了供廣播訊號使用，並比MPEG-1擁有更高的數據傳輸率；它也支援大多數電視機所顯示的逐行掃描視訊。MP3（完整名稱為MPEG Audio Layer 3）是只有音訊的格式，亦為網路上壓縮及數位音樂編碼最常見的方式。這三種格式重製時能達到令人滿意的高品質水準，同時透過演算法判斷出一些不重要的原始數據部分，來大幅減少檔案的大小。

H.264，或稱為「MPEG-4第十部分」（MPEG-4 Part 10），是目前MPEG音訊／視訊標準的最先進形式，且成為藍光光碟格式的一部分。不過使用這種格式來製作，視訊的容量將會增加。

▲WMV

「視窗多媒體視訊」（Windows Media Video，簡稱WMV）是另一種由微軟開發並廣泛使用的壓縮視訊格式。它最初是設計做為網路傳遞的串流視訊，但現在已被用於藍光光碟的標準格式之一。

動畫

奧多比（Adobe）的Flash是今日用於數位資料非常廣泛的格式，特別是在網站上。原本只是相當單純的動態圖像顯示，但目前的版本已能顯示H.264視訊，以及許多其他類型的視訊、音訊及圖像。正因如此，它當然是數位看板最有力的工具之一。

靜態圖像

如同視訊，靜態圖像格式通常提供了經過壓縮的高解析度圖像，否則要轉換到網絡上的檔案大小會過於笨重。為了盡可能真實，有時也可能要使用未壓縮的靜態圖像，但這就得犧牲儲存空間及傳輸速度。

▲BMP

最簡單的檔案格式就是BMP，或稱為點陣圖（Bitmap）。正如其名所隱含的意義，它是以像素地圖或網格的方式存成圖片。為了儲存圖片中的每個像素，此一格式的檔案包含了多達三十二位元定義的像素色彩（三十二位元允許圖像含有數百萬種不同的顏色）。未壓縮的BMP圖檔有可能非常大，而大多數時候其檔案都會進行某種形式的壓縮以便於管理。

▲ＰＮＧ

「可攜式網絡圖像」（Portable Network Graphics，簡稱ＰＮＧ）是採用知名無失真壓縮方案的另一種點陣圖圖像格式——亦即如果有需要的話，完整的原始數據可以從壓縮檔案中取得——而其他壓縮方案（破壞性壓縮法）則會讓有些原始資料永久損失。無失真壓縮的優點是忠於原始圖像，但缺點是檔案大小的減少程度不夠大。

▲ＪＰＥＧ

ＪＰＥＧ是「聯合圖像專家小組」（Joint Photographic Experts Group）的縮寫，該標準制定機構創造了一系列攝影使用的靜態圖像壓縮格式，包括數位相機及網站。ＪＰＥＧ檔案可以使用不同程度的破壞性壓縮法來創建檔案，各有其不同的大小及品質特性。因為它的壓縮能在某種程度上將品質的損失降到最低，因此若有很多圖像的話ＪＰＥＧ會是比ＰＮＧ更好的選擇。唯一的例外是包含藝術線條或文字的圖像，那麼銳利的邊緣就變得很重要。在此情況下由於ＪＰＥＧ的壓縮水準，其創建出來的模糊程度會令人難以接受。

無論如何，ＰＮＧ在儲存包含文字、藝術線條或其他具銳利轉換（Sharp Transitions）的圖像時，較ＪＰＥＧ為更好的選擇。但若圖像同時內含銳利轉換和攝影的部分，則必須在大而銳利的ＰＮＧ及小而用銳利轉換加工過的ＪＰＥＧ之間做選擇。此外ＪＰＥＧ也不支援透明度。

◀PDF

奧多比的「可攜式文檔格式」（Portable Document Format，簡稱ＰＤＦ）是用來在電腦之間交換文件的一種方法，特別是不能以別的方式處理彼此的檔案格式時。它同時還能使用與原始文件相同的格式、排版及字型的檔案，即使收取的電腦沒有安裝所需的字體。ＰＤＦ檔案可以包含文字、圖形、圖像，或同時含有此三者。由於一九九二年以來它就已相當普及，再加上現在的網際網路無所不在，因此有許多種類的實質內容都採用ＰＤＦ格式，無論是由電腦產生的文件還是印刷的原稿掃描。不過這不是廣告內容的普遍格式，而且只有少數數位看板網絡的軟體平台可供顯示。

◀PowerPoint

微軟PowerPoint格式是用來儲存與相同名稱程序創建的幻燈片放映。每張幻燈片可以混合各種內容——圖片、文字，甚至可以嵌入視訊影片。同樣地，這種格式已經廣泛使用了一段時間，因此很常見。這是一個相當簡單的工具，可以用它來制定某些類型的數位看板內容。

高解析度的影響

螢幕上的高畫質（ＨＤ）內容與標準畫質（Standard Definition，簡稱ＳＤ）相比，對觀眾有不同的影響。為了最大限度地提高數位戶外媒體的影響，我們可能要考慮以ＨＤ來製作內容及顯示內容。當我們觀賞標準畫質的內容時，在腦海中只會認為這是一張類似掛在牆上的圖片。但當我們看著ＨＤＴＶ上的ＨＤ內容時，腦海中認為是圖片的想法則變成是在看窗戶。會發生這種心理感受的顯著變化有許多原因。首先且顯而易見的是因為解析度。其次標準畫質與高畫質之間在色彩範圍上具有差異。標準畫質只能顯示給觀眾二五％在世界上看得到的自然色。然而ＨＤ則能帶給觀眾七五％一般日常生活中看得到的色彩頻譜（Color Spectrum）。這種色彩頻譜及解析度的增加，讓人們看到影像時得以與記憶產生共鳴並予以喚起。如果腦海中認為這只是從窗戶看出去外面；那就變得很逼真。而大腦認為真實的東西會保留在記憶中的時間更長，並且更能喚起記憶。

ＨＤ還可以放大到真人大小，這在喚起記憶方面將有更進一步的影響。大型ＨＤＴＶ螢幕在垂直模式（Portrait Mode）時可以造就生理影響的新層次。當我們看到一個真人大小的影像時，頭腦會立即判斷他是敵是友。這是我們身體原始、無意識且天生的反應，一旦認知我們的生存遭受危害，自身就要準備「戰鬥」或「逃離」。這可以追溯到到非常早期人類的發展，當時的我們不得不快點決定「戰鬥或逃跑」，或努力讓自己不要恐懼或接受這樣的遭遇。跟真人一樣大小的影像就算只出現一下子，就能暫時加強感覺並會有深刻體認，憑藉這種基本的生理反應，便有可能讓數位戶外媒體得以確切地產生影響。這一切都將提高記憶喚起的成功率，以及對螢幕內容的接受度。

小結

觀眾看到或聽到的內容後面，是製作人及網絡經營者必須考量的各種技術和視覺規格。螢幕的尺寸、比例及解析度種類廣泛，但仍有一定的標準。每種標準都會影響為網絡所產生的內容，而且還要可以適用。是否要在螢幕上為內容的諸多類別劃分不同的區域，部分也取決於這些技術因素。用色及印刷字體在內容效果上也有顯著的影響。色彩可以帶來適當的情緒或者造成不和諧；它們可以使內容在螢幕上突出或在背景的對照下使人們無法看到。巧妙的文字選擇能讓內容好閱讀及易消化，否則就會使觀眾困擾或忽視資訊。最後，基礎的數位格式內容將被許多因素所決定，從內容是否有動態，到基層網絡軟體及儲存系統的能力。了解所有這些選擇，並做出適當的抉擇，這在你準備內容時是非常重要的一個步驟。

7 網絡節目的編排

到目前為止，關於如何為數位看板選擇適當的內容，以及如何建立內容的不同基礎元件，我們已經討論了許多原因。現在，所有的基礎元件都已準備就緒，是時候考慮如何把它們組合起來，放進一個正在經營的網絡裡。在這一章中，我們將討論每個網絡該如何編排節目才能把收看率最大化，並平衡地加入廣告以同時維持網絡的盈利與被觀看。

使網絡成為網絡

早期數位看板網絡最重要的問題之一，就是從技術面來看，安置螢幕並在上面顯示內容沒有什麼特別困難之處。結果有許多網絡，儘管他們花了錢，最終顯示的內容不是沒有關連性就是製作低劣。在許多情況下，這些網絡不僅無效；他們還是環境中的眼中釘。拙劣的內容造就拙劣的網絡，甚至有品質的內容若規劃不佳也會減低網絡的價值，並在網絡真正想要接觸的顧客之間留下負面的印象。因此隨著內容的改進，我們還必須考量節目規劃編排的手法，以及在讓內容更具關連性、對網絡本身更能增加連貫性方面可發揮作用的技術。

觀眾對於各代螢幕上的內容都有非常高的標準，而且不只是那些比數位看板更專屬於個人的螢幕，例如電視或行動裝置。觀眾在這些螢幕上已習慣於期望具品質及一致的網絡識別，而這種期望也延伸到公共場所的螢幕上。許多網絡編排人員歷經千辛萬苦，才真正體認到閱聽大眾的冷酷無情。因此對待觀眾的正確方法，是要透過適當的編排使網絡間具有連貫性，才能制定出優秀、有關連的內容。

這為什麼那麼重要？想想看一個固定、熟悉的網絡觀賞經驗。例如看電視時通常不需花多少時間，就能認識在螢幕上的網絡。無論是商標符號、節目宣傳、電視台識別、熟悉的臉孔或其他特性，這些網絡識別是快速且規律性地建立在觀眾的心中。當人們在電視上看到孔雀——或甚至聽到一點點關連——腦海中會想到什麼？答案是一個難忘的品牌：NBC。由於觀眾與品牌有接觸的經驗並了解其屬性，因此該種品牌及連貫性的提供，將有助於觀眾感到自在並知道該期待什麼。這樣就能使網絡成為網絡。

這是最大且最有經驗的零售商在設計他們的POS網絡時就了解的事情。塔吉特百貨的馬克．班奈特，同時也是瑞德頻道（Channel Red）的執行製作人暨媒體製作小組主管，確定塔吉特的識別商標必須規律且動態地呈現在塔吉特的網絡中，以創造他稱為「驚喜」的要素（圖7.1）。

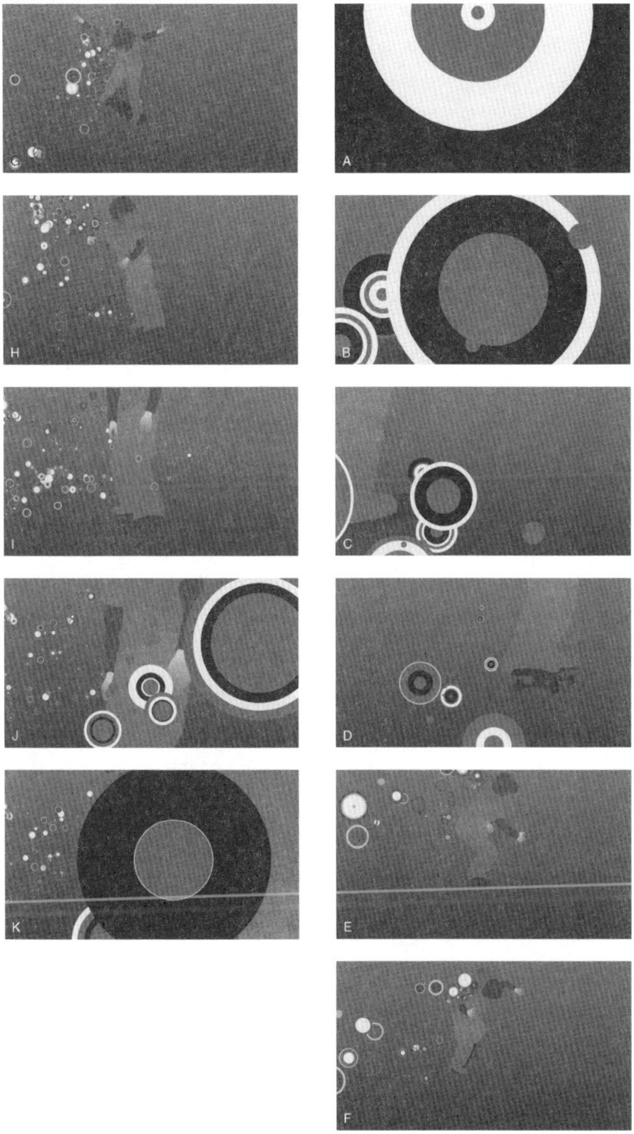

圖7.1　滑板被認為是塔吉特的識別。

「這有助於我們網絡的推廣，並展現出它是個網絡而不只是牆壁上的幾台螢幕。這給我們的客人一種大器和舒適的感覺，並增強我們客人的購物體驗。就像看電視網絡時從中學會電視台識別一樣，你也會看到整個網絡都有的這些塔吉特電視台識別及某種穿插廣告。所以即使你在店裡，該網絡識別的出現將給你一點新鮮空氣可以滿懷希望地呼吸，並讓你在一天當中擁有愉快的歡樂時刻。這種讓你看到的有趣小東西……就是一種驚喜。」

在華爾街日報辦公網絡，首重的就是品牌影響力（圖7.2），而且是一天二十四小時、一星期

圖7.2　華爾街日報辦公網絡的螢幕剪影。

七天隨時都在螢幕上發揮。在網絡上播放的內容，是華爾街日報四個新聞類別：最新頭條、市場趨勢、貨幣與投資，以及個人生活與理財等專欄內容。執行總裁吉姆．哈里斯談到關於華爾街日報的品牌如何導入到網絡的作法。「我們置於全國主要辦公大樓的網絡用以接觸富裕的決策者。人們閱讀華爾街日報時，他們習慣同一新聞或標題也在螢幕上播放。對觀眾來說更有趣的內容是華爾街日報自己的品牌，由於該品牌對閱聽人有意義，因此廣告商自然也被這個品牌所吸引。廣告商的確從該品牌自身獲致一些聲望。」

編排數位廣告牌的POT網絡通常沒有適用的識別或插入式廣告。拉瑪廣告首席行銷主管湯米．提佩爾，剛好在任何時候都有六個廣告客戶在公司的數位廣告牌上播放，而且真的沒時間或有需要去放送電視台的識別，以建立某種網絡之內的連貫性。無需識別是數位廣告牌的一大特點，這是因為螢幕與場地之間比較沒有連貫性，所以它們大多是獨立運作。不過一些位於機場內的POT網絡偶爾會企圖打響自己機場的名號，或甚至是自有螢幕的網絡想要創造品牌，好讓網絡經營者能吸引到新的廣告客戶。

第五章我們討論了制定指導原則如何有助於實現這種連貫性。從指導原則前進到實踐就牽涉到節目編排。如何完成它則取決於網絡及螢幕的位置。

哥倫比亞商場媒體的規劃暨創意服務副總裁斯圖亞特．雅各，曾為CBS所擁有的幾個網絡制定內容。這些網絡當中有的安置在雜貨店裡，那裡可以分成好幾個小環境。例如在商店的一部分，當購物者正在等待櫃台結帳時，就會觀看位於熟食區及用餐區的螢幕。螢幕的重點（下頁

圖7.3）是放在健康及保健的用餐概念。「我們在螢幕上有四個區域。在主要區域中我們播放健康及保健的訊息，另一區（右上方）是專屬於雜貨店的商標及識別，而下面的區域則擺放促銷活動及零售商的訊息。這些區域劃分始終保持在螢幕上，並為觀眾創造了連貫性。」在底部區域，CBS放置了包括CBS新聞、體育及天氣的跑馬燈——這是部分能跨越POS和POW界線的理想網絡內容。

在相同的店裡，另一個螢幕可以置於農產品部門。在這裡的顧客自助式地為自己服務，而非在櫃台等著別人幫他結帳，所選擇的品項相較於商品維持基本不變的用餐及熟食區而言，則是容易隨著季節及地點產生變化。這部分網絡的螢幕，要保持與其他店內螢幕具連貫性的版面，但主螢幕區域則要針對不同的購物模式及商品差異進行不同的編排。雅各解釋

圖7.3　CBS熟食區螢幕裡的健康及保健內容，同時也伴隨著熟食區的促銷。

說，「內容的比重也會有所改變。我們有『麥可・馬科斯，你的農產品達人』（Michael Marks your Produce Man）告訴你本季有哪些農產品。我們用編輯過的日程表判斷零售商在推什麼產品，以及媽媽計畫要採購何種農產品。」此時即使是在相同的店裡，螢幕與螢幕之間的內容編排必須有所差異，但店內仍需維持相同的網絡連貫性。

大學網（TUN）自己承擔節目編排的重責大任。彼得・柯睿耿解釋他們放至其播放列表及螢幕區域中不同類型的內容。「那裡面其實有三組內容。有在那所學校發生的當地相關內容。第二個部分來自於合作夥伴的地區性及全國性的內容，且與我們十八到二十四歲的觀眾有關連。而第三個組成部分則是付費的廣告，它同樣也結合了當地及全國的內容。」

TUN的合作夥伴對他們的大學生閱聽人感興趣或想要產生某種聯繫，因而提供內容為其建立關連性並引起觀眾的興趣。某些播放的內容是來自於吉姆・克萊默（Jim Cramer）的財經資訊網站TheStreet.com，他們有在密切關注校園的動態，以及電子庇護（eAsylum）——這個由大學在校生經營的小組，採訪正在推廣新片的好萊塢演員，吸引了大學人口的觀看。「他們問的問題對大學的閱聽大眾來講，有時比看電視還更有關連性、更令人感興趣，」柯睿耿說。他解釋道，具有高水準的內容也可以幫助推廣網絡並提供連貫性。「我們有從NBC來的NBC Everywhere部分內容，這是NBC在校園推廣的品牌（下頁圖7.4）。NBC取用與十八到二十四歲民眾有關的一些自有內容，並且將它們縮減至我們需要的時間長度。」

決定分段的長度

在前面的章節中我們已從許多方面討論訂定時間長度的問題，並注意到有些網絡需要較短的內容分段，有的則能包含更長的分段。而我們也注意到，現有的電視廣告在幾個實例中，是能毫無改變就可運用在數位看板網絡上。

同樣的邏輯也適用於任何從電視來的內容，包括廣告，做為標準時間長度的概念。雖然電視廣告只以十秒、十五秒、三十秒或六十秒的分段長度出現，但這些都是在標準化長度編排下的標準化切割，以提供各個不同商業模式使用的加工品，然後才能根據閱聽大眾人數及人口背景收取某種每秒費率。該商業模式不能在數位看板上有效果，也不是內容分段所需要的標準化時間長度。它們可以視特定網絡及具體螢幕的特色需要而調整長短。

圖7.4　「NBC在校園」（NBC on Campus）的內容分段只是其中一項與大學生有關的編排陣容。

在百思買（Best Buy），保羅．弗蘭尼根為公司標誌性的電視品牌製作了一則廣告，時間長度接近一分半鐘。為什麼？弗蘭尼根為此一超過正常時間長度的廣告辯護。「我們製作這個標誌性的LCD廣告來講個故事，然後我們講這個故事花了一分半鐘的時間。我們並不關心它是否需要適合三十秒或六十秒的定時廣告，因為在百思買的顧客通常也不是在進行定時的購買任務。」

零售娛樂設計的執行總裁布萊恩．赫胥，也呼應弗蘭尼根的觀點。「這不再是拍從魚缸撈出一條魚，再跳接到快樂顧客的十五秒廣告。在我們的環境中，它比較像是讓我們看到魚在游動，讓我們看魚在做這個、在做那個。我們打消把同樣的想法拿來套用的念頭，但也了解到在零售店裡的時間長度實際上可以有一點長。這不是一個三十秒的廣告，也不是十五秒的廣告，而是一種體驗。」

這種做法導致節目的創作採用許多約莫八到十個小時的獨特素材，然後將它們串成至少二十到二十四小時的播放列表，有如現代的半自動廣播電台會做的事。而且與廣播類似的是，熱門的東西被更頻繁地分配在播放列表中出現。「如果新發行的專輯越重要、越具關連性及越有關的話，那麼就要在店內環境中越常播放。」赫胥說。

大多數網絡經營者喜歡自己的廣告有某種統一。哥倫比亞商場媒體的團隊具體來說是出身自電視界；不過，他們對數位看板的編排也有深入的了解。儘管循環的長度會根據螢幕區域而有所不同，但它們通常播放的都是三十秒的廣告。雅各告訴我們，「在主要區域我們以簡短的三十秒形式播放健康及保健的訊息，並安插廣告及當地社區的活動。此一區域基於停留時間是八到九分鐘的循環，而雜貨店的促銷區則是十八至二十張幻燈片的三分鐘循環。」因此規劃螢幕時，即使是在不同的區域，仍然要有循環長度的考量、決定每則內容的時間長度，並選擇要用動態內容或者是靜止圖像。這是運作得恰到好處與考量得過頭，以及不值得一看之間的臨界平衡（Critical Balance）。例如，在螢幕上過激的動態變化會妨礙觀眾關注及吸收訊息，或是產生一種不適合在農產品通道這樣的地方出現的情感反應。

哥倫比亞商場媒體在其他網絡，例如遊戲零售商GameStop卻反其道而行。這裡的網絡節目編排則配合目前的遊戲發行，輔以遊戲製作人見面會等其他形式的行銷，以引起目標消費者的興趣。所以該網絡的識別是與玩遊戲的社交面向相一致。螢幕是置於收銀機上方，也在玩家瀏覽產品的所在，但卻完全不同於哥倫比亞商場媒體的雜貨店網絡。

「我們以寬螢幕來編排，而且採沒有分區的全螢幕播放。內容循環有二個小時之久，而廣告及內容的長度從三十秒到四分鐘不等。我們有這麼長的循環是（因為）不希望管理者對內容感到厭煩。我們制定內容的目的是要教育管理者及購物者有關檯面上正在進行的交易。所以我們播放與遊戲《吉他英雄》（*Guitar Hero*）相關的音樂影片，推廣了VH1的品牌及有收錄該搖滾樂團的特定遊戲。」

若網絡偏向以廣告而不是產品或教育性質的內容為基礎的話，那麼統一的編排就更有必要性。我們通常需要用廣告來標準化價格的設定，這就符合統一的原則。例如路邊的數位廣告牌，就是一種以明確的時間長度運作，但一般也有規則調整廣告改變頻率的網絡類型。拉瑪廣告的湯米‧提佩爾解釋說，「通常情況下，我們必須遵照當地政府的規範，但我們有六家廣告客戶，而他們的訊息基於法規最多也只有八到十秒。同時我們也針對民眾進行調查，他們告訴我們閱讀訊息最理想的時間是八秒。因此這就是我們決定八秒的原因。我們也嘗試輪換十家廣告商、四家廣告商等不同的組合，試圖弄清楚你可以放在那裡且有效的最大廣告數量是多少。而我們委託的一項研究顯示答案是六個。這就是我們如何決定用六家廣告客戶的過程。所以基本上如果你是這些廣告客戶之一，你的訊息就會一天二十四個小時在所有地方以每四十八秒到每分鐘的方式來播放。」

另一種以廣告為基礎的網絡是美國數位看板公司，他們在獨立的連鎖超市設有螢幕。該公司採用統一的編排方法。合夥人吉爾．魯騰博格介紹了他們這種不符電視標準，但在其環境中對數位看板有效的做法。「此一循環通常播放四分鐘。（基於經驗）我們嘗試限制贊助商或廣告商的數量。我們將廣告限制在十一或十二則，而每則廣告則播放十三秒。這是一個很好的時間比例，讓一則良好的 **Flash** 廣告有足夠的時間得以顯示出來。」

在這裡時間長度的問題，是不同於我們前面有關確定什麼類型的觀眾可能會出現在螢幕前，以及什麼內容可以激起他們興趣的那種時間的考量。此處是在考量內容循環及其組成部分要在消費者面前花費多少時間，這取決於固定思維及訊息可被吸收的速度。由於網絡面對的情況千變萬化，因此每個網絡的廣告牌不存在絕對有效的特定訊息長度；對每個網絡次類型來說也都不一樣。

尼歐媒體集團的執行總裁克里斯提恩．瓦格利歐—究斯，採取了完全不同的編排方法，他將內容分成資訊與廣告標題，並分別提供資料給每個位置的螢幕（下頁圖7.5）。為了做到這一點，尼歐的網絡使用二台以橫向模式並排的螢幕。瓦格利歐—究斯解釋如何引起關注，以及廣告如何在讓觀眾感興趣與注意到廣告之間取得平衡。「在加拿大，我們在美食廣場的左邊螢幕提供娛樂，亦即我們所稱的資訊娛樂，其中包括新聞頭條、運動比賽結果、天氣預報、股票行情、電影及CD銷售的圖表等，然後在右邊螢幕我們則展示廣告。」他們所提供的混合編排，是在第一個螢幕放五〇%的資訊娛樂，並在第二個螢幕放五〇%的廣告，但沒有關於商場活動的資訊。尼歐用這種方法結合資訊娛樂螢幕的吸引力，並將廣告應用到該訊息上。這與TUN網絡所做的區域劃分類似，但尼歐是用二台不分割的螢幕來播放。

用二台不分割螢幕的理由之一，是因為加拿大的美食廣場及商場規模龐大。完全運用螢幕的實際使用面積，將有助於確保它們能被大多數的用餐客人看到。

圖7.5　尼歐媒體集團使用二台螢幕來編排他們的內容和廣告。

尼歐在歐洲採用了類似的方法，但只使用一台螢幕。「在歐洲我們有不同的安排。首先歐洲的商場規模較小，這樣很容易就能涵蓋整個共同區域，而且無需……特別加強。我們開始在通勤與一些等候區的人們會經過之處，從天花板往下安置橫向模式的四十二英寸（螢幕）。我們設計（一個）五分鐘循環一次的節目，同一時間在所有的螢幕上也播放相同的節目。該循環是由五〇％的廣告、二〇％的商場資訊，以及同樣是新聞頭條、股票行情、天氣預報等三〇％的資訊娛樂所組成。」

國際網絡的節目規劃特別是件艱鉅的任務，而利益相關者對於要用什麼類型的內容格式編排也充滿期待。關於此一微妙但重大的區別，瓦格利歐—究斯帶給我們許多啟示。「我認為這只是因為觀眾及代理商的品味，他們習慣電視格式，基本上他們延續了它們的歷史。在荷蘭當他們看到一個螢幕，即使在超市裡，他們真正期望在螢幕上看到的是傳統的電視內容（下頁圖7.6）。（然而）在瑞士或法國甚至西班牙的人，他們卻希望內容是**Flash**動畫。所以你可以看到從一個市場到另一個市場的文化差異頗大。」

在不同國家及跨洲的預訂廣告及編排頗具挑戰性。在地化、連貫性及合適的產品是能否成功的關鍵。隨著跨越歐洲及加拿大的網絡，瓦格利歐—究斯闡明，「我們的願景是希望此一媒體能夠越來越全球化。像電影等等全球同步發行的產品如今已是個趨勢，所以我們看到越來越多的品牌與代理商想要在國際性的廣告系列中爭取下訂。我們已經這樣做了，特別是從加拿大到歐洲，在那裡我們有一些跨國際網絡的交叉銷售，讓加拿大的客戶在歐洲的螢幕上登廣告。」

商場中最早的播放單位之一的廣告空間網，則著眼於從一個完全整合的模式來編排。他們有自創的廣告及編輯過的內容。其執行總裁多明尼克・波爾科告訴我們一種編排的方法。「這就是所謂的『本日十大精選』。我們做的就是在辦公室這裡有年輕的工作人員，並且廣邀每個商場裡的零售商每週提交他們覺得賣最好的商品。這項服務零售商永遠不用花錢，我們也從來沒有向他們收取任何費用。我們的人在這裡做的就是針對這些提議進行評估，而每個商場通常會提出五十或六十個商品，然後他們評估之後再嚴選出前十名。例如某雙鞋在此價位上很經濟實惠。最後該日我們就推銷：我們認為商場裡最優惠的十大商品，而這就是為什麼觀眾會參考我們

圖7.6　尼歐媒體集團在歐洲的內容循環因為各地觀眾的接受度不同，遂在某些地區使用的是影片而非Flash動畫。

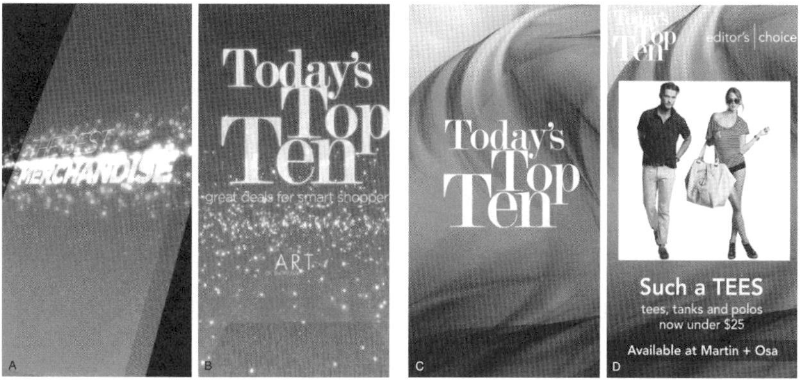

圖7.7　廣告空間網有「本日十大精選」的專題內容提供給具關連性的觀眾。（你可在5thScreen.info看彩色動畫的版本）。

螢幕的原因」（圖7.7）。

廣告空間網的副總裁比爾・甘吉姆相信他們所制定的編輯內容，就是讓他們有穿插廣告的螢幕會受到關注的主因。「我們也有其他二種內容。我們有個節目叫做『重點商品』，而它基本上是給正在尋找新而有趣產品的購物者所推出的酷炫玩意。他們最感興趣的其他事情，信不信由你，就是商場的活動。他們想知道商場裡即將有什麼。今天下午有給孩子們看的木偶戲嗎？有樂團表演嗎？然後在這些重要的資訊之間，我們最好在十五秒鐘的間隔裡賣廣告。我們第一個客戶類型是好萊塢的電影製片廠。幾乎所有主要的電影製片廠都會定期用我們來宣傳新片。民生消費性用品（Consumer Package Goods，簡稱CPG）也已成為廣告收入來源相當穩定的範疇。」

律波電視在大部分咖啡廳的地方有超過六百五十個據點，每月接觸九百萬名觀眾，在那裡的停留時間高達三十分鐘（下頁圖7.8）。我與其執行總裁約翰・

麥克梅納明談到他們如何在這種POW停留時間的網絡進行節目編排。「我們隨時都會在螢幕上編排全國性、地區性及社區性的內容。我們還根據螢幕的場地準備不同的外觀，所以如果是在『咖啡豆』（Coffee Bean）餐廳的版面，那麼我們就有『咖啡豆』的風格及外觀。他們也有一些時間來推廣他們的特色菜。在螢幕的左側，我們有全國性的運動比分及運動時程表，而在螢幕的右側我們有股票資訊。在頂端我們有CBS的新聞頭條，而沿著底部我們則有『E娛樂』（E! Entertainment）的頭條。我們在螢幕中央有影片，且能穿插播放內容及廣告，同時這些也可以是當地的活動、音樂會、電影放映時刻表及天氣預報。」

雖然這樣的播放方式，看起來可能像是有很多事情發生在螢幕上，而有些網絡

圖7.8　律波電視用廣告及內容填滿整個螢幕。觀眾可以根據自己的興趣，隨時在螢幕上選看各種不同類型的內容。

©2009 Ripple TV.

表明消費者面對它們會選擇予以忽視，但律波電視發現這對他們的網絡類型來說並不真確。「一直有東西在螢幕上提供給大家。我們看起來就是融合了電視及網際網路。」麥克梅納明繼續說，「消費者慣於超過一個以上的訊息——這提供了更多的臨場感，而且我認為廣告商知道在螢幕上的其他內容將促使觀眾關注，並在他們感興趣的部分受到更多的吸引。」

有關編排的考量及其在特定網絡怎樣才有效，也直接影響到廣告商如何購買網絡時段。從廣告代理商的角度來看，我們需要解決的問題是買廣告的標準長度是多少？而我如何建立在所有類型的網絡都有效的媒體？我們可以依照網絡的類型來處理這些網絡的編排，而這樣隨即能確定該廣告的長度。業界需要問的問題是，它是大約十秒、十五秒還是三十秒的廣告，或者換做訊息又該是多長？正如網際網路只有標準的橫幅廣告規格卻完全沒有定制一樣，或許答案就是訊息長度需要具有彈性。可想而知的是，假設我們使用以Flash動畫為基礎的編排再以視訊分段來補強，那麼就有助於讓時間的長度更有彈性。所有的訊息都具備吸引力及推廣的功用，而且有些還包括購買行動的呼籲。如果這些分段可以切割成不同的素材，那麼它們也許可以根據訊息獲致效果所需的長度，以更有黏著力的方式組合起來。業界應規範數位看板網絡的廣告，推動整個業界持續發展。這將直接影響到節目的編排，並應用在以廣告為基礎的網絡上。

管理及傳遞內容

此時網絡經營者已經組合網絡所需的內容，並決定其編排應該如何流動、循環有多少長度、要劃分成多少區域，以及直到打開電源開關之前的其他事項。但你如何將一堆內容及一組螢幕變成一個真正可以運作的網絡？

網絡編排的技巧除了要考量到前面章節談及的所有事項之外，還要再加上好用的軟體。必須滿足的一項主要特點是要易於使用。經營者要做到複雜的編排，必須有軟體來處理數位看板該做的許多重複及複雜的工作。有些軟體是從無到有的為某一媒介服務，而其他軟體則是電視的排程軟體。重要的是得找到適合個別需求及網絡規模的軟體。軟體的選擇是個重要的考量因素，是否易於安裝及管理對經營網絡的總成本一定會有所影響。

此一技術具有若干目的。首先，它能發揮一個中央伺服器的功能，在上面可以儲存不同的內容分段。它允許使用各種不同類型的內容，包括文字、靜態圖像、照片、影片及串流資訊來源。系統若要做好此項工作，需要提供經營者高效率及有效的方式進行組織化、標記及內容辨識，以便能易於定位及整合到特定螢幕的適當循環或內容的資訊來源。

該項技術也將提供工具，使經營者可以自行設計內容的循環。一般要這麼做的話，得指定一個播放列表中的各種內容元素，並下指令給系統決定何時啟動每個分段、多久顯示（如果不是固定長度的內容分段），以及一天中的什麼時間開始此一循環。顯然必須有個方法，在一天中不同的時段指定眾多播放列表及循環，在每個網絡的不同螢幕來播放。此外經營者是否真能劃分螢幕上的區域，並將正確的內容導引給它們，也必須予以控管。

經營者編排互動式螢幕時，將依據完全不同的方法來調整螢幕上正在播放的內容。在多數情況下，簡短的循環才能成為吸引力循環（Attraction Loop）。但這通常會根據每月的平均造訪次數而改變。體驗的互動部分通常是不常改變，完全取決於所在位置是什麼類型的網絡。我們可能會改變互動式螢幕中帶來更深層體驗的一個分段。此一分段將依據互動式螢幕提供的獨特優勢，以及使用者的參與程度及意見回饋而改變。

應該考量的重要功能

如果我們擁有的是相對較小的網絡，在所有螢幕上大多播放相同內容的話，那麼一款簡單或陽春版的套裝軟體就夠用了。但如果我們有大型的網絡，需要精細控制又要容易使用的話，那麼網絡經營者最好尋找更多可以易於執行複雜任務的企業級軟體。整個業界趨向於支持「軟體即服務」（Software-As-A-Service，簡稱SAAS）的模式。這種特殊的軟體模式並非是把軟體放進電腦裡，然後就控制網絡這麼簡單。SAAS模式是個以網際網路為基礎，並在中央伺服器運作的應用程式，而且通常是按年度來支付所需的費用。

Salesforce.com是SAAS平台一個絕佳的例子。使用這種類型的平台，將可讓經營者輕鬆面對未來的考驗。換句話說，Salesforce.com增加的每一項功能，都會自動更新成為軟體的一部分。有許多軟體公司都可提供數位看板軟體。我建議網絡經營者多做些研究，並找出最適合自己實際情況的好用軟體。

編排軟體的未來

由於媒體本身的性質，我們可以在非常細微的層次進行網絡編排，並提供更多當地及超地區（Hyperlocal）的內容。這種網絡編排可能會非常耗費勞力，也可能導致網絡的經營成本提高。內容變得更有關連性及在地化，網絡的編排就會更加困難。如果你願意的話，想像一下在二千個螢幕上個別編排內容。雖然某些內容在全國層級上可能都相同，但區域及地方層級的編排卻是相當耗費時間。有幾家公司正在處理這些大規模的網絡問題。我們可以上傳一段內容，然後它會自動在適當的時間出現在適當的螢幕給適當的閱聽大眾，這種把人工智慧（Artificial Intelligence，簡稱ＡＩ）加到大型網絡編排的想法仍不切實際。但它真的是完善編排的終極目標。

模組的使用也將在自動提供訊息給特定的地理區域，以及地理人口背景的閱聽大眾上繼續發揮重要的功能。在廣告空間網，他們的創作團隊自行製作模組，也有個基本上搭配模組的資料庫，而廣告空間網每週播放多達一千零五十種不同的編輯內容及廣告。軟體能夠使該公司以這種方式擴展他們的訊息。

律波電視處理其內容則是以更加自動化的方式，來推動社區的地方利益。他們提供活動、電影資訊，以及來自當地報紙的新聞頭條。麥克梅納明解釋說，「我們已經做了很多焦點團體的研究，而坦白說社區內容的確產生良好的共鳴，因為觀眾覺得這彷彿就是他們自己的地區性網絡。因此舉例來說，我們的天氣顯示一個全國性的地圖，然後是洛杉磯附近城市的區域性地圖，接著我們再展示曼哈頓海灘當地的天氣。基本上網際網路的資訊來源讓我們可以針對地理區域來散佈，例如仰賴RSS資訊來源的新聞頭條，或使用像是合作夥伴SIG的內容來顯示當地的交通狀況。這為我們的觀眾，尤其是在洛杉磯，提供哪條公路在做工程，或有關娛樂方面的哪部電影上映或哪個巡迴的樂團來到當地演出等消息，而這些都是與他們正在觀看時的所在位置密切相關。」

小結

數位看板內容制定之後，節目編排就是匯聚成一個網絡的神奇力量。這種編排，從創造網絡連貫性到廣告長度及使用多少區域的有關決定，對網絡的成敗影響頗大。有了優良的內容，我們就有基礎建立強而有力的網絡。在時間長度的規劃影響觀眾體驗訊息的過程中，網絡編排將成為最重要的媒介物。

8 測量內容的成效

數位看板網絡的創立和經營，就等於經營者用金錢、時間及資源所進行的重要投資。所以在它啟動和運作之後，我們要面對的下個問題是，網絡執行的成效如何？實際上有收到計畫中應得的收益嗎？

當然，這不是一個學術問題。正如我們已經看到的那樣，數位看板網絡有許多都仰賴於外部來源的廣告收入，以做為經營的資金及收益。這些廣告商自然想要有實質的證據，來證明他們的訊息有被有效地呈現。即使網絡的資源是全部來自於組織內部，組織也會希望對網絡所導致的成果能夠加以評估。它吸引觀眾嗎？能為正在行銷的產品或服務製造良好的印象嗎？它提高顧客滿意度及忠誠度嗎？所有人都真的注意到了嗎？

上述這些真的是最基本的問題，因為內容好壞的差別就在於人們注意到網絡的程度如何。目前為止我們已經討論了如何制定內容，這將導致重大的影響。而無疑的，即使在這個全新的領域之中，我們依然可以看到使用內容上一些優秀的例子及一些非常不好的例子。就算是不經意地看到，人們也幾乎很明顯地都會看內容一眼——但如果它似乎並沒有與他們有所關連，馬上就會被忽視。我們已經討論過觀眾的固定思維及其接觸的網絡類型之間的關係，而我們也檢視過當消費者接觸到一則正在播放的內容時，對於時間長度的看法。例如，倘若消費者是在長篇的訊息中段接觸數位顯示器，而消費者不感興趣，他或她就會完全不予理會。因此我們必須制定與消費者有關連性的內容，才能吸引他或她的目光。

即使訊息再長、再複雜，我們都必須有觀眾可以注意訊息並受到吸引的幾個地方。從個人計數（People Count）這樣的公司所做的研究，我們才知道青少年真的比較有可能站在附近並看完整個循環的內容，但除此之外就沒人有辦法證明此種行為。

現在問題變成要提供經驗證據，好讓我們可以評估關於建立及維持數位看板的投資報酬率。這需要用到標準，以及與此標準相關的數據收集與解釋的技術。

這當然也得花錢。任何一個產業都需要某種形式的正規測量系統，而這必須開發足夠的收入來源才能支撐整個過程的成本。這也需要時間，電視的現代測量系統花了十五年左右才到位（而即使是在今天，這些制度與標準的準確度及適切性仍備受質疑）。要知道戶外數位網絡做為一種大眾傳播媒介還沒超過五年的光景，因此顯而易見的是，我們的有效指標仍處於剛剛起步的階段。

然而由於測量網絡的成效至關重要，在這方面我們已有顯著的努力成果。在本章中，我們將研究測量的方法及戶外影片廣告局（OVAB）發展至今的標準。但我們也將探討數位看板網絡優化的七大面向，這不但可以增強現有的測量標準，也能幫助經營者開發出更多成功的網絡。

測量的基礎

最基本的測量由二個部分所組成：內容傳遞的證明及傳遞到閱聽人的證據。前項需要證明給廣告客戶，商定的內容在網絡上有實際露出；而後者則需證明商定的閱聽人在一個有看到內容的位置。

內容傳遞的證明只是基於監播表（Proof-of-Play）的記錄，是最進化軟體應用程式的標準配件。這可以由廣告或訊息播放的螢幕、位置、場所、地理市場（Geographic Market），以及一天中的時段來定義。這些記錄是提供給廣告商的主要證明文件，但也能做為要求軟體獨立審計的完全承諾，以向廣告客戶證明該記錄確為實際發生的情況而使之能夠滿意。

傳遞到閱聽人的證據則通常由可能看到內容分段的閱聽大眾人口背景特徵來定義。訊息的傳遞若能與廣告客戶的目標人口背景相符，才是數位看板這樣強大工具的價值所在。證明內容有無露出比較容易，但若要證明是否被正確的觀眾注意到就困難得多。OVAB一直是這方面測量的重要倡議者，並在二〇〇八年底提出第一個觀眾單位測量的完整指導原則。自此以後，它已經成為媒體購買者所採用的數位看板網絡測量標準。

阿比創公司在「二〇〇九年戶外數位視訊顯示研究」（Out-of-Home Digital Video Display Study 2009）中發現，在美國每個月（有三分之二）年滿十八歲以上的居民看過數位看板。這些人當中，約有七六%在不只一個場地有發現過看板。這種類型的測量使得數位看板越來越受到媒體的關注。

領導這項研究的阿比創資深媒體研究分析師黛安．威廉斯，從她與廣告代理商的互動經驗中更增添了幾分真實性。「廣告代理商總是問，數位戶外媒體閱聽大眾的範圍在哪裡。我們知道電視的，知道廣播電台的。很明顯我們已經習慣了其他類型媒體的這種測量方式，」她說。「但是以地點為基礎的空間沒有具體的範圍。所以這就是我們這項二〇〇九年的研究真正的重點。」

廣告代理商詢問有關測量方法的最大問題之一是，回憶率（Recall Rate）是多少？這在各個網絡之間有很大的不同，甚至有時品牌之間也不太一樣，這取決於品牌對閱聽人的關連性。被稱為輔助回憶度（Aided Recall）及無輔助回憶度（Unaided Recall）的檢測是獲得解答的一種手段。威廉斯解釋道，「無輔助回憶度是首要的考量。你能告訴我今天在螢幕上還記得看到哪些？而輔助回憶度則會改問，『你還記得看到一個汽車廣告嗎？』然後有人可能會說，『是的，它是BMW的廣告。』或者你就直截了當地問：『你今天看到螢幕上的BMW廣告有特別記得什麼嗎？』」

有無輔助回憶度的範圍在網絡之間的變化很大。提供更多具關連性的內容，我們就能保證會有更高的回憶率。威廉斯根據阿比創公司測量數位看板超過七年的實際情況提供了一些觀察。「根據我一般使用的經驗法則，無輔助廣告回憶度通常是五％到八％，而輔助回憶度則通常在二〇％至四〇％之間。如果檢測的結果低於二〇％，我會檢查看看文案是否有問題。」考量低回憶率的另一個重要因素是品牌對其閱聽大眾的關連性。「如果我看到閱聽人大多是青少年和年輕的成年人，但廣告卻是洗碗精的話，那麼檢測結果就是屬於不佳，因為這些人不會注意到該類產品。這是閱聽人與廣告完全不搭的一個極端例子。」

網絡的可說明性

研究到三種網絡類型——POS、POW及POT——時立即變得明顯的是，每個網絡對內容及如何編排都有不同的要求。在網絡要測量什麼及如何測量也存在著差異，但並不那麼明顯。

銷售點

通常在POS網絡，要測量的是訊息能否導致銷售的提升。零售商通常對客流量（Foot Traffic）不感興趣，因為實際上的交易才是真正更重要的測量標的。評估POS時，我們還必須考量該品項出售的銷售週期。如果像牙膏之類的產品，人們每六至八週才買一次牙膏，所以不在完整銷售週期中出現的內容，不管實際成效有多好，其測量結果都不可能符合標準。「所以，你可以任意播放最好的牙膏廣告。但若你只⋯考量銷售三個星期，你可能看不到你所冀求的銷售高峰，因為只會有定量的閱聽人在那段時間於市場中買牙膏，」威廉斯說。「如果你多延期幾天，那你就可以開始看得到收益。」

類似的時間長度安排也適用於閱聽大眾接觸訊息時。購物者會在訊息中段開始注視或在結束時才察覺到。當購物者接觸訊息時，訊息被分解成簡短的分段非常重要，因而使購物者有機會在訊息中的任何一點受到吸引。

個人計數公司的總裁凱利．麥葛利夫雷，採用了許多不同的程序及方法，來根據網絡的類型測量數位看板網絡的成效。例如在POS網絡，麥葛利夫雷不僅只會看與產品有關的銷售提升，也會看產品、商店及品牌的關連性。「我們不只會問人們是否記得訊息，也會問他們會不會採取任何購買行動，他們要購買產品、他們有無試過該品項、他們已試用過、他們會買，或者他們會推薦給朋友？因此他們的購買意圖有很多細節，」他說。「他們會採取什麼樣的行動，或他們購買該品項之後還會採取什麼行動就更為具體。我們所進行的研究有九〇%是關於品牌知名度、廣告記憶喚起，以及有無輔助的回憶度。而人們對數位看板的觀感也改變人們對商店的觀感。」

大多數我採訪的POS網絡經營者，都用測量來完成他們創造收入的目標。（座落於商場裡的）廣告空間網，其執行總裁多明尼克·波爾科是研究與測量的倡議者。「我們做了質化的研究，然後就建立了十三種不同的概念，並針對三千人進行檢測。你能想像得到的所有在商場螢幕中出現，以及人們大多數都嘗試過的東西，我們在那裡都有。『十大精選』就是這些概念的其中一種，而『十大精選』也因為巨大的利潤而獲致成功。正確來說，八〇%以上的人對這個特殊概念有興趣，就肯定會觀看它。」

觸動旋律公司的行銷副總裁羅恩·格林伯格則在測量方法上加權。「我們向人們做問卷調查並借重阿比創公司來進行研究。我們問他們的經驗是怎樣。我們最新研究裡的一個問題是，你是否同意有觸動旋律的點唱機讓你在該位置的時間有更多樂趣的說法？而我們有九〇%的人回答說是。我們透過有如兼具態度及用法的研究來測量出我們的績效。」

交通點

POT網絡通常要測量的是目光。到達率和頻次的測量非常適合此一類型的網絡。這是廣告代理，且特別是媒體買家，試圖以廣泛的人口統計工作來接觸廣大的閱聽大眾。在大多數這些網絡類型的測量，是以路過並注意到數位海報或數位廣告牌的人數為基礎。在某些情況下，特別是在交通的次級網絡，這些測量結果可以藉由通過螢幕的旅客量來評估。測試內容包括注意到螢幕、攔截訪談（Intercept Interview），甚至是計算看到廣告人數的技術。

這種測量方法還會隨著螢幕位置的性質——室內或室外——及天氣問題而產生變化。麥葛利夫雷補充道，「我們曾在交通稽核局（Traffic Audit Bureau）觀察測量系統，然後我們開發了一個行人的模型。接著在街道上計算行人以得到模型使用的數據，我們與具有戶外臉部辨識軟體的公司廣泛合作，並用攝影機來計數附近走動的行人（來加強）我們的數據。我們也用過簡單的手動計算。當然如果是車流的話，那裡就有特別針對車輛的交通計數設備。」

室內有更好的控制環境，而計算的技術也隨之變化。麥葛利夫雷告訴我們怎麼做：「在室內我們還可以使用採紅外線技術的頭頂計數設備。它們可以利用人的體熱來掃描。而且它們很適合佔地開闊的場所，比如大而寬廣的商場。如果有人經過門口或上去電動手扶梯之類的地方，你可以簡單透過如紅外線光束，有人穿越時光束就會中斷的原理來計數。因此真的要看你在處理的是何種類型的流量、狀況及空間，然後選擇效果最好的技術。」

等待點

ＰＯＷ網絡在測量方法及如何測量上有不同的手法。例如，在銀行櫃台或醫院裡的網絡對象不同，因此測量需要面對的對象也不盡相同。人們以某種速率到達櫃台前並花費某種長度的時間排隊，一定會有不同的隊伍型態。那裡可能只有一列排隊的顧客而由眾多客服專員（Customer Service Representative）來處理——顧客排成一列的銀行有五位出納員負責處理——或者在雜貨店結帳區則是有五列分開的排隊線。麥葛利夫雷提供我們ＰＯＷ網絡的一些觀察：「這像是某種水流有進有出。因此，我們需要了解準備交易到完全結束的過程得花多久的時間。這只是你可以估計停留時間的方式之一而已。」

數位看板在許多方面獨一無二，測量也不例外。這是每一段內容及其設計對網絡成功能發揮重要作用之處，因為大多數消費者觀看螢幕是把它當成娛樂及資訊，而不是廣告。即使對數位看板進行研究及調查的公司也同意這點。

麥葛利夫雷說：「我們真的發現，你不能沒有考量訊息就進行測量，因為它在人們認識螢幕的整個過程中扮演極其重要的角色。比如我發現如果你問人們在店裡有無看到任何廣告，他們常說沒有，或說有但指的可能是海報及其他傳統廣告。他們是不太可能把螢幕認作是廣告。他們比較認為那是種娛樂。」但如果問顧客他們是否注意到螢幕，他們的回答通常都是肯定的。「因此我們發現螢幕真的有受到非常高的注意，而許多人都不認為它是個廣告。」

在大學網（TUN），總裁彼得．柯睿耿知道他們的成功是和其研究，以及把自己的研究拿來做為追蹤特惠銷售之用有直接的關連。「我們多年來已進行五到六種不同的研究。我們從等待時間到廣告回想，甚至用有如評估網際網路的形式來測量所有項目，看看銷售是否為廣告播放所產生的結果，此為點擊次數類型的測量方法。新近實際完成的個案是電子禮品商務網站1-800-Flowers，而他們的主要測量方法之一就是去計算由我們廣告所獲得的新顧客。我們用一個大學網專屬的特殊代碼在：我們的全國性網絡中運作。」

對母親節廣告系列有反應的人，結果他們有一半使用此一代碼成為新的顧客，遂能直接以可量化的方式顯示出數位看板多麼有效果。「我們做的所有研究都得到比大部分數位戶外網絡的體驗還要更好的數字。我們是一個品牌型的網絡，我們不是在商店內。我們大多也不是剛好在銷售點前面。所以這種方式與你測量像是豎立在Subway潛艇堡店裡的螢幕有所不同。」

觀眾單位的測量

目前數位戶外業界致力於制定每個人都同意的唯一一套指標。這是幾十年來驅使所有媒體購買者，而數位看板業已採用的重要標準。測量閱聽大眾的方式沒有那麼複雜，但它不只是流量數字而已。OVAB的執行董事蘇珊娜．艾蕾莎（Suzanne Alecia）與OVAB的成員一起合作，制定一套模型來提供統一的閱聽人測量。網絡已開始認識到符合廣告代理商媒體購買模式的標準有多重要。「我認為好消息是，有很多的網絡正在產生變化。在不久之前，大多數網絡幾乎只針對場地總流量來銷售。所以不管他們在哪個場地，有多少人跨入到該場地就是數量。大家都知道只計算流量必定會遭受質疑，而且大部分的數字都無法完全讓人信服，因為媒體購買者不相信這些數字，也因此他們不會支付酬金或某種閱聽人測量必備的每千人印象成本（Cost Per Mille，簡稱CPM）。而場地總流量或者流量也無法與其他媒體平台做比較。」

正是這種單一的流量測量抑制業界和個別網絡的成長，使他們難以尋求支配更多整體廣告及行銷預算的額度。數位看板總是被降格為遭受漠視、戰略媒體（Tactical Media）的角色。因此透過OVAB的組成，此一流量測量的大障礙已徹底清除。

艾蕾莎描述他們如何得出觀眾單位測量模式的過程。「透過密切合作我們制定出我們的《觀眾度量準則》，這是一本以位置為基礎的數位化及視訊廣告網絡教戰手則，可用來與第三方研究提供者相互呼應，這樣獲取的數據就能讓他們向廠商呈報基本上一致並可與其他媒體比較的閱聽人數。」她繼續說，「這含括了不同的面向及指導原則，並能深入了解為何這是重要第一步的來龍去脈。」

場地流量與準則建議的方法，主要差別在於觀眾印象，這是原始流量無法測出的閱聽大眾。閱聽人的一般定義是有注意到某種媒體類型或某些媒體屬性的人。由於以場地為基礎的網絡具有動態的特性，因此有些重要面向必須測量才能找出這類層次的閱聽人。艾蕾莎解釋道，「當然你必須使用場地流量做為計算的一部分，因為你也必須計數或具體化有多少人正進出該地點。但它只是基礎構成的其中一項。然後從經過場地的人數裡，你還必須計算或測量有多少人靠近螢幕、螢幕座落於

	計畫期間 （網絡的銷售單位）		
	A網絡	B網絡	C網絡
場地流量	2000	2000	2000
媒介物區域出現的百分比	50%	50%	50%
媒介物流量	1000	1000	1000
關注百分比	80%	80%	80%
媒介物觀眾	800	800	800
媒介物區域停留時間	60秒	240秒	120秒
廣告輪換持續時間	120秒	120秒	120秒
計畫期間的平均單位總印象	**400**	**1600**	**800**

圖8.1 OVAB的圖表根據循環時間及停留時間將各個網絡類型的數值相等，並建立統一的觀眾單位測量。

何處。當然根據場地及螢幕實際懸掛之處，這些面向都將是隨著各網絡及各場地而不同，但它是可以被測量得出來」（圖8.1）。

需與流量結合的第二個測量面向，是有多少人真正觀看或注意到螢幕。如果我們認為它是一個逐步的過程，就必須從該場地的總流量進一步去探求，在那些人當中，有多少是離螢幕夠近而可能有機會看得到它。然後我們必須觀察二件事：停留時間，意思是那些人在該區域靠近螢幕有多久；還有就是他們是否注意到螢幕。艾蕾莎補充說明這樣做的理由：「這些網絡類型的主要特徵在於它們是網絡。因此不像靜態媒體，其訊息本身不是時間的函數；它只是一張海報、一種展示及一件創作品。觀看它超過三十秒、一分鐘還是二分鐘都不重要，因為訊息是同一個。但這些網絡因為內容及廣告都以一個連貫的基礎或在一個循環中傳遞，因此非常重要的是要知道那些人會在觀看區域多久，因為你必須測量他們觀看多則內容及／或廣告的機會有多少。」

然後測量時，我們還需考量三項要素：出現在靠近螢幕的地方（我們稱為在媒介物區域出現，媒介物指的就是螢幕）；停留時間（人在該區域中的平均時間）；還有他們觀看螢幕的時間總和或關注率（那些人當中實際注意到螢幕的百分比）。我們將所有的這些面向結合起來，就會得出該螢幕或網絡的觀眾曝光數。艾蕾莎幫助我們進一步了解：「所以現在不是只說二百萬人通過我的商場，而是讓你可以報告說，經過一個月的進程，你為你的廣告排期裡派送了一千七百萬次曝光。現在對於想要退出網絡的廣告商或廣告代理而言，你給了他們很不一樣的信心水準（Confidence Level），並使他們能夠與他們在其他媒體的花費進行比較。電視節目可以告訴他們誰是閱聽大眾，網際網路可以基於曝光數告訴他們閱聽人是誰，平面媒體也可以基於曝光數告訴他們誰是閱聽大眾。因此它提供這個產業一個可以基於曝光數來定義閱聽人的機會。」

OVAB的指導原則說明如下：[1]

「平均單位觀眾」（Average Unit Audience）被定義為「暴露在媒體媒介物並有機會看到一單位的時間或典型廣告單位的人數及類型。」在此脈絡中的單位通常也意味著一般網絡「廣告單元」（Ad Unit）的持續時間。

「出現關注」（Presence with Notice）不足以產生如傳統電視所採用的平均每分鐘或平均每十五分鐘的動態度量（Dynamic Metric）。「媒介物（螢幕）區域停留時間」（Dwell Time in the Vehicle

〔display〕Zone）必須先被測出才能提供「出現關注」的測量，這段期間的時距要等於典型廣告單元的長度。因此「媒介物區域停留時間」（Vehicle Zone Dwell Time）被定義為觀眾在「媒介物區域關注」的秒數。

「媒介物區域停留時間」除以廣告單元長度得到廣告單元曝光數，然後再除以在廣告輪換持續時間中的廣告單元數目，就能得出平均廣告單元的曝光量。或者更簡單地說，要用「媒介物區域停留時間」除以「廣告輪換持續時間」（Ad Rotation Duration）。整個樣本的平均值，提供了總人口中的平均廣告單元曝光量，或稱做部分感興趣的人口。廣告輪轉中，輪轉長度、廣告數量，或個別廣告頻率各有變化，這些計算可以算出平均值，或在這些因素中反映每一個具體的變量。計量單位內「停留時間」的多次曝光情況，例如：一天，或者一天中的時段，同一個人可以加總產生一個平均值。以此平均值為基礎的動態變化可以曝光量及淨到達率的次數分配（Frequency Distribution）來表示。

在OVAB指導原則之下的測量是用於大型及中型網絡，以提供廣告代理商可與其他媒介比較的觀眾指標。律波電視的執行總裁約翰．麥克梅納明補充說，「你知道我們在OVAB的指導原則之下，由行銷研究顧問公司尼爾森進行測量。我們的閱聽人數再加上被網絡吸引的人，一個月約有九百萬的觀眾。」

變焦媒體的執行總裁暨創始人之一弗朗索瓦．包賓也正在致力於教育廣告商。「我代表我們所

1 《二〇〇八年OVAB觀眾指標研究解密》（*2008 OVAB Audience Metrics Research Disclosure*）。

有的人四處宣傳，因為有機會擁抱測量技術的我們，未來都將有更好的發展。行動策略是可以被測量，而且是跨領域的標準化測量，這就是OVAB的指導原則。無論你是利用尼爾森或阿比創，重要的是廣告代理商及客戶端信任這個結果。現在有一點像是數位領域的『西部拓荒時代』（Wild West）。而這就像是要鋪設鐵路穿越美國西部沙漠一樣。這是一個相當大的資金花費，但它已被時間屢次證明是非常寶貴及有其必要。我常常問廣告代理客戶，他們想處理的頭號問題是什麼？以前，它曾經是效果的證明。我的廣告大受歡迎嗎？相當多的時候都要回答這樣的問題。但現在則變成誰看到它？或者，有多少人正在看它？我知道你報告說在美國有三億人在看你的網絡。這份分析報告是什麼？如何發生的呢？沒問題了，好，這些都是你給我的數字嗎？廣告代理商都會問，測量背後的效度（Validity）是什麼？尼爾森的研究及OVAB的指導原則將減少來自客戶端的壓力，而廣告代理商才能購買我們的媒體。我們現在做的最有價值的東西就是測量。接受測量且遵循指導原則的網絡越多，就會越多公司採用真正有信譽的測量，這個業界的未來發展也會更好。然後廣告代理商及客戶便能跨網絡購買，並對他們得到的數字有信心。當你接受測量時，你這樣做是正確的，因為你所用的測量標準及技術具有客戶端及廣告商都能欣然接受的準確度與真實性。」

成功網絡的七大關鍵

業界對於這些教育工作的接受絕對值得注意。首先，這個行業接受投資報酬率（ROI）的因素，並考量方法來測量這種收益，包括銷售的提升及受人矚目的實際測量。做為一種行業，目前有幾種方法來做到這一點：關係到銷售報告的軟體、臉部辨識軟體，以及真正現場攔截訪談的研究。

其次業界也接受目標報酬率（Return on Objectives，簡稱ROO）。這種方法是另外一層加到混合物裡的添加物。這才是真正了解網絡的目標然後測量，以確保我們能否達到這些目標。ROO有點難以測量，而且雖然真的存在但難以捉摸，所以尋找方法來完成此一測量會有些難度。

在前面的章節中，我們談到一些成功網絡的關鍵如何應用到你的網絡內容之中。我們把這些濃縮成七大關鍵，它們將有助於讓你的內容持續走在正軌並聚焦。能優化內容、螢幕及網絡等更多層面的測量也需要加以考量。以我工作的美國數位看板協會為基礎，以及我擔任主席的最佳實務內容委員會（Best Practices Committee on Content），我的同事麥克·福斯特（Mike Foster）提出了成功網絡的七大關鍵：

- 內容
- 關連性
- 互動性
- 規劃時程
- 安排位置
- 持續更新

- 吸引力

「我們可以透過整體分析來考量一些要素，應用到網絡之後，我們的網絡將能獲得改善，」福斯特說。我們測量並根據網絡類型分別給予加權分數；因此，最終得分的計算也隨著該網絡的目的而有所不同。這七大關鍵就是這樣一一完成。以下各節敘述福斯特對這些關鍵如何最佳化的看法。

內容

測量內容的眾多相異元素，將有助於優化網絡及網絡上的每則訊息。顯而易見的問題是，如何做到這一點？唯一有效的方法是了解你的閱聽大眾及其需求。做出對他們有價值的內容，你將會實現此一目標。我們考量內容時有十四種不同的面向（圖8.2）。每個網絡類型在各個面向的加權將有稍微不同的誤差。

關連性

提姆．曼納斯（Tim Manners）說，「市場行銷這個行業是在與我們當今生活方式相關的情境中推廣。市場行銷中的關連性不是在操縱我們，也不是在為我們服務。」[2]在噪音及混亂的世界裡，閱聽大眾需要與他們的日常生活產生關連性的連結。想要製作出引入注目的數位看板，最重要的要素之一就是為你的閱聽人製造關連性。觀眾的固定思維、觀眾所在的場地，以及觀眾正在從

		向量點分析（Vector Point Analysis）					
項目編號	要素	編號	得分	加權值	最大加權	加權分數	調整值
一	受到閱聽人關注	1	10	1	10	10	0.33
二	包含「促銷花招」	2	10	3	30	30	1.00
三	深度	3	10	1	10	10	0.33
四	真實性	4	5	1	10	5	0.17
五	品牌認知	5	5	3	30	15	0.5
六	教育內容	6	10	2	20	20	0.67
七	採用動態	7	10	2	20	20	0.67
八	展現美感	8	5	2	20	10	0.33
九	最佳持續時間	9	10	2	20	20	0.67
十	高畫質	10	5	1	10	5	0.17
十一	「去做」？呼籲購買	11	5	4	40	20	0.67
十二	體驗	12	10	2	20	10	0.33
十三	預定目標	13	10	2	20	20	0.67
十四	訊息傳遞速度	14	10	4	40	40	1.33
	總計	14	110	30	300	235	7.83
總分—內容							7.83

圖8.2　內容檢視的各個面向。

事的活動，這些都是使內容更有關連性的元素。當然這對內容會產生影響，但由於在我們的組合訊息當中，關連性太重要了，因此這是它自己要去掌握的關鍵。而最終，我們都必須連結觀眾的整個生活。

互動性

互動性可為廣告客戶創造出虛擬的品牌頻道，基本上能跨網絡、手機及戶外所有物進行運作，使品牌得以將更廣泛的閱聽大眾做為其目標。現在有針對性、跨媒體的廣告系列，第一次可以在此背景下直接對閱聽人產生影響。它讓我們能

2《關連性》（*Relevance*），提姆．曼納斯，©2008。

做更多具有互動性的廣告系列。

規劃排期

在傳遞訊息時，為內容安排時程是一個巧妙卻又會經常錯過的因素。廣播及電視率先以一天中的時段影響編排及傳遞訊息。他們還制定了遵循的標準，或訊息得以按時程運作的方法。正如我們在前面的章節中所討論的，安排時程或節目編排已成為一種促使訊息有效的因素。一天中的時段是影響你訊息的主要因素。一天裡的不同時段擁有不同的觀眾、需求及興趣。特別重要的是停留時間，因為這將直接與播放列表循環的長度有關連。在你設計及維護網絡的過程當中，最重要的永遠是內容及何時讓其出現。

安排位置

在房地產有句格言是說，最重要的只有三樣東西：位置、位置，還有位置。對數位看板來說這同樣也是所言不假。螢幕的位置與販售的產品、目標閱聽人及環境本身有關連。如果螢幕置於不適當的地方，便會嚴重影響螢幕的效果。如果螢幕位於低流量區、被其他事物弄得相形失色、視線的混亂讓人陷入困惑之中，或甚至只因為放得太高，都可能會失去主要曝光機會。這一切都會影響「廣告視聽機會」（Opportunity To See，簡稱OTS），亦即「媒體內容曝光的可能性。」[3]這是OVAB大聲疾呼並由其制定標準的一項特定測量。

阿比創公司的資深媒體研究分析師黛安．威廉斯，認為位置是測量中重要的組成部分，值得注意。「我曾觀察環境中的螢幕，我看到只有不到二〇%進來店裡的人不會通過看板或真正注意到。因為融入到牆上的看板，只是沒有被目光捕捉到而已。這是由於它們高於或低於人們視線高度的緣故。」

持續更新

訊息中另一個重要的面向是新鮮感。不像報紙廣告、廣告牌甚至電視廣告，數位看板必須維持新鮮感並定期更新。原因是什麼？每個地點的造訪人數與媒體規劃中所使用，且確立已久的到達率及造訪次數的方程式截然不同。對數位看板而言，暴露在時間範圍內的頻率才是關鍵。研究表明訊息播放的次數還不如創造購買行動的關連性重要。因此，新鮮感讓觀眾被他們可能已經看過的訊息所吸引。自動維持新鮮則可採取串流新聞的資訊提供，或體育及天氣更新的形式來創造關連性及重要性（請參閱第四章圖4.3的更新列表）。

吸引力

在制定內容時，考量吸引的力量也同樣重要。此要素可能沒有你想像中那麼的主觀。然而，其主要的評估方式是融合了專業知識與實地觀察。重點項目包括了平均消費者等待時間、長時間觀察

3《二〇〇八年OVAB觀眾指標研究解密》。

之後的平均造訪人數，以及閱聽大眾的人口背景。在等候時受到吸引並感到被娛樂的顧客，同時縮短了認知上的等待時間，這種效果被稱為等待扭曲（Wait Warping）[4]，此為停留時間當中最大限度地提高顧客注意力的情境策略。

小結

內容是網絡最重要的元素，但正如我們在前面的章節中所討論的，有很多內容及網絡編排的策略決定需要花很多時間來進行，才能確保內容適當，並在適當的地方於適當的時間傳遞給適當的閱聽大眾。在每則訊息都有價值的領域裡，測量就是了解什麼有用及什麼沒用的一個重要因子。最後測量的結果將釐清網絡的策略方向，並為維持網絡生存的收入來源提供一份證明。無論你經營的是企業溝通網絡還是地鐵站網絡都不重要；重要的是它讓你支持網絡本身工作的資源、交易資金或廣告收入都能取得正當性。網絡經營者需要廣告傳遞的證明、訊息傳遞的證明，以及傳遞到觀眾的證明。

最終可測量結果的優秀內容，能讓數位看板成為夠強大、有價值、吸引人的媒介，並在未來的歲月中用來影響、灌輸及娛樂觀眾。

4 《二〇〇八年ＯＶＡＢ觀眾指標研究解密》。

9 與觀眾進行互動

到目前為止，我們已談及數位看板的製作者與觀眾這二個面向。前者制定及呈現內容，後者吸收它，並如我們所願地依照我們提供的訊息來作為。然而有一種方法可以創造截然不同的動力，讓你的數位看板網絡更具吸引力：將觀眾從消極被動轉換成參與者。我們一旦以這樣的方式吸引觀眾，整個體驗也將發生戲劇性的變化。

閱聽大眾可以在螢幕上操控並與裡面的資訊互動——以某種方式變更或改變其反應——因而形成一種更為專屬於個人的體驗。相較於每個使用者都看到同樣的內容，現在他們可以選擇對其最重要的內容，或者在提供資訊及反應意見上自行決定內容的呈現方式。這是網路及手機螢幕體驗中最強而有力的面向之一。使用者在開始使用的那一刻便能主動控制他們的體驗——當然還是得在內容提供者所設定的範圍之內。這將創造一種獨特體驗的感受，並形成更強大的品牌價值傳播效果或刺激購買行為。

有二個主要的面向可將觀眾帶入此一情境。第一個是必須有某種方式允許其互動的技術，需要有一種使觀眾可成為參與者的機制。第二，內容本身必須從一開始制定就要考量到互動。換言之，內容必須建立在一種可以識別使用者互動並做出適當反應的方式。

透過觸控來吸引

雖然有幾種常用的技術讓人們與各代螢幕互動——最典型的就是鍵盤、滑鼠及按鍵——但它們不一定能適用於數位看板。在無人值守的公共區域設置鍵盤或滑鼠可能會增加成本、遭到盜竊，並平添更多像是需要定期監控及維修等工作。

大部分數位看板網絡最適當的互動方法之一就是觸控技術。我們大多數人都看過這種部署在公共場所（如ATM自動提款機）及私人裝置（如Apple iPhone及Palm Pre之類的智慧型手機）的技術。此一技術已發展成熟且成本不斷下降，而更重要的是，使用者普遍都對其非常熟悉並很懂得怎麼使用它。

當數位看板變成可以互動時，有幾件事情將會發生。內容不同、反應不同，其所收集到的數據也不同。首先，讓我們考量內容會如何變化。請記住，數位看板是一種全新的媒介，它與電腦不同。相較於電腦及網站，它們是在不同的位置與情況被接觸，且其目的也不相同。這意味著你在創造互動體驗時必須避免衝動，不能直接將你的網站轉換為數位看板網絡。否則結果將只是一個更大的公共網站，並不能提供有效的體驗（數位看板網絡也不太可能有機會或允許完全的網際網路連結及瀏覽功能）。因此，微型網站（Micro Sites）將專門為了執行數位看板而開發。雖然我們可以將網站內容用在互動式的數位看板環境，但最終內容也必須專門為了此一目的來建立。

首先我們要了解這些觸控式螢幕的內容設計，必須能夠同時吸引觀眾並導引整個探索的過程。也就是說，你不只是向使用者敞開大門而已，你要嘗試引導他們，並誘使他們朝著你為網絡設定的目標去輸入及選擇——尋找和選擇商品、探究品牌等等。

創造良好的互動需注意三個重要考量：

- **建立正確的吸引力**。首要的是我們需讓觀眾參與，因為他們可能沒想到可以和電腦一樣與內容互動；讓觀眾知道他們有這種能力。創造吸引力循環、訊息，或一些突出的內容，將是促使觀眾受到吸引的第一步。此一循環需遵循本書前幾章的建議，要更符合典型的數位看板內容。除此之外，吸引力循環還得有計畫地吸引觀眾去碰觸螢幕。
- **一次展示一樣東西**。當你引起觀眾的興趣，就讓他們持續受到吸引，並透過合乎邏輯的發展來向前推進。以主導的方式導引參與者向你所要的目標進行每一步互動。提供資訊的重點層面讓呈現的內容更容易被理解，並導引他們跟著資訊一層一層走。數位看板與電腦或智慧型手機之間的主要差別，在於觀眾花在每個裝置上的時間長短。由於數位看板的時間比較有限，因此你需要為觀眾提供清楚、合乎邏輯的路線去遵循。提供太多未加以導引的資訊，將無法激勵使用者持續與之互動，因為他們認為它會耗費太多時間，而且投入時間也不可能為他們提供足夠的價值。

- **提供選擇**。互動必須比單純的翻頁按鍵還更能吸引觀眾，並引導他們朝著一個目標，例如購買來發展。提供使用者選擇權、允許資訊的呈現個人化，且讓他們覺得是在觀看對其特別的事物，才能讓互動性有價值。

廣告業界最了解購物者心理的盛世長城公司副總裁克里斯多弗．葛瑞博士，始終致力於購物者體驗及互動的技術。「我認為數位看板互動的能力，是絕對會顛覆購物體驗的因素之一，」他說。「首先，它予人一種控制感。購物時，人們在尋找物品及評估事物上具有許多的挑戰性，而它則能幫助他們克服許多阻礙。然後它也剛好可以創造樂趣與享受，並讓購物體驗更加舒適與愉快。」

很顯然，互動性只會在某些類別有效。特別是顧客參與程度（Customer Involvement）顯著的類型最有效果——例如電子、時尚或汽車等產品。典型的購物者如果目標只是購買洋芋片的話，就不可能會被互動式多媒體導覽機所吸引。我們需要了解這種做法背後的一些策略。除了成本效益以外，常識也會讓你知道互動式螢幕不是用來買洋芋片的。

多年來協助百思買網絡，且目前在 www.experiate.net 部落格製作內容的普律澤集團合夥人保羅．弗蘭尼根，了解互動式內容適用於某些類型的產品及情境，尤其是消費性電子產品。「觸控式螢幕的互動性唯有在涉及到像是電子類產品，尤其是電視時，才會開始扮演重要的角色。即使小如

iPod的東西，也很少人只是走進店裡看它一眼就會購買。他們或許已經做了一些功課。他們看過親朋好友買的產品，或者他們已讀過一些產品的相關資訊。他們已有基本的知識，」他說。「所以當他們進入零售環境時，想要找的就是能幫他做出最後品牌決定的某人或某事，例如索尼、ＬＧ與三星（Samsung）之間的選擇。為了買藍光播放機、電視機、家庭劇院，你想要做出正確抉擇然後在那裡成為一位顧客。你想要去實際比較一下。你會想明白為什麼索尼說它比較好、為什麼ＬＧ說它更清晰，為什麼三星表示它有單鍵操作技術所以有更多功能。」

不僅如此，如弗蘭尼根所說，購物者也會希望能夠試用產品並直接比較——試著駕馭產品時「按照（購物者自己的）節奏，這意味著你可能不希望服務人員在附近，」他說。「你可能只是想以自己的步調去試，因為你已經擁有一定程度的知識，而互動式的數位看板將能為你辦到這點。」

這種內容類型的參與是專門為互動而建立。圖標或按鍵通常比較大，很容易看得到。請記住，購物者正在用他們的手指觸控螢幕——而不是滑鼠。做出選擇時將更能乾淨俐落、簡單明瞭。

觸控參與的實例

讓我們思考一個在消費性電子產品商店網絡上放置觸控式螢幕技術的例子。這種特殊的螢幕是在商店裡的手機部門，為消費者提供符合其需要的合適手機資訊（及動機），並呈現可能促使他們升級銷售（Upsell）的資訊，使其採用利潤更高的機型或服務計畫。

第一段內容是吸引力循環（attraction loop）（編註：一種吸引使用者觸控並不斷進行互動的表現，詳見詞彙表）——在此例中，為了推廣最新配備無線射頻辨識（Radio Frequency IDentification，簡稱RFID）的手機使其引人注目，將伴隨即時特惠券的優待，並清楚地邀請人們觸控螢幕以了解更多資訊。

當觀眾碰觸螢幕時便成為一位參與者，宣傳循環將停止運作，並由次一層的資訊所取代。在此例中，它將簡要說明三款RFID手機的不同，同時並解釋RFID技術的優點。這時，我們不是每支手機都為觀眾展示完整的詳細資訊，或甚至是深入的比較，而只是單一層面的資訊。

接下來，我們提供觀眾一個選擇。哪款型號他或她想要了解更多相關的資訊？這提供了再下一層級的資訊，關於個人偏好的手機的詳細內容。當購物者碰觸螢幕上的第二支電話時，手機功能的完整列表就會顯現，包括RFID用途及功能的重點。

這時購物者將再次面臨抉擇。他或她想看看另一支手機或與第一款做比較嗎？儘管這樣的選擇使購物者有一定的控制權並主導體驗，但他們也將被導引至要對這些機型做出最終選擇的情境。

當購物者完成並被問及他或她是否想看第三款電話的詳細資訊時，用觸控方式選擇「不」之後，我們就將購物者繼續移往下一層級的資訊，亦即購買行動的呼籲。比如說，你想要有哪支電話的即時優惠券？如果購物者觸控選擇的是「第一款電話」，螢幕上就會顯示該電話的特價，使用時間最好標記為當日，然後詢問購物者是否選擇要印出優惠券、將其發送至電子收銀機，或透過文字簡訊發送到他或她現在使用的電話中。

這種做法引導購物者並提供更多選擇，使他們能夠對自己的選擇感覺良好，並深覺自己是在充分資訊下才做出決定。但要注意的是，在這種互動的每一階段，購物者選擇的類型及數量必須有所限制。如果我們讓店內的購物者有無限的選擇（像網站那樣），那麼引導他或她決定購買的機會就會受限。然而，使用互動式螢幕展示零售商所販賣的類似機型，仍對購物者有很大的幫助。

體感互動技術

「威沃（Witwer）看著安德頓在螢幕上移動他的手指，『飛過』即將發生犯罪（Pre-Crime）的現場，在時間上前進及後退。『架構參照螢幕』（Architectural Reference Screens）與『預知螢幕』（Prevision Screen）一起運作……」[1]

對於那些已經熟悉《關鍵報告》，看過裡面的角色大量使用體感驅動的螢幕進行鑑識分析的人，應該可以了解這類數位看板擁有此一技術的可能性。

數位看板顯然有二種類型。有一種是線性的數位看板，只需運作內容，另外還有一種則是互動式看板。今日多數且具互動性的系統要求觀眾正對著螢幕，並透過觸控或可能是一個小鍵盤與其進行互動。但手勢互動技術卻截然不同，且所需內容完全與其他為數位看板制定的內容不一樣。

1 由史考特・法蘭克（Scott Frank）編劇的《關鍵報告》。

做為數位看板家族的一員，它自成一格。身體的動作控制程式，所以就沒有必要穿戴、持有或碰觸任何東西。一個以手勢為基礎的使用者介面，可以在任何表面或裝置傳達指令。包括地板、牆壁、桌子、導覽機、玩具、遊樂器、機上盒、桌上型電腦、筆記型電腦，甚至是手機。它在使用3D攝影機，以及能辨識手勢並轉譯為程式碼的電腦上運作，因此使用者可以與螢幕間進行複雜但自然的互動。

制定內容時需謹記互動的重要性。人們可以在機場、商場及拉斯維加斯看到。如果影像被投射到地板上，參與者可以踏上去、踢螢幕上的影像，或擦去咖啡豆以顯露某個商標。這種類型的技術對參與者來說既獨特又有趣（圖9.1）。

圖9.1　在澳大利亞最高的尤卡利大樓（Eureka Tower）與以手勢為主的桌面技術互動的人。

©2009 GestureTek.

我曾與這個領域最重要的領導人之一，也是專門從事體感數位看板及互動的手勢科技公司共同創辦人文森討論過。「我們正在做的是真正能吸引人們目光，然後讓他們自己做動作的事情，無論是接近螢幕或從遠處進行，讓他們在地板上或在牆壁上移動東西，以這種截然不同的方式來吸引他們。」

體感科技公司使內容充滿娛樂性或把重點放在產品上，但大多數公司為了互動而制定的內容類型卻並非關注於多媒體與層次設計上。文森解釋道，「你不用深入挖掘內容就能獲得你在找的資訊。在我們的世界裡，你走過去真的就能影響某些東西，而當你碰觸它時便可揭露更多資訊。但你不是用深入探究來獲取該資訊，你只是路過。」

這就是我所稱為的有機娛樂（Organic Entertainment）。參與者不是碰觸螢幕上的按鍵或圖標，而是透過他們自己身體——手指、四肢、頭甚至眼睛——的動作直接影響螢幕上圖像的移動。

使用這種技術的共同差異在於螢幕的大小。在觸控的環境中主要是一對一的體驗；互動是專屬於個人，而且由於是按照使用者自選的方法來提供資訊選擇，因此螢幕往往較小。但使用體感技術可以單人或多人互動，所以「我們的螢幕有各種尺寸，」文森特說。「螢幕可以小，但它也可以大到使你的效果能讓眾人觀看。而因此我們所制定的內容看起來往往頗具娛樂性。看人做（互動）及自己動手，進而揭露事物、找到被隱藏的東西，這些都將吸引人們的目光。他們會一直待在那裡，玩著螢幕（下頁圖9.2）。具體的資訊並不一定要多，它只是用品牌相關的資訊取悅人們而已。」

圖9.2　人們在一座以手勢技術為基礎的窗戶前，與電影《第十四道門》當中的場景互動。

這很好玩，也是其吸引人的地方。人們喜歡持續與它進行互動，因為他們受到娛樂；因此，大部分配合這種互動類型的廣告需要以娛樂的成分來製作。我們需要制定看起來有樂趣的內容，好讓參與者能去找出下一個層面的內容，或者螢幕上的物件如何互動及人們要如何與之互動。由於該內容通常顯示在大螢幕上，因此它扮演的是供他人觀看的廣告牌，並傳遞品牌訊息給觀賞參與者互動的其他人。文森認為這是數位看板領域中的混合模式。「這是真正可以讓很多人看到的廣告牌，我們除了可以突然改變內容並吸引他們的注意力之外，還能增添某種互動然後提供給其他人，以非常像玩遊戲的感覺吸引大眾。」

與行動裝置進行互動

在本章前面的實例中，我們觀察為了新手機而檢視不同選項的購物者。購物者在售前階段的選擇之一，是有無優惠或折價券傳送到他或她的行動裝置，以供當日結帳時使用。數位看板與觀眾個人裝置之間的聯繫越來越多，因此數位看板的內容能否有效促進購買將會是一大考量。

藍牙與簡訊的行銷整合在二〇〇八年通過實驗及試用階段。數位看板與個人行動裝置的連結和共生關係，在更多看板的部署之下也將繼續增長。今天消費者已經準備好利用此一技術。

提供優惠券及其他媒體在手機上的個人化功能，將進一步推動商品的銷售。追蹤這些互動來測量網絡的成功也將在廣告系列整體的成功中發揮作用。數位看板在此領域將居於主導地位，為整個數位傳播網增加價值。數位看板是互動的催化劑，而透過手機來執行時才能繼續保持消費者的參與。到目前為止的結果顯示，這種組合比其他方式來得有效果，例如透過電腦觸發最後再以行動裝置來參與。

「下載率往往低於上線人數的一％，但我們看到有三％（是透過手機），」達諾（Danoo）系統軟體公司的行銷副總裁道格．史考特說。由於這些使用者將自己的手機設成可發現模式（Discoverable Mode），讓他們更容易透過藍牙訊號從數位看板設備接收訊息，下載率飆升至三〇％。消費者若能以易於獲得的方法下載額外的資訊，很顯然將更能促進此一增長。

在某些時候，互動將不只是單純的資訊下載；它將隨時隨地變成一家商店。如果觀眾站在數位看板前面，然後透過他或她的手機參與並喜歡此一產品，那麼下一個合乎邏輯的步驟就是購買該產品。這利用了消費者上網購物時所養成的習慣：看到就買（See it Now, Buy it Now）所進行的基本典範轉移。

社群媒體在吸引參與上也發揮一定的作用。同樣的，用數位看板做推廣活動，也將帶來對產品或其自身的關注。數位看板做為一種有效的促銷工具是無庸置疑的。有用處、有關連的內容在一開始就能吸引人可說是至關重要。Twitter日益流行和普及，而數位看板供應商正與它及類似的社群媒介迅速整合。在紐約國際車展（New York International Auto Show）上，富豪汽車（Volvo）使用Twitter並將其結果放到數位看板及YouTube上。為了讓核心顧客受到好奇心的驅使，富豪汽車成為第一個在YouTube首頁買下一則橫幅廣告的汽車製造商，破天荒地在YouTube上以Twitter資訊來源播放實況。這是個也包含汽車業，而與全新的Twitter密切合作的趨勢。

正如第四章所討論的，使用者原生內容（UGC）在第四代螢幕及數位戶外媒體的契合中也將扮演重要的角色。人們可以看到一些已經成功整合UGC及數位戶外媒體的應用程式。其中一個例子是愛現製作公司（Show+Tell Productions）在時代廣場的作品，在那裡閱聽大眾可以在巨型數位廣告牌參與如投票或甚至上傳圖片的活動。

我有幸能與愛現製作公司的首席技術主管馬諾洛．阿爾馬格羅（Manolo Almagro）交談。「要在觀眾短暫的等待時間中創造體驗，真的是件困難的任務，」阿爾馬格羅說。「人們喜歡看到立即的回饋。若你進行的是關於票選活動的話，那就會比互動遊戲或對著螢幕發簡訊及出聲還要來得

圖9.3　愛現製作公司。UGC的體驗必須簡短，並快速回應給觀眾。

有效。即使有人批評，我們一次能顯示這麼多資訊，必能讓眾人持續感到興趣。舉例來說，假設我在時代廣場向朋友發出呼喊的推文，我不知道訊息什麼時候會顯示在螢幕上。這可能要花十五至二十分鐘才會顯示，因為其他人還排在我前面。」阿爾馬格羅談到的此一體驗類型，無法獲致參與者最佳的娛樂價值反應，因為他們要等待並不斷保持他們的注意力在螢幕上。這些體驗是以線性的方式而成，且一則訊息或一個動作之後必須與其他人排在序列之中。阿爾馬格羅解釋為何有更好的方法來吸引使用者。「票選就不一樣，只要有人投票讓票數比例不斷在變化，就會讓人覺得他們的輸入有所影響，而且隨即就能看到效果，」（見圖9.3）阿爾馬格羅也表明，當你有眾多玩家時遊戲才會有效果。「手機擴音器讓你有辦法可以在時代廣場，吸引二十個人玩遊戲而不用（會分心的）手機鍵盤。所以人們可以在不到一分鐘的時間內，用他們的手機喊叫來玩遊戲。這種類型的體驗時間範圍較短、回應較快、參與的閱聽人更多，訊息也簡短得符合數位戶外媒體的典型特色。」這是整合第四代螢幕及數位戶外媒體時值得密切關注的領域。

今天人們幾乎不去沒有主題的餐廳。以熱帶為主題的餐廳會放椰子及雨傘在飲料裡。這是當今世上品牌推廣的一部分，同時也增加了客戶的體驗。在亞多米克道具暨特效（Atomic Props & Effects）公司，總裁大衛·唐恩則正從事有點不同的東西，那不僅是互動媒體，更是比實際真人還高大的3D廣告牌。在他們的幫助之下，網絡經營者可以為LED廣告牌盛裝打扮，並賦予它額外的東西。在許多情況下，這些額外的東西就是互動性。

透過個人行動裝置，消費者受到數位廣告牌的吸引。在曼哈頓，觀眾可能看過圖9.4中增添數位元

圖9.4　人們可以透過簡訊進行投票的BBC曼哈頓廣告牌。

素的議題討論廣告牌。此一大型廣告牌是英國廣播公司（BBC）所安置，上面有美墨邊境巡邏隊及那些試圖非法越界者的靜態圖像。每邊都有數位LED數字燈，分別代表爭議的各邊立場。該廣告牌呼籲觀眾現場發送文字簡訊選擇支持的一邊，然後在LED燈上呈現投票結果。唐恩詳細為我們解說：「這是非常具體的內容。BBC只是在共享資訊並收集意見。因此他們的問題是，非法移民該被視為公民還是罪犯？然後你就會投票。BBC也在其網站及電視上推廣此一問題，並與廣告牌有所連結。BBC直接導引人們發簡訊到該電話號碼之中。然後只要你發簡訊到數位顯示器，就可以現場看到投票數產生變化。」

這些互動式螢幕的共同之處就是其背後的技術。它們通常會有個網際網路介面位於廣告牌背面或蜂巢式數據連接頭。在上述的實例中BBC的廣告牌就有網際網路應用程式介面（Application Programming Interface，簡稱API），讓經營者建立一個可以用廣告牌傳播的網絡。唐恩說，「在此例中，大型的圖片靜態內容能真正地引人注目，而LED的內容則傳達了關鍵的意涵。」

看看另一個具有互動功能，位於拉斯維加斯的一座巨型索尼PSP控制器廣告牌，（下頁圖9.5）。唐恩說，「它很巨大，有十四英尺高、三十六英尺寬，然後大約距大樓牆面有三英尺遠。這座拉斯維加斯建築上的廣告牌有白磚砌成的背景，廣告板採用高解析度製作，並從索尼直接提供的CAD繪圖檔來建造。

亞多米克公司計劃在拉斯維加斯與紐約之間建立網際網路聯播，這樣他們就可以找街上的人與其他人對戰。這將開創一個有趣、娛樂及互動的新世界。

圖9.5　索尼PSP的3D大型數位廣告牌。

©2009 Atomic Props & Effects.

有些公司甚至嘗試與個人電腦互動。專門提供辦公大樓電梯螢幕的迷人製播網，最近推出了一個網頁組件為廣告客戶提供更好的指標，以了解曝光如何轉變成參與。其創始人暨執行總裁麥克·迪佛蘭薩詳細告訴我們他們的想法。「我們推出網站的原因之一，是因為我們覺得我們需要為廣告客戶提供更好的指標，以了解曝光如何變成參與。因此如果可以讓我們的觀眾離開電梯，走到他們的辦公桌之後並開始上我們的網站與品牌互動，你就會看到我們有如電視般的小視窗可以參加抽獎。現在我們立即就可開始為廣告客戶提供一些觀察，關於有多少人看到你的廣告、多少人記得你的廣告，順便了解多少人上線是想要參觀你的車（如果產品是輛車）

或是為了贏得你的產品而參加抽獎活動。哦，另外我們也有他們的名字。所以我們可以提供大量的洞察數據，提供給真正想要知道當人們看到我的廣告時究竟發生何事的廣告客戶。因此這就是我們測量自己的方式。」

多媒體導覽機與數位看板的內容比較

數位看板及多媒體導覽機之間的內容差距已變得越來越短。正如這二種技術似乎開始相互融合，用於創建多媒體導覽機介面的新方法與軟體也正在產生變化。奧多比Flash格式由於能簡化一般用來操縱多媒體導覽機的複雜編碼，因此對多媒體導覽機的領域有很大的影響。現在使用Flash程式，我們可以制定與編程非常完整的內容。

這不再只是螢幕上的大按鍵。在過去幾年裡，收集數據與運作多媒體導覽機的能力已從根本上改變。內容重度依賴編排及分層的老派思想結束了。使用Flash程式中的編程工具延伸至數據庫，並用優異的內容呈現新的使用者體驗，正在迅速改變對多媒體導覽機的看法。這是多媒體導覽機接觸數位看板，然後二者開始看起來很像之處。

第一部自助式、互動式的多媒體導覽機，由一九七七年美國伊利諾州大學香檳（Urbana-Champaign）分校的醫學預科學生莫瑞・拉佩（Murray Lappe）所開發。內容是在柏拉圖電腦系統（Plato Computer System）中制定，並用電漿觸控式螢幕介面來操作。拉佩的多媒體導覽機稱為「柏拉圖熱線」（Plato Hotline），讓學生及訪客可以搜尋電影、地圖、目錄、公車時刻表、課外活動及課程，並能將電子郵件寄到學生組織。之後一九七七年四月首次在伊利諾州立大學學生會亮相，在前六週期間有超過三萬名學生、教師及訪客在個人電腦前排隊首試。[2]

一九九一年第一台配有網際網路連結的導覽機在電腦經銷商博覽會（Computer Dealer's Expo，簡稱COMDEX）上展示，該應用程式的目的是要尋找失蹤的小孩。多媒體導覽機第一份真正的使用說明，則是一九九五年洛斯阿拉莫斯國家實驗室（Los Alamos National Laboratory）的報告，裡面有互動多媒體導覽機組成結構的詳盡解說。今日的多媒體導覽機匯集了具高科技通訊的傳統自動販賣機，以及複雜的自動化與機械結構。這種互動式多媒體導覽機可以包括自助式結帳櫃台、電子票務、資訊與尋路，以及販賣機等功能。

何時數位看板算是多媒體導覽機，或多媒體導覽機何時變成數位看板？此一根本的問題困擾著雙方陣營。如果我們把數位看板變成具互動性及收集數據的觸控式螢幕，它算是多媒體導覽機嗎？真正意義上的互動式多媒體導覽機是一個獨立的領域，集成了眾多設備（這是真的值得注意的區別），包括一個軟體GUI應用程式及遠端監控，並容許使用者輸入。多媒體導覽機不只是數位看板那麼簡單，儘管它也有一個螢幕，但諸如販售門票或自助結帳時其目的便大不相同。當數位看板具備互動性，且加上用包括條碼讀取器等其他設備以呈現相關資訊時，才會看起來像多媒體導覽機。請記住，不能只因為數位看板是台電腦在背後提供動力，就認定它是多媒體導覽機。

是使用的目的區別著它們二者，而不是內容的類型。數位看板內容表面上可以看起來很像多媒體導覽機的內容——友善的觸控式螢幕外加安排良好的內容。內容的變化取決於多媒體導覽機或數位看板的目的，這與參與者所採取的行動有關。換句話說，如果多媒體導覽機具販售電影票的功能，那麼內容就會與該特定作為相關。不同於數位看板的是，多媒體導覽機提供這種類型的動作，也因此內容需要進行不同的調整來適應。

觸動旋律公司——為超過四萬家北美酒吧、餐館及零售店，提供音樂、遊戲及媒體創新解決方案的最大戶外互動娛樂網絡——的首席行銷主管羅恩．格林伯格知道，他的數位看板比較像是多媒體導覽機。「它本質上是一種讓我們吸引人們的零售導覽機。而實際上我將這整個使用者體驗當作是零售的體驗。當人們來到螢幕前就等於進來我們的商店，並尋找他們終將付費選播的音樂。」

觸動旋律網絡創下每天超過一千七百萬的付費音樂交易紀錄，只落後iTunes而高居第二位。觸動旋律網絡是數位點唱機，那它是多媒體導覽機還是數位看板？這個問題最有趣的部分可能在於如何使用它。以觸動旋律網絡的例子來說是數位看板，而當有人參與之後，它就成為一部多媒體導覽機。

格林伯格如此認為：「即使你不在螢幕前，但由於我們有吸引力循環，因此你仍會予以關注。所以在循環裡會有不同的訊息。起初是想辦法讓你注視螢幕，然後走過去碰觸它。開始的時候，人

[2]「互動多媒體導覽機的設計與諮詢」，http://www.arcdesignconsulting.com/custom-kiosk.php

們不知道這是觸控式螢幕。現在我們遠遠超過當時。螢幕將發表網絡上可下載的新歌或排行金曲。我們也納入了視訊影片，所以廣告或促銷活動也會出現在螢幕上。而這甚至是還沒碰觸它之前的內容，因此非常近似於對數位看板的印象。」

吸引力循環具某種以地區性或全國性為基礎的內容。當觀眾碰觸螢幕時，他們會看到一個可下載的眾專輯列表。「你也會看到我們所稱的黏著鍵（Sticky Buttons），但它們其實像是個宣傳用的按鍵。因此在點唱機上我們已有肯尼．薛士尼（Kenny Chesney）的宣傳，還有龐克樂團『年輕歲月』（Green Day）的新專輯做為主打。而當你碰觸這些按鍵，就會直接連去新專輯及其曲目的列表。」

觸動旋律網絡也有橫幅區塊在底部，它可能是一個廣告，若不是的話也會是宣傳音樂之用。例如，如果觀眾想參加「搶救亞伯」（Saving Abel）樂團的抽獎活動，他或她會只要簡單地點按橫幅，就可能贏得一支親筆簽名的吉他贈品（圖9.6）。當觀眾按下該橫幅，多媒體導覽機會先把他或她帶往一個顯示優惠活動的微型網站。然後觀眾可以按下「即刻進入」（Enter Now）按鍵，輸入他或她的電子郵件地址，就有機會贏得贈品。

觸動旋律公司也曾為威訊公司做過相同的推廣（圖9.7）。格林伯格解釋說「我們有帶你前往微型網站的橫幅，在那裡你可以看到不同的手機，而只要碰觸手機就能了解得更多資訊。然後你可以要求更詳盡的資訊，並提供你的電子郵件地址，最後威訊公司靠此方法收集了成千上萬潛在客戶的電郵地址。」

圖9.6　觸動旋律公司透過他們的觸控式螢幕點唱機送出一把親筆簽名的吉他。

©2009 TouchTunes.

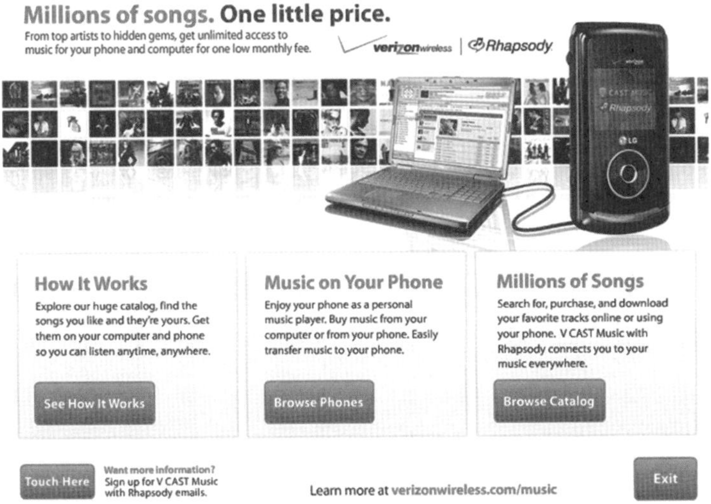

圖9.7　威訊公司在觸動旋律數位看板點唱機的微型網站。

©2009 TouchTunes.

小結

數位看板效果強大，且是由良好的內容所造就。但如果我們讓使用者能與網絡互動而真正吸引他們時，將會帶來更深一層的效果。目前觸控式螢幕技術提供了一個優良且有效的方法，讓使用者透過你的內容及個人化的體驗來決定他們所採取的途徑。新穎的技術，像是體感互動介面，又將其擴展至另一層次，並成功結合互動及多人娛樂。最後，與使用者在行動裝置上專屬於個人的螢幕產生聯繫，也延伸了網絡的互動成分，進而鼓勵更長久的互動、與數位看板的遠距互動或刺激消費。在上述所有的情況之下，你制定的內容都必須考量互動因素，且要刻意地為這種網絡類型進行設計。這不光是將網站移植到數位看板網絡而已，而是需要以新的方式——且像個使用者——來思考。

10 跨平台取得內容

在前面幾章中，我們已經討論了制定數位看板專屬內容的途徑——利用第五代螢幕獨特面向與屬性的藝術。我們強調在數位領域裡各代螢幕的內容差異，但很顯然專為每代螢幕設計的內容非常多。只要能產生所需印象或創造銷售業績，無論是什麼媒介，行銷或廣告代理商都會透過它來實現目標。這表示許多網絡經營者都有個艱鉅的任務，不僅要制定消費者可能會接觸到的各種媒體內容，而且還得將數位看板加入傳統媒體的規劃裡。所以在這個階段最重要的是，得考量所有五代螢幕之間的相似性。實際上，數位看板不需是個獨立經營的媒介，它要與其他各代螢幕相互呼應。

要創造一個可以延伸到整個數位領域的廣告系列，我們必須著眼於許多選項，使行銷人員可以在不同媒體之間實現素材及設計元素的無縫切換。這是廣告代理商及內容製作者在整個創作過程中所面臨的挑戰：取用廣告系列的基本訊息及元素，並在電視及數位看板等不同平台之間移動這些內容。

橫跨數位領域的訊息

正如我們所看到的，我們不能簡單地套用電視的思維到數位看板之中。但我們也不能將電視的思維適用於網際網路，也不可以適用網際網路的思維到手機螢幕。相反地我們必須往後退一步，去考量對各代螢幕皆為適用的元素進行初步設計，才能有效管理整個廣告系列。人們可以將每則內容的創作與散佈視為不同的元素，有需要時再為了特定的媒介進行組合。做為一個內容創作者，當我們制定出可以輕易運用在最終螢幕上的各個內容時，這就是最大的成功。

以數位廣告代理商睿域行銷所採取的方法為例，我正在寫這本書時，他們正致力於推廣微軟的Sync智慧型車載多媒體系統。其任務相當艱鉅：策劃、拍攝，並制定有關車載自動化技術的內容以用於五種媒體領域，包括電視、電腦或網際網路、手機、數位看板及銷售培訓。睿域行銷用戶體驗暨內容策略主管道格·博林（Doug Bolin）及其團隊往後退一步來規劃工作，因此以這種方式創建的個別素材，讓他們能以最終媒體的需求來重組。他的團隊創作可以適當共享及客製化的元素，而不是為每個媒介制定完整的內容。結果產生了一組被數位化標記及編目的基礎元件，以供自動化的方法重新組合。

「我對內容的整個思維方式盡可能做到二件事情：將它與展示層（Presentation Layer）或展示頻道分離開來，還要制定一組內容物件，」他回憶道。「在編碼層級，我們在內容裡加上了詮釋資料（Meta-Data）。我們盡可能努力維持內容的細微化及模組化，這樣才能予以標記而後便於管理，供編寫及發佈時使用，使一切內容盡可能從展示頻道中獨立出來，最終成為新的呈現格式。當然你無法百分之百做到，因為有些內容只會呈現在數位看板頻道，而且只能在數位看板頻道上運作」。

此一標記基礎元件的概念很重要，而這正表示了許多行銷人員傳統上思考與處理這個工作的方式正在變化。但如果不仔細規劃內容的模組細微化，其過程便會複雜繁瑣。想像一開始就能將所有媒體的應用組織化。假設每一則內容都有可能被用於跨足電視、網際網路和電腦、手機、數位看板（含觸控式及非觸控式），以及在多媒體導覽機，甚至印刷品上的應用。將每則內容分解不但必要，並且更要為各個媒介予以分離，才能有助於在過程中擄獲人心。

數位素材管理（Digital Asset Management，簡稱ＤＡＭ）的解決方案能協助工作小組執行媒體內容的制定、管理、利用及散佈。組織可自動處理及分類所有內容，同時提供可即時獲得批准的內容，包括照片、商標、ＣＡＤ繪圖檔、行銷推廣品、Flash動畫、簡報、音訊及視訊。當你要在許多媒體平台上處理大量內容時，幾乎都需要用到ＤＡＭ。

為其技術主要客戶福特汽車公司（Ford Motor Company）設計及拍攝的微軟Sync專案，就是不忘基於此一做法並採用ＤＡＭ的實例。製作團隊在整整二年的過程中預先分解每個鏡頭，無論靜態或動態。進行如此長久的時間投資，是因為媒體的多樣性必然較為複雜，而且也有需要從多重的觀點展現運作其中的技術。

「我們需要幾樣素材，分別從使用Sync的駕駛人觀點，以及從車外的人或乘客座位的角度來看駕駛的觀點，」博林解釋道。「因此我們需要的素材是要圍繞在使用Sync的人們。而這面臨了幾項挑戰，其中之一是Sync還沒做出來。所以我們坐下來——我指的是一大群人，不是只有睿域行銷，還有很多相關人等。他們是一組被稱為『底特律團隊』（Team Detroit）的工程設計人員，有八位來自全球最大的廣告代理商幫助福特行銷。我們開始像個團隊一樣，針對我們所要做的經銷培訓進行意見交換。我們需要做某個網站，我們也必須架設巨型數位看板及互動式多媒體導覽機為汽車做展示。還要走遍世界各地，參加各種不同的汽車展。我們要在展廳以數位看板及多媒體導覽機幫助推銷。我們需要印刷廣告，我們也需要電台廣告，更需要YouTube視訊影片。我們需要人們可以放在自己部落格上的東西，供所有愛車的部落客參考。」

有很多不同素材要去創作、控管及發佈，同時要密切關注它們將發佈到哪個平台上，然後這些內容素材的物件需要進行組合以配合這些平台（圖10.1到10.3）。博林繼續說道，「我們預先坐下來並盡可能創造用於不同管道的所有基礎、所需要的不同素材，以及我們（即）將述說的故事、需要跨足各平台的訊息。」

當基礎內容完成之後，我們可以看看其共同點在哪裡。然後當受命製作3D動畫或要拍攝角色時，製作人就有各種運用方法的完整列表，包括攝影器材、演員，或需要定位的動畫視點。以Sync為例，就會有汽車方向盤與一位演員（可能是Sync產品的目標群體之一）按下通話按鍵的許多不同鏡頭。所有這些選項都取決於對基礎內容的分析結果。當製作人拍攝完畢，在基礎中的每個單元都有了內容物件。這些物件可以被貼標籤及標記、存檔及管理，最終組合成一個特定螢幕所需的完整內容分段。

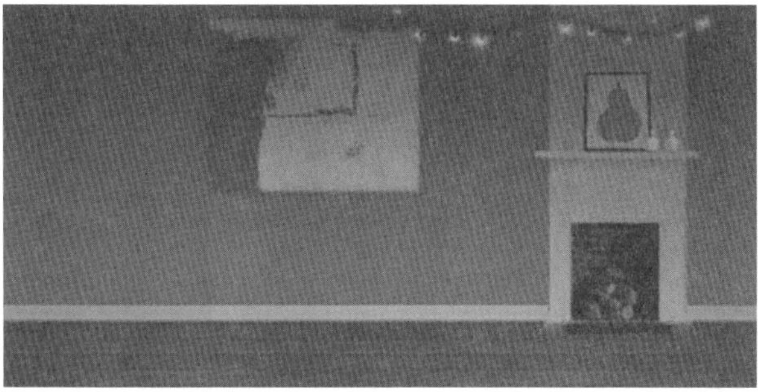

圖10.1　舞蹈場景的背景。

圖10.2　舞蹈場景的舞者。

圖10.3　舞蹈場景的最終合成。

在製作過程中，內容創作者需要記住每個物件的目的，以及它會出現在哪些不同的媒體。例如，一些鏡頭（靜態圖片及影片）可以被一個以上的媒介所使用；其他則專門提供給單一螢幕或其他媒體。博林繼續說，「我們必須以這樣的方式製作全部的素材，如此才能在不同的管道中，以不同的套裝呈現格式來使用。然後記錄或標記這些素材，好讓它們可以在各種不同的時間，於各種不同的背景或管道之下易於為各種作者檢索，用以編寫內容」（圖10.4至10.9）。

在內容物件的製作過程中，由於福特配置Sync技術的方式，使得博林及其團隊有極為複雜的艱鉅任務。「Sync取決於要配置的車款而有各種不同的型號，因此實際上看起來控制面板不一樣。方向盤、儀表板看起來不同，所有的東西都不一樣。」他說。用駕駛的觀點所做的影片，就有駕駛人看著方向盤並使用Sync的鏡頭，或是看著顯示螢幕及儀表板，或者他或她以手指操作Sync及用它來交談。在某些情況下，影片中則是乘客的角度。這些因素加起來旋即令人感到相當棘手，尤其是對於一項尚未竣工並配置實際車輛的技術而言。

「我們以X因素衍生出八種潛在的組合，而時序中的每個鏡頭則有二十四種潛在的變化。這還只是為了影片，甚至沒有考量到印刷品或其他媒體，」博林說。「因此每個鏡頭有二十四種不同的可能變化。如果你要展示給想購買某個福特車款，不管是林肯（Lincoln）或水星（Mercury）車系，關於Sync將如何為他們工作的人，我們就不得不予以個別處理；我們必須採取內容物件的方法。然後我們做的另一件事就是大量使用了綠色螢幕，因為以這樣的方式拍攝才能將演員合成到任何車款，無論是從窗外的角度或從駕駛人的角度，你都可以合成在任何方向盤或任何控制面板上。」

圖10.4　為了與背景合成的蘿拉（Laura）駕車鏡頭。

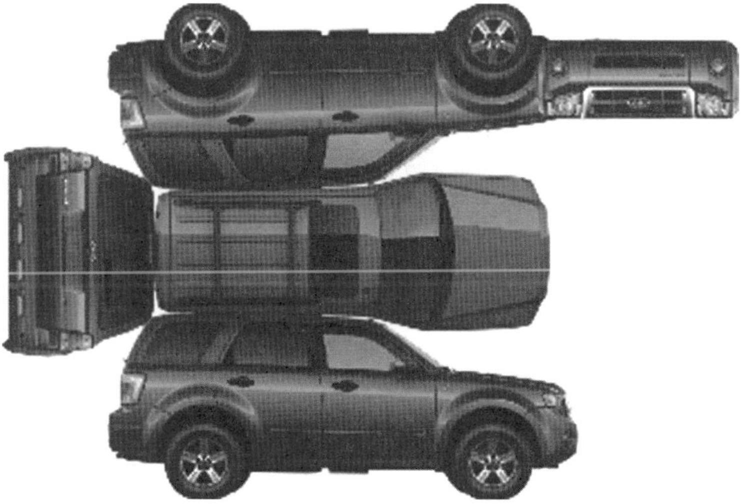

圖10.5　福特Escape的各角度3D平面圖樣。

圖10.6　合成用的福特MLX車型草圖。

©2009 Razorfish.

圖10.7　MLX車型合成至背景之中。

©2009 Razorfish.

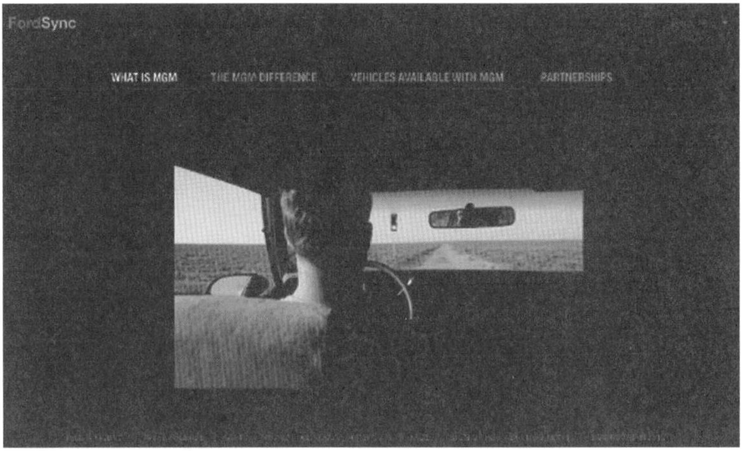

圖10.8　合成到車裡的駕駛人。

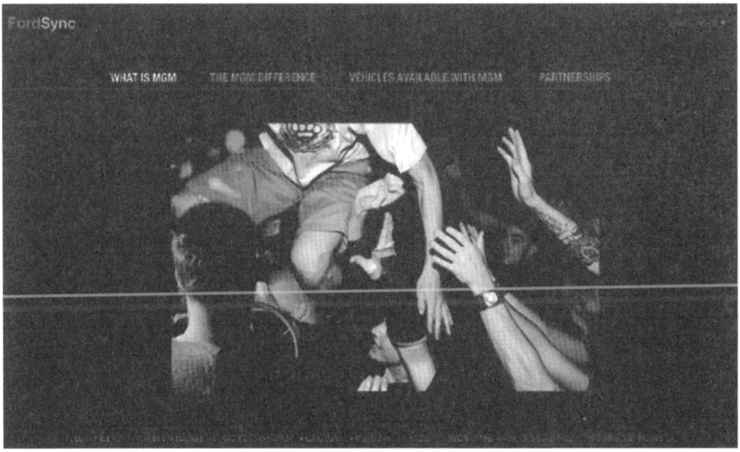

圖10.9　合成到演唱會的駕駛人。

這是將合成用在成品的一項實例。然後我們需要使用一些不同的內容管理系統來歸檔，包括內容及所有不同層級的素材。製作人必須透過展示管道及其他各種變項來標記每則內容。接著在時機成熟時，再為每個螢幕建立最終的呈現——或指示數位看板網絡動態顯示所提供的內容——所有的內容都在那裡且易於辨識。內容創作者可以直接搜尋，並從資料庫中的不同位置取用素材，再以適當的工具結合起來。或者程式設計師可以編寫在某些情況下素材將要如何合併的規則，然後用XML語言將之傳遞到要發佈的平台。

早點認知Sync專案的複雜性並製作擁有數以千計物件的基礎內容，便可在門市透過數位看板，以及在多媒體導覽機中推銷產品。當顧客進入一家福特經銷商的展示中心，表示對某個有Sync功能的車款有興趣，想看它如何運作，銷售人員就可簡單地說「到這裡來，我們會為你展示。」然後銷售人員可調出特定車款的示範影片，向顧客展示它究竟是如何運作。

「被用在網站上的內容除了啟用指南、快速入門指南之外，還包括如何使用Sync基本事項的教育短片，」博林說。「做為行銷的一部分，它是一個易於使用的設備。我認為我們毫不誇張地創建了二萬個內容物件，因為人們進到網站，無論是在展示中心還是在他們買了車之後，然後他們說，『好，我在這個國家。我買了這輛車、今年份的此一車款、這個版本的Sync，而這裡就是我想要的，告訴我怎麼做。』而（此一網站）便會主動進入該內容資料庫，並且遵循他們詢問怎麼做的每一步，組合所有適當的視覺及文字呈現。」

顯然我們在用這種方法之前，必須投入大量的時間與金錢。但我們在廣告系列或內容發佈的過程中節省了很多花費。處理一張照片的拍攝能供應六個管道、五十種不同的呈現方式，從長遠來看會更便宜，而不是每次你需要做一種呈現，就做一次單獨的照片拍攝。此一過程就內容而言創造了規模經濟（Economies of Scale）。例如我們可以有一個教導如何使用的視訊，在顧客旅程中的某個地點出現在數位看板中的某個區域。人們可以利用該視訊及其腳本的諸多面向為該產品撰寫使用手冊，而同樣的素材也可以被網站重新界定其目的。我們將繼續探索如何充分利用跨頻道的內容。如何制定跨平台的內容及伴隨而來的困難和阻礙，簡單來說就是要用不同的方式來思考。

艾爾克米總裁麥可・蔡斯也採用類似的方法。「這真的是一開始就要規劃，並得先知道你要發佈在何處。我們管理你的素材運用，並發佈到所有這些媒介上。所以在我們的例子中，由於我們制定內容的範圍相當廣泛，假設說我會拿一瓶水，或拿個像是KitchenAid果汁機或攪拌機的產品，當我把它放在我的攝影棚時，我會需要用各種不同的角度來拍攝。在過去，客戶針對KitchenAid攪拌機這樣的產品，會因為了該產品要運到八家不同的供應商，而設計八種不同的用途及八種不同的應用。我們基本上建立了一個由品項或產品主導的簡化流程。」

相較於產品隨其環境而變化的Sync專案，這是一個從多重角度並以眾多不同方式拍攝單一品項的例子，從而使單一的拍攝產生出適用於任何媒介，無論是型錄還是店內數位看板的一張圖片。只要遵循此一方法並在事前有所規劃，我們就能建立一個可在家中、戶外、型錄裡、電視上，或於數位看板及多媒體導覽機被客戶端使用的內容資料庫。透過一開始的規劃，我們就能為所有不同的媒體適當地重新使用這些素材。

此一處理內容的新方式，也在傳統各自為政的廣告代理界中發酵。每個小組跨越所有的廣告系列一起合作，而且制定與發佈內容到所有媒體都相當省成本，這些好處許多數位廣告代理商都看得到。

延伸訊息到第四代螢幕的行動裝置

數位看板是催化劑，特別是對於行動裝置的螢幕而言。二者的關係為何？消費者認為手機是種存在於私人領域中的個人裝置，因此行銷人員非常難以打入。數位看板在市場上，因處於消費者行進中、購物中或等待中的環境而擁有獨特的地位。數位看板延伸至行動裝置的強化同時也拓展了原先的消費者體驗，對消費者來說極為有用與有益——並且為行銷人員產生收益。在所有類型的網絡中利用行動電話非常重要。

在商店裡，購物者透過行動裝置的功能尋找產品評論、價格比較，甚至可以從他們的社交網絡中取得建議，因此購物者用他們的行動裝置來輔助其決策過程。例如在價格方面，對於並非每天購買且在網際網路上未必遍尋得到的品項，購物者可能會使用他或她的行動裝置及瀏覽器核對最佳的網路價格，並和商店裡的定價做比較。這對商店來說可能有問題，因為當它們與網路價格相較時，大多數都不會再調整價格。除非價格差異不大，才有機會讓購物者利用零售商店試用品項，然後提供比網際網路零售商更低的促銷價格。

因此問題就變成數位看板如何改變購物者，與行動裝置或數據之間互動的本質來維護銷售？答案是數位看板可以引起互動，並且創造出連消費者都意想不到的某種參與。這是非常動態的，因為不管在POS、POW甚或是POT網絡裡，大家一般都有自己的手機，而這時與坐在自家客廳相比，互動就是頭等大事。

經營購物商場POS網絡的廣告空間網，其執行總裁多明尼克．波爾科也認為，手機將是執行數位看板業務的一個重要組成部分。「我們對手機的應用很感興趣。我們看到在不遠的將來，你走過我們其中一台螢幕而上面有蓋璞服飾（Gap）T恤的十美元優惠券代碼，只要將它輸入到你（的）電話裡，你在你的手機上便立即擁有該優惠券條碼。你走到蓋璞服飾店，讓收銀員掃描你的手機，瞧，你購物時就有十美元的折價券。」

在POT網絡，我們只需吸引住路過消費者的目光並轉為參與即可。拉瑪廣告首席行銷主管湯米．提佩爾，利用手機應用程式與數位看板結合。「例如在我們的交通網絡之中，我可以讓行動裝置的鏡頭朝著廣告、拍下照片，而且如果它是電影廣告的話，則電影的剪輯短片就能在我的手機上播放。因為當我拍下照片，無論我身處多遠、多隱密的地方，訊息都要傳送出去，從而表達出我有興趣的意願，於是得以獲得這些資訊。然後電影剪輯短片傳到我的手機，接著我便能前往離我最近的電影院購票。」

某些時候，行動裝置將讓購物者在任何時間、任何地點、購買任何東西時都能參與，並且帶回到他們家。激發購買的思考過程，是數位看板可以產生巨大影響之處。只要在正確的思維之下，並將產品或服務設定為第一要務，就能增加購買的可能性。

延伸訊息到第三代螢幕的個人電腦

雖然從數位看板擴展到行動裝置的聯繫相當直接，但若要向回推到與網際網路及電腦的連結就極為不易。接觸數位看板時，消費者很少是帶著電腦的，更別說是正在使用電腦與網際網路連線。然而還是有許多方法可以讓數位看板的力量因網際網路之力而倍增。

其中一位倡議者就是迷人製播網的執行總裁麥克・迪佛蘭薩，他以獨特的方式來使用網際網路及電腦，就在迷人製播網螢幕放置的地方：電梯裡。「我們對我們環境所知的其中一件事，就是有人搭電梯、出電梯，然後再走到自己的辦公桌。所以我們基本上有能力在電梯的螢幕上提供一點報導，然後讓他們到我們的網站上繼續看剩下來的報導，這相當有吸引力。而你在我們整個美國及加拿大的電梯裡所看到的任何新聞報導，基本上皆可到Captivate.com（圖10.10）讓你可以點擊那裡的頭條，它就會帶你到原始內容的新聞報導。」

同樣地，導引到網站也有助於參與的過程，並成為原始吸引力本身的一種測量方法。例如在另一種POW網絡類型，亦即企業溝通管道，我們可以透過數位看板提供員工某樣東西，但他們必須造訪企業網站的特定網頁才能獲得，以此來追蹤訊息是否成功。訊息提供之後，我們就能測量該特定網頁的造訪次數。當然，這在其他網絡上也行得通，只是需要有跨代螢幕的考量。

圖10.10 Captivate.com的線上報導，與你進辦公室時乘坐電梯所看到的產生關連。

正如網站用電視來拉抬銷售，數位看板也可以促進網站的流量。雖然這是有點傳統的廣告作法，但在此互動過程中若訊息有關連且適當的話，對消費者也會有顯著的影響。除此之外，針對喜好訪問特定網站的群體也相當關鍵。具關連性的資訊、場地等等，都有助於網站鎖定其閱聽大眾。

利用第二代螢幕電視的訊息

縱觀前面的章節中，我們已經討論了數位看板媒介與電視有何不同。數位看板上有電視（或者PC）的影子，對其永遠是個正面的影響，但若是它完全採用電視的模式去製作，那其中的內容就會變得極為不適當。有些數位看板網絡播放直觀的電視廣告，而且頗有成效。但我們怎樣才能確定什麼類型

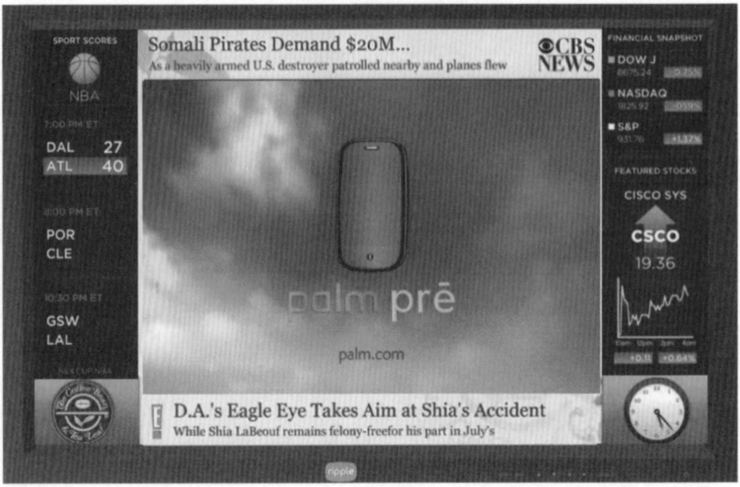

圖10.11　律波電視發現視覺的電視廣告在其網絡上有效果。

的電視或電視的哪些部分有辦法使其內容在數位看板中也有效果，且如何能利用這些素材橫跨在這二種不同的媒體之間？

某些電視廣告若有非常視覺的訊息並用在適當的網絡上時，就可能會在數位看板中有效。律波電視網是由咖啡及貝果店裡的POW網絡螢幕所組成。該網絡代表了一種生活方式，因此螢幕一次都會出現很多內容（圖10.11）。執行總裁約翰．麥克梅納明，對其數位看板網絡上播出的電視廣告有他自己的觀點。「我覺得電視的確有效，但我認為專門設計的廣告才有效，而且合適的電視廣告更有效。我們曾做抗過敏藥Claritin的廣告，在其中你會對於使用的效果將有完整的認識。一些非常側重音效的廣告可能會沒那麼有效果，而且在這些情況下我們通常會進行不同的處理。我們發現我們網絡中約有九五％的電視廣告效果還不錯。我們才剛針對olayforyou.com上的歐蕾（Oil of Olay）廣告完成大規模的研究，在那裡他們播放其電視廣告而效果極佳。這是研究中非常難以置信的部分。」

大學網（TUN）的執行總裁彼得．柯睿耿還發現，一些電視內容在大學校園網絡裡也有其效果。「我們實際上像電視廣告一樣製作校園活動的廣告。我們運用創意的人才而且做得非常出色。其成果如你所願地，有如當地有線電視頻道的品質。我認為我們的閱聽大眾還有支配留言板的人們，其實是不需要有這樣的水準。但他們喜歡這些內容。他們會喜歡那些品牌廣告之類的，但有時他們只是想快速獲得訊息，且他們想要馬上就能取得。我們有工具可以在幾秒鐘之內透過RSS類型的資訊提供到螢幕上，讓他們獲致以文字為基礎的內容。而這就是我們除了有像電視一樣的內容之外正在做的新東西。」

我們可以先看一下網絡類型，然後再決定會有效果的內容類型。當我們有個停留時間較長的網絡時，類似電視的廣告及內容便能符合網絡經營者的利益。而當我們的網絡停留時間很短甚或是在店內，則內容需要為了滿足觀看時間很短的消費者需求而改變。

播放週期為十五秒的廣告及編輯內容的編排，看起來與停留時間長的咖啡及貝果店網絡截然不同。變換用途的電視廣告是從根本上改變其組成。「有些客戶喜歡直接拿電視來改變用途，」華爾街日報辦公網絡的執行總裁吉姆．哈里斯如是說。「在我看來這是個徹底的錯誤，除非是你可能要坐很長一段時間的靜態網絡，因為電視是某種希望你從開始到結束，都會坐在那裡消費三十秒報導的媒體（下頁圖10.12）。以我們的螢幕及很多數位戶外螢幕而言，有時你的停留時間卻是二分鐘。」

Mobile
d' Short-Selling *** Verizon to Cut 8,000 More Jobs *

圖10.12 華爾街日報辦公網絡通常使用改變用途的電視廣告。

「有時你的停留時間只有十五秒，有時你在訊息結尾時才走過。如果你建構出來的創意很好，我指的是品牌始終都有露出，那你從曝光五秒甚至曝光二秒就能得到價值，而不是希望有人來消費這種像是三十秒的電視廣告，」他說。「我們在自己的網絡上可以看到很多東西，我認為還會越來越多，因為我想有更多的人會想將他們的電視變更用途，並看它如何數位化成十五秒的戶外播放內容。我們看到很多東西從網站上另作它用，而且可能還超過我們所看到的電視用途變化。但是一些改變用途的電視已經出現客製化，不只是直接拿電視廣告來播放，而是實際取用電視廣告並思考你要如何適用在這類看起來效果最好、廣告功效最強的螢幕上，這正是我們的網絡所具備的。」

小結

預先規劃是跨數位平台利用所有素材最有效的方式之一。這是個有一點點電視、有一點點電腦，甚至是有一點點印刷品的行業。目前很多關於內容的想法都還與海報有直接的關連。當然我們現在身處數位的時代，任何元素都可以在數位領域的範圍中找到落腳處。有時只是由於圖像處理方式的不同，而造成彼此之間的差異。如果廣告有很多音效而我們的網絡卻不支援的話，那麼或許旁白可以轉化為視覺訊息。有時我們也可使用疊印或文字疊加層，並好好的用圖形而不是使用語音來講故事。

數位看板在某些時候會達到其他媒介的規模。此時數位看板的整個遊戲規則將會改變，而業界可能也會為其他各代螢幕提供資訊來源。

11 合法內容的使用

在前面的章節中所闡明的所有東西，簡單來說，即為制定內容需要時間、人才及資金。一個人、一群人或公司以時間、金錢及創意的投資形式來制定內容，無論是RSS資訊提供的文字或是製作精美的視訊影片。在美國（以及世界上大部分地區），正在致力於對內容的獎勵及法律保護。這些保護讓創作者有機會從他們的著作獲取應得的收益，並（大部分）有權控制可以使用其著作的對象、地點、形式及使用報酬率（The Level of Compensation）。

在美國，主要有三種法律保護類型在法界是被稱之為智慧財產權者：著作權、專利及商標。只有其中二類——著作權及商標——一般會與數位看板的內容有關（專利牽涉到發明，像是機器或公式，而不是像電影或書籍那樣的創作品）。熟悉著作權及商標保護的一般概念至關重要，因為你的數位看板網絡有需要就他人內容（即使是其著作的某些部分）的使用權進行磋商。

本章中的資訊是美國特有的法律制度。雖然著作權特別受到了國際公約的認可，但在不同的國家此一保護方式仍有顯著的差異。有些國家對創作品缺乏強而有力的保障，或者普遍存在著無視於法律的慣例。因此懂得考量內容創作與保護的人，謹記國際法與慣例便非常重要。

本章的目的不是提供具體的法律意見，或取代法律顧問給你適當的諮詢，但這裡的資訊將有助於你了解有關合法內容使用的一般概念，並讓你可向法律顧問詢問更專業的問題。最重要的經驗法則是，你一開始就要對著作權進行磋商與保護，這會比事後支付罰款與打官司的錢要便宜得多。

著作權

美國著作權局（U.S. Copyright Office）的規定如下：[1]

美國法律的原則是，一件著作的作者在有限期間之內，可由於他或她的智慧創意而獲致收益。著作權是美國法律為原創著作，包括文學、戲劇、音樂、建築、製圖、舞蹈、默劇、繪畫、圖案、雕塑及視聽創作提供保護的一種形式。「著作權」的字面意思就是重製的權利。這個詞指涉法律為保護其著作而授予作者的專有權利主體。著作權人專有以複製、散佈，以及公開表演或展示某些著作、製作衍生著作，藉由數位音訊的傳輸公開演出錄音著作，或在特定條款及條件下授權他人從事相同行為之權利。著作權的保護則不及於任何思想、程序、製程、標語、原理或發現。

美國是保護創作者個人權利的先驅；它是憲法中隱含的重要概念。其基本思想非常簡單：它符合國家的最佳利益，而其經濟讓資訊可以自由流通。同時如果人們知道他們可以從中獲利，就會更有意願投入時間進行創作，並分享他們的作品。因此憲法賦予國會權力制定法律，在有限時間之內提供著作權的保護。國會花了點時間，於一七九〇年通過了世界上第一部的著作權法；國會也授權隸屬於美國國會圖書館的著作權局，負責著作權登記及管理的工作。法律通過後，他們只花了二個星期就通過了第一件著作權申請案。

從那時起，著作權法為了反映技術的變遷已經歷許多變更及修訂。制定憲法時沒有電話、留聲機、電影或電視，當然更不會有網際網路。幾乎只要一種重要的新技術出現，其中的內容都能交換、顯示或重製而造成著作權也產生相應的變化。此外，也出現了一些備受矚目的訴訟案件，可以幫助定義著作權如何適用於這些新技術，特別是人們在家裡因網際網路的加持而進行視訊及音訊錄製的能力（例如電影自一九一二年便獲得具體的著作權保護，而在家錄製的權利則在一九八四年美國最高法院所謂「索尼Betamax錄影機案」的判決才賦予其定位）。

在過去的幾十年裡，對著作權問題的公眾意識與政府關注已大幅增加。隨著全球整體經濟及美國個別經濟變得更加依賴於智慧財產權的交易，除了食品及製成品之外，這些保護對於經濟生活及貿易平衡變得相當重要。像是軟體和娛樂（電影、音樂及電視）的創作品，其程度即前所未有地有利於美國的經濟和出口。網際網路的便利，已使人們有可能複製整個資料庫的音樂或電影並立即散佈到世界各地，這對於經濟依賴智慧財產權的國家來說有其深遠的意義。

1 http://www.copyright.gov/circs/circ1a.html。美國著作權局第一號公告。

其結果是，美國著作權法在最近幾年變得更加強硬。侵犯他人著作權若經法院確定侵權罪名成立，每案的處罰範圍除入監服刑之外，還同時併科高達二十五萬美元的罰金。這在很大程度上是來自主要著作權人，特別是電影製片廠、電視節目製作公司、唱片公司及軟體產業的授意之下。報紙及電視新聞報導業界已普遍根據現行嚴格的著作權法，控告——或被迫告訴——未經許可即重製著作的公司及個人。

這一切都應該做為一種警告：無論你打算在你的數位看板網絡使用什麼內容，如果其全部甚至部分著作權由他人所擁有，就應預先對該權利予以支付報酬或進行磋商。

包含哪些？

在數位看板的領域中，差不多所有出現在整個網絡的內容，其著作權都受到了保護。著作權局所稱的視覺藝術涵蓋了「繪畫、圖案或雕塑著作，其中包括美術、圖像藝術及應用藝術的二維與三維著作，以及攝影、印刷品和藝術複製品、地圖、地球儀、圖表、工程製圖、設計圖、建築作品與模型。」電影、影片及數位生成的影像，其版權也受到保護。

不要忘了，可能你播出的廣告也受到著作權的保護。登廣告的產品或服務著作權通常屬於原公司，但你可能會想要在提供這些廣告的合約中載明，可以保障你不會有任何違規的情事（例如廣告使用的歌曲已正式取得著作權）。該法律還承認在不違反著作權之下，為了某些目的可以合理使用受著作權保護的部分著作。然而這些豁免仍有其限制。在一般情況下他人受到著作權保護的著作，如果拿來從事商業用途則需先行取得權利。

例如，假設你訂閱了有線電視的服務，而其中一個頻道播放你喜愛球隊的比賽。你可以在家裡使用數位錄影機錄下這些比賽，這樣你就可以在其他時間在家中觀看。你甚至可以邀請你的朋友一起看，而這並未違反法律規定。但如果你安排了更多的民眾來觀看那場比賽——例如將大螢幕放到你家前院的草坪上——或向入場看比賽的人索取費用，那你可能就已經觸法。你已經從個人用途變成了商業用途，而你自己要承擔法律責任。那場比賽，甚至是那場比賽的剪輯片段，未經允許就放到你的網絡上更是自找麻煩。

事實上，在有線電視節目播出的商業環境中，有線電視營運商已經與某些公司（比如酒吧或機場）執行特殊的商業使用授權協議，讓他們展示受版權保護的素材給眾多付費的商業閱聽人（Commercial Audience）。已有實例表明，依據這些授權而秀出內容的公司已經認為他們可以播放該節目，但並不包括螢幕上商業廣告的展示，因此他們會中斷訊號並顯示數位看板自己的廣告。這相當於取用有線電視運營商的創作內容，但卻與財源——亦即廣告分離。在幾乎所有的情況下，這都將違反著作權法及商業授權協議，因為它實際上改變源於有線電視或電視頻道的內容。以任何方式改變播放內容皆屬違法，除非經過授權。

同樣的，正是因為你可以在網際網路上隨處找到一則內容，從而很容易地把它納入你的數位看板網絡，但並不表示你就可以與法律脫鉤。在網際網路上有大量的新聞訂閱和RSS資訊來源可用。例如，在排版精美的網站上觀看福斯（FOX）新聞網或CNN新聞摘要。是的，你可以把它放在你的電腦上做為個人用途。但當你為了商業用途把這些資訊來源放在數位看板網絡裡，那麼使用這些內容就需要為此合法權利進行磋商或付費。

一些網絡上最突出的品牌已發現自己陷入了著作權的煩惱之中，因為內容在網際網路上太易於流傳。你的事業若想立即成功，最謹慎的途徑就是要徹底確保不是自己創作的東西，要先獲得著作權的許可。根據法規而把自建及授權的內容與你的業務模式及標準作業程序相結合，則你及你的公司才會成長茁壯，並可獲得與此增值相同的收益。

不要以為你的公司擁有某種形式或在某個螢幕上的一則內容使用權，你就有權利把它用在數位看板的網絡，或以不同的方式用在該網絡上。以智慧財產權保護所建構的世界裡，著作權人有無數的方法可分割權利及許可，來確保他們可從其創意中累積最大的收益。已被授予某公司在其網站上使用圖像的權利，可能會受到一次性使用的限制；若將它放到數位看板網絡則需要另一層面的許可。

許可的取得

很多內容的創作者經常授權其著作給他人做為商業用途，用於此一目的有其標準的定價及常規。特別是如果他們的內容已在網際網路或行動螢幕上被他人使用過，就有可能在正式合約中寫出使用上的限制及如何提供給你內容。他們甚至可能會有價目表，這樣你就可以決定你要為想得到的內容付出多少代價。他們所提供的條款會有所不同——非常不同——而這則要看你會如何利用著作的一些因素來決定。內容資源越獨特、你準備利用的範圍越廣，花費就可能越多。

零售娛樂設計的布萊恩・赫胥為了讓他的事業能提供內容給其客戶，在整個過程中與幾百位著作權人針對上千種不同項目的授權進行磋商。所有這些權利及其授權的使用都需要維持謹慎地追蹤。「我們大概有三百到五百位不同的所有權人提供我們內容。而我們可以說大概有二百種不同的方法，讓我們獲得同意去散佈內容。我們必須有一個相當複雜的資料庫來協助控制及限制散佈，以確保我們的發表是基於我們已獲得的權利。在大多數情況下，我們會要求較長期限的權利，如一年或更長的時間來獲取該內容。而且此舉似乎是廣受歡迎。」

這些內容所有權人很多都慣於授權其作品只用於播放，而當這方面涉及著作權時，數位看板恰好符合其意願。像是播送的話，「當我們播放時（我）可以告訴他們。但你真的不能證明消費者有看到，不像網站流量，網站媒體及其他跨平台或四處散佈的素材，網絡業主的報告可以根據觀看率及頻次。」播送是數位看板的良好模式，因為赫胥說，「這是一個任何人都無法關閉的電視節目。」

無論創作者有無明顯的正式授權及定價結構，你可能會需要——或想要——準備為網絡進行專用條款的磋商。數位看板是一個全新的概念，因此許多在熟悉的螢幕上可用但無法適合數位看板使用的授權及定價結構，提供了各種的可能性。最後你可能談到創作者意想不到的授權，不像其他各代螢幕出現的時代。例如電影製片廠面對電視的發展，以及唱片製作公司碰到網際網路和ＭＰ３播放器那般。

觸動旋律公司在美國各地超過四萬家酒吧裡設有數位點唱機。其數位媒體首席行銷主管暨資深副總裁羅恩・格林伯格，有一些獨特的授權問題。「我們在整個網絡的四萬個位置遇到了音樂著作權的問題。所以我們有個團隊專門致力於著作權、許可證及支付版稅。我們所做的很多是以該內容為基礎，包括新廣告的潛力。但我們每天都要支付版稅給唱片公司、出版商及表演權組織（Performance Rights Organization）。所以，你有辦法知道今天有多少人免費下載或使用點對點（P2P）系統來取得音樂，這方面唱片公司及出版商其實都愛不釋手，因為他們看得到版稅進帳，並能追蹤每一首播放的歌曲有哪些，而這類支出也在持續增長之中。」

即使在獲得著作權許可證之後，觸動旋律網絡的螢幕位置也代表著一些獨特的法律挑戰：那就是全國及當地的飲酒法。「酒吧老闆在什麼地方能提供含酒精的飲料，並能獲得什麼樣的報酬，這些都有法律規定。每個州都很小心地予以控制，而且法規都大不相同。因此假若我們要播放酒品的廣告，酒吧老闆如果與我們以分帳模式配合的話，那麼根據這些州的酒精飲料控制法律，酒類廣告的收入就不能拿來支付公帳，不含酒精的廣告就沒有問題。事實上你甚至不允許免費放置螢幕來展示酒類廣告，這會被認為是一種報酬。」

然而在與數位內容所有權人磋商之前，你得全面考量該特定素材可能會被直接用在你的網絡上，或者間接使用，如修改後使用或只用一部分。有關內容著作權的條款一般是與提供給網絡的內容價值成正比，舉凡包括從網絡如何廣泛散佈，到網絡預計將為其著作權人產生的收入水準，再到一則內容所扮演的具體角色是什麼。它是小小的消遣還是娛樂內容？它是要直接幫助推銷嗎？內容所有權人是否從網絡產生的收入中獲得任何直接的報酬？例如，獲得授權的內容有助於推動單一品項的實際銷售嗎？

這裡有幾個你需要問自己，並預期著作權人會問你的問題：

- 你想要用內容做什麼？
- 你內容要用多久？
- 潛在的閱聽受眾數有多少？
- 內容在何時及何處會被看到或聽到？
- 內容會被製作成用來互動嗎？
- 內容有需要做為二手素材來使用嗎？
- 誰可以使用內容？

你想要用內容做什麼？

這聽起來像是個很簡單、很基本的問題，但若要回答起來可能會有很多種答案，因此對於著作權人授權的條款也有很多潛在的影響。在某些情況下，我們的規劃可能要使用整段內容——比方說構成播放列表中完整分段其中的一則十五秒動畫。然而在其他情況下，該內容將會被整合到由網絡業主制定的更大分段之中；它只是一項基礎元件，而不是完整、獨立的整體。另一種基礎元件概念的可能變化，則將分割有問題的內容再重新混合，以新而不同的方式使用其中幾個部分，或做出其他改變。

簡單來說，內容若非以其當初創作的方式秀出，就會以某種方式被修改。原始內容展示的著作權，在大多數情況下比重新編輯的著作權還容易取得。基於創作品會有這種疑問，著作權人可能不會考慮提供包括重新編輯的權利，以保護原創著作的完整性及因此而來的市場價值。

你內容要用多久？

在取得內容之前，網絡經營者已審視過本書先前概述的其他步驟——評估網絡類別、閱聽大眾、位置等等。據此有關於播放列表的大小和長度、這些播放列表重新編排或變化的頻率，以及匯集來的內容在被替換前能保持多久的新鮮感，我們都已經事先決定。

網絡經營者提出這些決定的形式，可能是電子試算表或數據庫表單，並據此計算每則內容的使用次數。一則內容越常被使用，網絡經營者就要支付越多的費用。

潛在的閱聽受眾數有多少？

著作權人關心你的網絡使用他們的內容後能吸引多少目光，就算只是一部分。你擁有的網絡種類將有助於確定它是否能吸引大量的觀眾群，如設立在高速公路或繁忙地鐵站月台的ＰＯＴ網絡，或更小群的閱聽大眾，比如發生在一般醫療診所的ＰＯＷ網絡。

除了網絡類型以外，潛在閱聽人的大小明顯取決於網絡螢幕的數量。一個能推廣至全國各大診所的醫療機構POW網絡，比起侷限於單一城市幾處地鐵月台的POT網絡，將有較大的潛在閱聽人。

最後，閱聽大眾的多寡將與一天中的時間及該內容的使用頻率有關。只出現在深夜POT網絡的內容，比起通勤繁忙期相同的螢幕內容，所能吸引到的目光當然較少；出現在店內播放列表每四小時一次週期的內容，比在快餐店或便利商店的POS網絡循環更快的播放列表，顯示的內容就算相同但吸引的目光也會更少。

同樣的，可根據電子試算表或數據庫表單的總結，決定出播放列表的週期，而讓這種計算極為容易來完成。

內容在何時及何處會被看到或聽到？

網絡的性質及其閱聽人是另一個與著作權有關的潛在因素。有些內容著作權人可能會授權其內容在網絡上的觀看有其限制，而不能完全暴露在公眾之下。例如，在教育環境下的POW網絡主要由學生及教職員收看，而在大型機場的POT網絡特許播出的相同內容，就應該適用另外一組不同的著作權及花費。僅能在公司內部如員工餐廳或會議室使用的POW網絡，可能會被著作權人視為與螢幕座落於公司大廳或零售據點的相同網絡不同，並能接觸到更廣泛的閱聽大眾。

內容會被製作成用來互動嗎？

對於不提供互動或使用者操控的網絡，網絡業主對內容及播放列表擁有完全的控制權。在這種情況下，對於特定內容展示的頻率、在一天中的什麼時間秀出，以及有多少人會看得到它，網絡業主要有相當準確的預測能力。正如前面所指出的，這些都是影響內容著作權人所提條款的重要因素。

但如果內容由於其他一些因素而改變，那麼這種計算將變得更加困難。例如，當我們討論根據天氣而變化的內容時，我們注意到咖啡廳在下雪時可能會推銷熱飲，而陽光炙熱時會推冰紅茶。如果推銷這些飲料的規劃用了一則授權內容——也許是一個人在沙灘上享受陽光的影片呢？在此一情況下，網絡業主期盼能與內容著作權人談及其他條款，以授予基於外部資訊提供所需的內容使用許可。這在內容著作權人的部分，就會不確定內容將顯示多久、會給多少人看。同時，對於網絡經營者的整體成本也引入了一些不確定性。如果涉及價格的交易條款是以使用情況及閱聽人數為基礎，這種不確定性就會獲得解決，因此雙方關於海灘的影片放在螢幕上多久及閱聽大眾可能有多少，就有辦法加以預測及擔負說明的責任。

同樣的問題也適用於授權內容顯示在可與觀眾互動螢幕上的網絡。以我們的例子來說，沙灘影片可能要等到顧客碰觸數位看板上標有「清涼冷飲」的按鍵之後，才會順利播放。這非常類似於大部分網際網路廣告每天都會遇到的問題。

在網際網路上，最常見的定價方式為廣告的點擊數。廣告客戶以觀眾點擊單頁廣告的次數來付費，這意味著刊登該廣告的網站實際上已為廣告客戶的網站傳遞了潛在顧客。與此有關的關鍵字費用——亦即當使用者搜尋某些特定的詞時，廣告商付錢來確保他們的廣告會最突出。以這些方法採取動態內容的數位看板網絡，可能需要使用類似的條款及測量技術。

內容有需要做為二手素材來使用嗎？

我們已經討論了數位看板經由網絡經營者，做為大規模品牌推廣、行銷或傳播工作一部分的概念。採用這種方式的網絡將讓成效倍增，並為品牌或公司創造某種一致性，這會比只在數位看板網絡上使用還要來得有力量。這意味著出現在數位看板網絡上的多種內容，也適合用於公司網頁或做為印刷素材，如廣告小冊子、行銷傳單或印刷看板。在所有這些情況下，網絡經營者需要確保數位看板取得的使用權能延伸到這些預設的用途。從已授權網絡播放的視訊來源中截取靜止圖像在技術上很簡單，但卻未必合法。因此在磋商之前，要盡可能考量內容使用範圍的問題，並確定是否能談到合適的授權協議。

誰可以使用內容？

一些著作權人會想要確保其作品避免意外或惡意的濫用，因而對於獲准使用的人數及身分有所限制。有些授權協議甚至會需要網絡經營者使用密碼或安全軟體，以限制可以使用該內容的對象，因此經營者需要知道內容制定的運作過程中誰需要使用原始授權的內容，以符合著作權人在這方面的任何需求。

授權的分類

什麼是授權？舊金山湯森家族（Townsend and Townsend and Crew）律師事務所的合夥人，並兼任商標及著作權小組（Trademark and Copyright Group）實務主管的馬克．施坦納（Mark Steiner）告訴我們，「授權是著作權人根據協議的條款許可，使用受著作權保護的著作。授權的使用情形由協議所管轄。」當網絡經營者取得受著作權保護的素材使用權時，重要的是要了解這實際的意義為何。最基本的概念是它並非完全的購買，不像是在購買一條牛仔褲或一袋馬鈴薯的實體商品（Hard Good）。你可以任意處置買來的牛仔褲或馬鈴薯，但你只能根據具體商定的期間及條件擁有授權的內容。事實上，以一條牛仔褲的例子來說，你唯一不能做的事就是進行重製的產銷，以外觀特殊縫紉或服裝其他受到保障的部分直接拼接。這樣的行為是仿冒，亦為盜竊智慧財產的形式之一。同樣的，儘管你可以拿買來的DVD做成你要的塑膠片，但光碟裡的內容只在具體期間及條件下授權給你，包括禁止重製及大部分情況下的公開展示。

在檢視你要用在網絡上所提供的內容授權時，最重要的部分是必須仔細審查通常稱作「授予的權利」（Rights Granted）或類似的東西。此一部分明訂著作權人用以交換費用或其他補償的具體內容用途，包括（但不僅限於此）再授權、查看、重新製作、儲存或保存副本、展示、下載、列印，以及電子傳送給其他人的權利。這些權利需確保在這部分是否具體含括，以免違反了數位看板網絡內容的預期用途。如果預期用途沒有具體包括在內，就不允許有任何意圖使用的機會。

另一個相關而且值得密切檢視的處理部分，通常被稱為「授權使用」（Authorized Uses）。這個部分除其他事項外，確定你可以散佈內容的廣度或你可以使用內容的市場，以擴展「授予的權利」的含意。對著作權人來說，依地理區域來分割權利極為少見。舉例來說，電影界有一種傳統的做法，在推出新電影DVD時仍會持續考量，也就是在DVD上設區碼的目的。除了按照地理區域之外，著作權人也可以根據閱聽人的類型，或閱聽人看得到主體的範圍分割權利。例如企業溝通管道，可以使用內容的唯一區域就是在你的網絡上。

最後，「使用限制」（Usage Restrictions）是授權的另一個重要部分。它可以用條款含括你可以對內容進行修改（例如，你可能會被要求展示全部的視訊剪輯短片或禁止快轉）或一段內容可以使用多少次的權利。

教育你的團隊與潛在客戶有關授權及每項授權細節的概念，這對於確保你的網絡遵守授權協議的條文絕對有其重要性。如果沒有早在網絡設計及內容制定的過程前溝通這些議題，之後可能會造成嚴重的問題——特別是事發後才設立任何形式的使用監控，是比一開始就建立必要的監督還要困難得多。此外，監管網絡所面臨的困難，因為是與外在客戶交易，而非在公司內部，因此這也是為什麼你應確保授權協議中客戶沒有要求你去監控使用情形的主要原因。相反的，還是有客戶會以相同期間及條件的書面同意來約束網絡經營者。

授權機構

取得我們所需的所有權利看起來像是個不可能完成的任務，這是因為牽涉的層面太大。幸運的是，許多內容類型的智慧財產權授權機構已經發展多年。由於很多創作者沒有時間或不懂得如何處理法律事務，因此他們很樂意把發行權交給外部專家，以權利費用的比例進行交易。這給創作者一個更大的機會，可藉由更廣泛的散佈而從其著作中獲得收入，並確保取得權利的過程更精簡。

要知道為什麼這些機構可以讓數位看板的網絡經營者受益，就得去思考網絡經營者打算使用一首錄製音樂時的複雜性。對經營者而言，事情可能會很單純地發生；他或她想要的是混著廣告播放一首歌曲的能力。但根本沒那麼簡單，因為可能有非常多不同的個人與實體擁有著作權，特別是錄製的權利。作曲者有權利，因為他們為著作打下基礎。表演者有該版本歌曲的權利，因為特定的表演涉及到他們獨立創意的投入。最後，唱片公司提供錄音室、實際進行錄製，所以對網絡經營者要用來散佈的該版歌曲也有其著作權的利益。此外，雖然與這三方之間的財務協議，可以易於被理解為CD歌曲的公開銷售，但在商業環境中的使用很可能會形成一種不同的財務動態（Financial Dynamic）。授權機構可以克服所有這些難題，並針對數位看板經營者所需要的整組著作權進行磋商，提供更有效率的解決方案。

音樂

如果你想要授權音樂作品，請洽詢美國作曲家、作家與出版商協會（American Society of Composers, Authors and Publishers，簡稱ASCAP）、廣播音樂協會（Broadcast Music Inc.，簡稱BMI），或歐洲劇作家暨作曲家協會（Society of European Stage Authors & Composers，簡稱SESAC）。美國唱片業協會（Recording Industry Association of America，簡稱RIAA）則代表了大多數主要的唱片公司，並對法規所准許的許可有良好的說明。

電影及影片

電影授權公司（Motion Picture Licensing Corporation）及斯旺克電影公司（Swank Motion Pictures Inc.）專門授權電影及影片。斯旺克電影公司是一家獨立的著作權授權服務單位，主要由好萊塢電影製片廠及獨立製片人獨家授權，並依照聯邦著作權法授予保護傘許可（Umbrella License）的解決方案。斯旺克電影公司的公司分割（Corporate Division）美國電影授權（Movie Licensing USA）公司，則提供電影製片人合適的著作權保護所需的獨家授權，同時提供免擔心、免義務的電影許可。

電子圖書館（Internet Archive）有教育公共領域的影片可供下載。這些影片以MPEG格式儲存並需要下載之後才能觀看，而不是在觀看串流視訊。

你可能還要調查著作權的歸屬是否需被釐清，它可能是由演員、製片人、劇作家、表演者、同業公會或作曲家所擁有。這些著作權人的代理單位可在WhoRepresents網站上找得到。

我們可以使用美國國會圖書館的資料庫來研究電影及影片的著作權。此一資料庫列出一九七八年之後登記有案的著作申請人及著作權歸屬。

靜態照片及圖像

有許多網際網路的機構擁有靜態照片的圖庫。最受歡迎的圖片網站包括了iStockphoto、Getty Images、Dreamstime及Masterfile。我們可以基於圖像的用途購買不同程度的權利。

商標

商標保護與著作權法相輔相成，並在美國專利商標局（U.S. Patent and Trademark Office）的管理之下。基本上，商標提供保護的是足以識別特定公司、品牌或產品的事物，諸如標誌、品牌名稱、獨特的顏色組合、廣告標語及其他視覺元素。施坦納十分精通這方面的法律並建議，「不管有無在美國專利商標局註冊，它們都受到保護而免於被他人在未經許可及授權之下擅自使用。但若你的商標經過註冊，你就會獲得合法的權益，像是該商標法律推定的所有權及合法性，同時還能在美國海關留下記錄，並讓執行註冊商標之商標權益的聯邦法院擁有裁判權。」

雖然這個問題對數位看板來說，幾乎沒有像著作權那樣具有相同的重要性，但還是值得予以考量。數位看板內容的規劃往往涉及其他公司的商標或產品圖片的顯示。例如POS網絡在宣傳時，幾乎一定會顯示清晰可辨的產品商標。那麼確保這些產品的製造商允許他們這類商標使用的任何法律協議存在，就變得相當重要。

保護你的原創著作

我們已經花了本章的大部分內容討論保護他人的著作權。但幾乎可以肯定的是，在創建數位看板網絡的前進道路上，該公司或經營者至少本身也會制定一些原創內容。這是有價值的創作品，同樣亦需加以保護。

最常出現在此一內容的問題，首推「究竟是誰擁有它的著作權」。如果只有公司員工參與創作的過程，那麼問題就很少，因為他們所做的工作是用來換取他們的工資，且素料的所有權是歸屬於雇主而非員工。

如果創作品部分或全部是由外部的個人或公司所完成，事情就會變得較為複雜。在這種情況下，重要的是得仔細檢視與這些外部的人，包括製作公司、繪圖藝術家、作家、製作人、導演等等的承包合約。該協議應明訂這些承包商所產出的著作，是由你或你的公司所擁有。也就是說，他們為你專門創作一些東西再以支付給他們的費用進行交易，同時他們在其他情況下對其著作應有的著作權也讓渡給你。透過最終的成品，你要確保這些與外部人員的協議有清楚的表明，該創作品屬於付錢製作的網絡經營者或公司。施坦納告誡我們協議該如何組成。「這些協議應明訂承包的內容提供者只負責產出著作，而著作權則由你或你的公司所擁有。」

施坦納繼續說，「基本上有三種方法來取得著作的使用權。第一，你可以用你公司的全職員工來創作，因此根據美國著作權法，這樣的作品將被視為受雇人所完成之著作；第二，如果我們使用獨立承包商來創作，包括兼職員工，那我們可以取得著作所有權的書面讓與，移轉其所有權至你或你的公司；第三，我們可以取得適當的授權以使用所需的內容。」

如果你就是內容的著作權人呢？施坦納認為「如果你是文字、視覺內容或音樂的著作權人的話（無論是透過全職員工或承包的內容創作），你可能希望得到有利於你的保護。雖然你可能無需註冊就擁有著作權，但重要的是當著作權受到侵害時，要知道著作權註冊便是你提起訴訟的必要條件。此外，為了鼓勵受著作權保護的著作進行註冊，會有諸如法定賠償（Statutory Damage）及律師費等等的財務救濟。至於商標方面，如果你在螢幕上有使用標誌、廣告詞、品牌名稱或標語，那麼要先與法律顧問諮商，進行適當的搜尋以確定合法。如果商標可以使用，那麼你應該向美國專利商標局註冊商標。」

由於我們必須創作並持續供應某種數量的內容，因此圍繞在智慧財產權保護的所有這些問題似乎令人生畏。然而，原創著作需要時間來創作，而使大多數網絡具有真正有效果的高品質內容，當然也比草率的著作需要花費更多的時間。擁有素材這最後一塊拼圖的權利，有助於加速創造相同訊息的許多不同版本，在網絡上維持新鮮感。

小結

網絡經營者及內容提供者並不需要律師，但幾乎早在制定內容的過程早期就需要他們的服務。由於大多數經營者會與一些由他人供給的內容，或由其他人擁有著作權的圖像、音樂等構成要素合作，因此若在著作權上出錯將會是個代價高昂的錯誤。在大多數情況下，內容創作需要確保所有著作權的基礎已透過授權協議含括，並明訂你有什麼樣的權利——以及沒有什麼樣的權利——還有你要付出什麼以做為交換。在大多數情況下，你最後會與深諳授權的公司法律部門，或擔當各種內容著作權代理的交換機構合作。這在你確保尊重每個人的智慧財產——包括你自己——的目標達成上予以簡化，為你的網絡打造最佳的整套內容。

12 內容會帶我們到哪去？

在我寫到這最後一章的同時，業界才開始轉移純科技的想法，而思考內容在塑造未來上的角色，因此數位看板驚人的潛力才剛為業界所認識。任何到達此一臨界點的技術，該業界的變化——以及在日常生活中所導致的變化——就必然會以驚人的速度加快。從現在開始約五年內的業界，與我們今日所看到的情況將會有很大的不同。當我們注視著水晶球，內容的未來還有我們如何制定它、與它互動及看待它，都有無盡的可能性。也許現在寫下的新點子或想法，會變成這個產業的下一件大事。再加上為所有這些內容提供互動新方法的新技術，也許在不久的將來亦會是個最有趣的發展趨勢，而能將數位看板推廣到我們生活中的每個領域。

創新的途徑

我認為歷史並不是在特定的創新上重演，而是在導致創新的過程與模式上。從之前出現的幾代螢幕觀察這些模式，我們可以了解更多有關於數位看板五年內的可能走向。

讓我們看一下第二代螢幕的電視。從最早發展的一九二〇年代，它就被視為其他二個媒體的融合，亦即電影（佔主導地位的視覺媒體）及廣播（佔主導地位的家庭娛樂媒體及當時先進的技術）。這是有畫面的廣播——或者說是透過無線電發送的影像。這不僅是該技術發明者的觀點，同時也是該業界先驅如大衛・沙諾夫（David Sarnoff）的看法，其美國無線電公司（Radio Corporation of America，簡稱RCA）投入巨資發展電視，正因為它擴展了其現有廣播的專營權。

當然最後發生的是，內容跟著技術的能力去改變。電視成為一種非常強大且能引人入勝的媒介，並已顯露出它在世界各地形塑觀點及看法的能力。從廣播電台的內容——直播新聞、娛樂、音樂及體育——誕生出無以計數的節目選擇，現在也都充斥在我們的有線電視及衛星頻道。內容製作者學到的經驗教訓是，技術可以提供新的方法來吸引觀眾並向他們推銷。

多年來電視及其中內容的改變方式，預示了數位看板的演變所將遵循的途徑。但為了讓這條途徑看得更清楚，就必須考量這代螢幕比電視更複雜的血統來源。我們在本世紀已邁入技術驅動的視覺媒體，並有相當長的歷史可用來學習與提供靈感。我們從二十五年的個人電腦及十年或更長時間的手機螢幕發展獲得了寶貴的知識，足供我們借鑑。受到之前的影響越多，媒介可資遵循的潛在組合就越複雜。因此，透過擺脫前面各代螢幕的元素及知識，數位看板可以真正成為完全不同於任何之前已出現過，或甚至已經想像過的媒體。

這才是此一媒介的機會所在。當然它有可能結合過多已建立的內容創作實務、軟體工具、編排方法、網絡行銷指標及印刷海報技巧。當我們用各種配方將這些成分放在一起烘焙，同時在數位看板的擴展能力上保持敏銳的眼光，我們百分之百會驚訝於從烤箱裡拿出來的成品。

當然，今天此一媒介的內容還處於起步階段，而在我們面前將有一場不平凡的旅程。為此我們將討論具有最大影響，並最終將如我們預測會改變這個媒介未來的新技術及內容實務。

如同主導者一般的互動

潛入未來的方式之一，就是討論個人與內容之間的互動深度，再回頭檢視整個過程。

印刷媒體及廣播媒體有一個共同點：在方向上，它們只是單向傳播。儘管近來電子郵件與Twitter的資訊來源相結合，以直播新聞節目或在實境秀舉辦SMS文字簡訊的投票，但觀眾仍然毫無機會透過互動來影響內容的改變。你可以切換電視頻道，但這與報紙或雜誌的翻頁一樣；當你到下一頁或新的頻道，還是沒有機會去改變它或與它互動。

另一個值得去思考的則是推播媒體（Push Media）的本質問題，媒體總是向我們推出東西，而我們基本上只能被動地觀看或閱讀。內容灌注給我們，而我們則接收。基本上媒體向消費者傳播，消費者卻無法以其他方式傳達任何東西回去。觀眾可能會對此相當沮喪。而對內容創作者及支持他們的廣告商來說也是一樣沮喪，因為沒有真正有效的方法去知道你的內容或廣告訊息是否真的傳遞到消費者身上。有很多方法被發展來提供這方面的知識，但卻只是近似值。而且它們並未從個人化的層面提供大量的意見反應。充其量也只是大眾行銷（Mass Marketing）、大量傳遞。

當我們發展到第三代螢幕，亦即連線到網際網路的電腦，我們才開始有互動的經驗，且伴隨而來的是雙向的互動。最初，這樣的互動性很有限；內容創作者比內容的消費者還要少，而內容創作者大都決定了消費者可以互動的方式。然而，隨著使用者原生內容及其用來制定和發布的簡單工具出現之後，觀眾終於有了全新的互動體驗。這不僅僅包括文字；輕便型攝影機（Flip Cam）及YouTube帳戶，都可以用來製作任何主題的視訊影片。

我在這個行業還不到一個月，就不乏有人用電影《關鍵報告》來形容數位看板的未來。這可能是業界中唯一最常用來代表即將面臨的可能景象。無獨有偶，我自己也做過同樣的比較。我的世交約翰．昂德柯夫勒，也是歐布朗公司的首席科學家暨創始人。昂德柯夫勒身為《關鍵報告》的首席科學顧問，是根據先前他在麻省理工學院（Massachusetts Institute of Technology，簡稱ＭＩＴ）的作品直接設計那些電影場景。

當我快完成本書時剛好有機會找他敘舊，而他和他的公司正在做的工作不僅迷人，而且我認為對數位看板的未來，比我所見過的任何東西的影響都還要大。我們就像之前無數次所發生的，正在目睹科幻小說成為科學的事實。

為了開始了解昂德柯夫勒及其團隊將如何影響數位看板，我們必須深入研究我們今日用來與各種螢幕及內容互動的技術。這種技術主導了我們與媒體互動的方式——而因此，這也是為何我們要以目前所知的各代螢幕形式來創立媒體的原因。今天，即使我們認為自己有非常複雜的工具並控制我們的互動，但其實我們面對的技術實際上仍只有四十年之久。當談及以某種方式操作、轉移或影響內容時，我們的互動大部分仍仰賴滑鼠及鍵盤來操作圖形使用者介面（Graphical User Interface，簡稱GUI）。所有這些想法是從一九七〇年代初開始正式誕生，並在十年之後予以商業化。從那時起，我們已經以有限的方式在相同的GUI上增加了語音操控的能力，而最新的動向則是添加了主要用在手機上的觸控螢幕技術。有關於此，昂德柯夫勒說，這反而限制了我們在內容上真正可做之事的判斷力。

「我認為一旦你開始了解媒體的歷史，你就可以看到它必然的走向——一個極為深刻的互動。我不認為你只要允許消費者、接受者、媒介之間有表面或膚淺的互動就能發展到這麼遠。」昂德柯夫勒說，「因此對於在歐布朗的我們來說，這就是一般稱作空間操作環境（Spatial Operating Environment）的體感輸入極為重要的原因所在。」

此一空間操作環境的概念是我們在《關鍵報告》中看到的最核心之處，而它將改變我們與媒體互動的思維。

「我們用滑鼠及鍵盤做為人類與電腦之間唯一的互動模式，至今已過了二十五個年頭。任何商業或廣泛使用的互動發生皆循此途徑。我們基本上從一九八四年賈伯斯（Steve Jobs）給我們麥金塔電腦（Macintosh）時開始算起。從當時起那玩意就不曾改變過，所以我們仍然使用滑鼠和鍵盤。我們仍完全在使用某種GUI，亦即麥金塔給我們且基本不變的螢幕體驗，但可以長達二十五年實在令人費解，」昂德柯夫勒說。「現在機器本身發生了變化。它變成前所未有的網絡，具有令人難以置信的繪圖處理能力。磁碟容量及CPU速度已經以五或六個級數增長。只要把機器留在一個真正適當的位置，就能夠向外對著使用者、對著操作者表達東西。」

那不是我們在討論創新和進步時一直在頌揚的嗎？那麼，是什麼問題？其實是另一個方向，昂德柯夫勒如此強調。「操作者仍然只能透過滑鼠這小小的鑰匙孔限縮其重要性。於是導致過去這二十五年來在對話上極大的不平衡。」

做為一個有遠見的人，昂德柯夫勒懂得如何能與媒體互動。他藉由創立新方法而真正改變了我們對於數位看板的觀點，將微小的鑰匙孔大幅拓寬成最廣泛的體感互動。

「所以對我們來說極其重要的是，即使不知體感輸入及體感互動的重要性，也該認識空間互動的一般概念。現在我們已經漸漸遠離一個人、一台電腦、一種螢幕的典範。人們可能有一大堆的螢幕在其四周，無論是否依附於你正在使用的機器而刻意地與你相連，還是你走過的一些公共環境，這些都是數位看板會影響到的種類。」

例如，如果一個人身處於數位看板隨處可見的特定環境下，然後想與整個環境（而不是單一螢幕）緊密互動，我們就必須考量立體的三維空間。這不僅是螢幕位置的問題，也包括如何與它們同時進行互動。

「這些螢幕背後的運算本體必須能理解空間。從根本上理解空間是從來沒有過的方式，」昂德柯夫勒說。「如果你打開任何現代操作系統的外殼，你會看到它裡面無法理解空間。它充其量只能把螢幕想成是種像素的抽象集合體，你僅有X軸及Y軸可供操控。然後X軸及Y軸能在螢幕的某種區域座標系統（Local Coordinate System）上對應到顯示器中的像素，但你知道把螢幕翻轉九十度之後所發生的事對你沒有任何意義。或者螢幕若在移動，只是因為它是一台筆記型電腦而你正帶著它走，或是因為它只是你的手機或手錶，或剛好裝在計程車頂上而已。」

當我們思考昂德柯夫勒擴展操作系統的觀點時，這不僅包括環境中的每一台螢幕，也關乎每個螢幕的介面及其深度，我們可以開始據此對於未來內容的可能面貌、如何與其互動及如何制定，擴展我們自己的觀點。

「動態的能力早已受到忽視。然而事實上螢幕（們）可能圍繞著房間或以一堆不同角度的空間排列，還有大小、方向也是現有操作系統無法理解的東西。」

歐布朗公司一直在做的，其實是操作系統的新概念—教會機器理解空間及其當中的位置。在這個新的世界裡，機器不再將螢幕當作是像素的平面抽象集合體，而是一個真正在現實世界中存在於特定位置的對象（下頁圖12.1），並基於該位置在環境中與其他東西有關連。它也知道基於所採用的螢幕，像素的顯示有其特定的尺寸。螢幕有小有大，而螢幕亦有它特定的方向。它會安裝在天花板上、安裝在牆上，或是在筆記型電腦的螢幕頂端，或是在你的口袋裡。重點是，它是一個對觀眾有意義的特定位置。

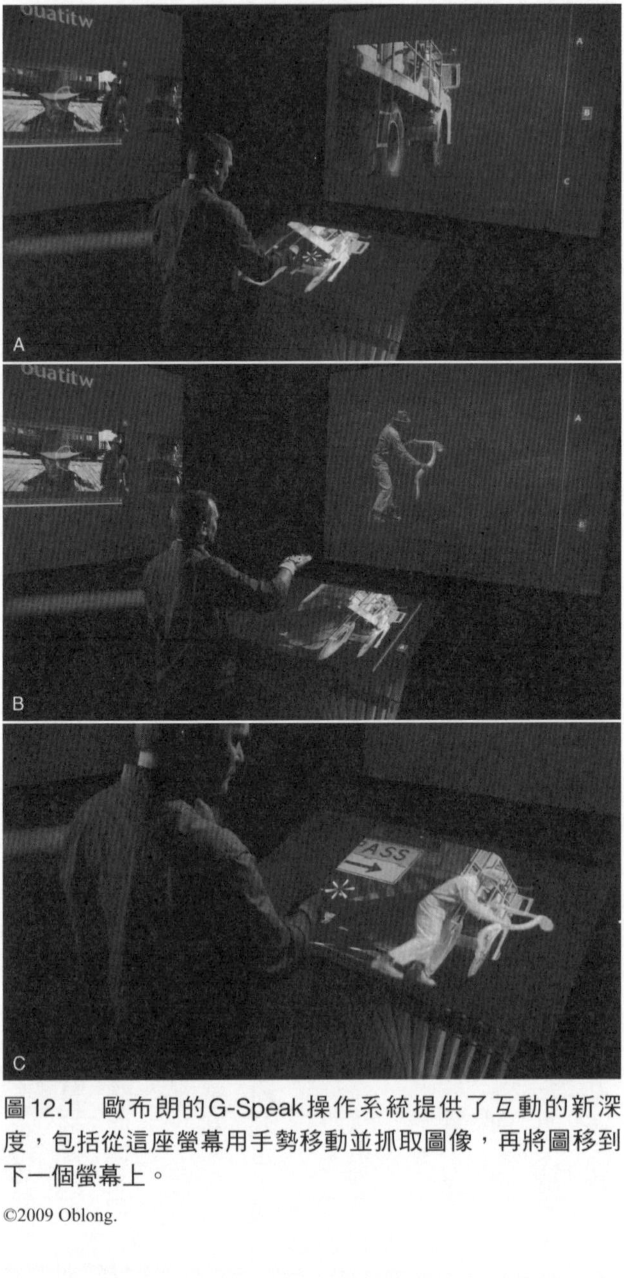

圖12.1　歐布朗的G-Speak操作系統提供了互動的新深度，包括從這座螢幕用手勢移動並抓取圖像，再將圖移到下一個螢幕上。

昂德柯夫勒相信只要你有空間感知的機器，而且把人放在同一個畫面裡參照，那麼馬上就會有新而重要的連結出現在人與機器之間。「而關於這點至少我們的意思是，手勢本身可以自動自發地出現，亦即你知道當你在螢幕上點擊，如果我們知道你的手放在哪裡、你的手指在做什麼、它們位在空間中的何處，我們也就會知道在空間座標上的螢幕像素位置，那麼剩下的便是很簡單的幾何問題。由於電腦、螢幕及人們現在終於能以存在於同一空間的概念來理解，因此可用非常深刻的方式將他們連結起來。這讓我們重新來到深度互動的概念。」

當我們開始思考這種關係是如何運作在一堆顯示器中，然後擴展不僅只有一台顯示器的想法時，接著我們才能對截然不同的內容及互動領域打開心胸。

回到《關鍵報告》。在一幕中，約翰．安德頓這個角色走在一家商場裡。他一走過就會被辨識到，並針對性地為他提供特定的廣告。你或我對此——被識別之後的問題——會做出何種反應，實際上則取決於我們能怎麼回應。如同昂德柯夫勒所說，「這樣會讓人老了好幾歲，而且會立刻抓狂。我就是不想被人打擾。但是，如果我能有所回應就會變得比較有趣。而如果我能以人類手勢這樣自然的方式做到這點，那就更不可思議了。」

想像一個沒有按鍵、沒有滑鼠、沒有鍵盤的世界；取而代之的是手勢及空間的感知機器。這將如何改變這新一代螢幕的內容與媒體？我們只需要回頭看看這幾年時代及技術的突飛猛進，就能猜到這個下一階段即將來臨，而且會比我們想像中的還要快。內容也將與技術並駕齊驅，就像數位看板是今日的新媒介，而對其內容的理解及發展目前也正在迎頭趕上技術層面。這般憧憬的內容可以3D的世界為藍本，一層一層、一片一片堅實地組合在一起，使之與觀眾能夠最有關連性。換句話說，手勢技術將允許個人透過這些虛擬的世界做動作、在他們選擇的深度和層次看東西，並創建和重新組合圖像以滿足他們的需求。

內容的每一塊、每一則都需要加以標記再放在一起，才能創造出一個能定義供應品的故事，這本身真的是一個要求苛刻的資料庫。但未來內容的制定將有所不同。如果我們檢視睿域行銷道格．博林的作品，便能看出未來五年絕對需要的媒體創新思維類型。

「我一直必須有如電視廣告、平面廣告及自動展示的多媒體導覽機一般來思考行銷的方式。但這些幾乎都是固定的線性靜態素材。其內容並不明智，因為你能引進到內容裡的想法，還有它如何組合及如何呈現都只有單一層面，」博林說。「所以我的第一步是先統整起來再加以確認內容需要做什麼處理，至少在某些層次上，你可以開始這種三維腳本或製作規劃的工作。需要製作什麼及我們如何產生它，以便讓它可以有效成為基礎與分類的數據？然後可供作者有效地利用，再有效地傳遞出去？」

我們可以設想將內容分為許多層面。假設我們身處遊戲的世界之中，我們可以開始想像內容在空間環境中將如何用來傳遞資訊及廣告。想像一下把自己放進3D世界中再在其內移動，然後與該世界互動。這不就是邁向《星艦奇航記》（*Star Trek*）的擬真機（Holodeck），或者也許是第六代螢幕的第一步嗎？

與此3D互動方式相契合的下一個創新，是個跳脫今日顯示器二維限制的螢幕。這也是斑馬影像（Zebra Imaging）公司的首席技術主管麥可・克勒格（Michael Klug）正在努力的——充分利用空間環境操作系統的東西。

克勒格解釋道，「我們開發了一種動態…水平方向的顯示器，可以創建一個分別佔用其表面上下空間的三維立體影像，使用者可以把自己的手指放上去指明事物、點擊東西，並最終能與影像直接互動。」正確來說我們可以在3D空間中接觸並拖曳，且也能摸得到及抓取圖像元素，好像它們是真正漂浮在空間中的物體，並能將其四處移動及改變位置一樣。

克勒格告訴我們他們的技術在哪裡。「我們已經展示過此一技術的最初原型及Apha階段原型，而在未來的一年我們將進入Beta測試的原型階段。這是一個能任意擴展的顯示效果，所以該螢幕——就像我們的靜態全息影像（Hologram）——可以鋪在一起而創造一個任意大的顯示平面。我們目前主要關注在水平的任何方向，但它也可以是垂直方向，亦能傾斜，而且有廣角的可視能力——在所有方向上都有九十度。任何你想像得到的那種九十度錐體都能出現。因而有能力讓多人同時觀看。」

想像一下空間環境的操作系統如何與身臨其境的3D螢幕、先進的資料庫技術，以及各種就我們所知將真正改變數位看板面貌的新內容產生關連。觀眾將彷彿沉浸在一個3D環繞的世界之中。這是一個真正身歷其境的體驗——我們不是站在影像的外面。不僅只有觀眾，所有的人都能被這些新型螢幕所圍繞，享受精彩的內容，並一起與其互動——碰觸它、抓取物件並與他人互動——而無需眼鏡、護目鏡或特殊能力就可正確看到3D。對我來說這只有一句話能夠形容：太驚人了。

將今日的原型與計畫轉變成真實有其困難，因為在這裡運作的技術類型比當今電影院依賴於偏光眼鏡，才能給觀眾三維錯覺的最佳數位3D體驗還要複雜得多。電影院的這種雙視圖兩眼視差（Two-View Binocular Parallax）的技術，需坐在中央位置並避免移向邊緣才能提供最好的體驗，這並非克勒格所追求的。他想建立的是完全身歷其境的3D體驗。

克勒格解釋說，「3D有各種風格。我們做的…是全視差；無論你在哪裡觀看都是從正確的視點看（圖12.2）。而當你要從兩眼視差發展到全視差，為了提供單一圖像而必須製造的數據量就會猛然遽增，更不要說是動態影像或互動式影像。我們正在開發的顯示器能夠做到全視差影像，當然這需要每畫幅數千兆位元的數據來投射物件，而且必須要有每秒三十畫幅的更新率，因此我猜我們已經握有終極目標的入場券。基本上我們該有台超級電腦裝在螢幕下面，才能真正讓它順利運作、讓夢想成真。」

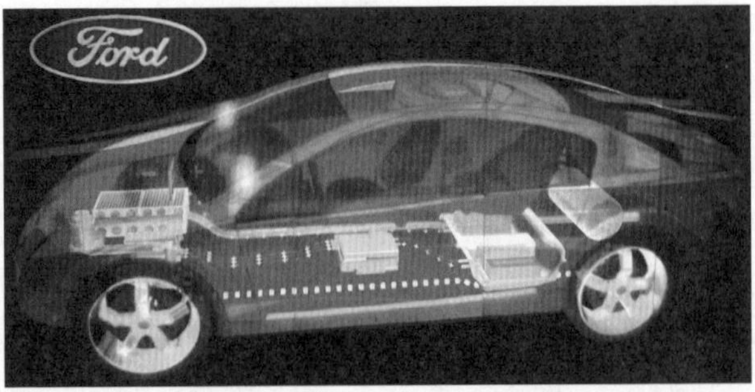

圖12.2　斑馬影像創造一個真正的3D體驗。

如果這真的開始聽起來像二十五世紀科幻的擬真機，那是因為該模型是克勒格及其同事們已經想像、討論並規劃出來的東西。克勒格幫助我們了解其願景。「在我腦海裡的擬真機的確令人想到一些不同的景象。這個願景或許是你站在一個外部觀點，而你在與一個和自己完全不同的空間進行互動，但你與它的互動是以非常自然的方式。有如歐布朗做來讓你進行互動的３Ｄ螢幕及互動工具。然後最終你還可以想像一種未來，在那裡你採用我們基本的顯示技術，創造一個完整的牆壁、地板、天花板及任何有該技術的事物，然後你就真的創造了一本可以有身歷其境感受的書。」

但這些的幕後將需要很大的運算能力，而且也需要大量的設備。雖然以今日的運算技術及費用要完成這方面的努力非常昂貴，但還不至於毫無發展的可能性。斑馬影像與歐布朗不約而同地各自發展這方面的基本技術，在不久的將來便能提供這類數位看板的體驗，並邁向情感聯繫的新層次。畢竟能提供我們在本書討論過的情感聯繫，最有效的方式就是傳遞令人難忘、可供操作，並因而有所助益的訊息。

我們在這裡展示這種完全的沉浸體驗已有數年之久。但我們可以從令人驚艷的長期未來往回退幾步，並期待內容可能會在短期內改變這種更實際但仍讓人興奮的發展。數位看板的最新趨勢之一，就是偏好於使用非標準的形狀來呈現內容。如果我們前往體育場館，就會熟知還可以顯示視訊的大型ＬＥＤ記分板。這些螢幕是將個別元件像積木一樣的拼貼以組成整個影像。在某些如時代廣場的地方，人們也可以看到這些ＬＥＤ元件堆疊出不同的基本形狀，例如Ｌ或Ｏ的字母甚或是個樓梯的形狀。這種類型的ＬＥＤ顯示技術僅適合用於非常大的顯示裝置，其中觀眾將位於離顯示器一段不短的距離，且視角一般都較為狹窄。

一項已被設計成多用途看板顯示的新技術，允許自由地創造不均勻、非標準的顯示配置（圖12.3）。它具備所有ＬＥＤ記分板螢幕的模塊化及成形上的優勢，並擁有更大的像素解析度，影像在任何觀看距離及角度都相當不錯。

想像一下以形狀做為基礎並提供動作的內容制定。我們可以將配置的形狀當作數位畫布，有高度的自由可去設計一種螢幕規劃，能夠完全混入例如零售店或商店環境中的裝飾物、產品及印刷品。每個微瓦（MicroTiles）系統都彼此相連，所以我們可以設計出讓各元件互動而構成不同形狀的內容（圖12.4）。它們能在牆上配置成任何形狀。而這堵牆將會是整體架構的一部分，可用即時動作影像分離出一個空間。

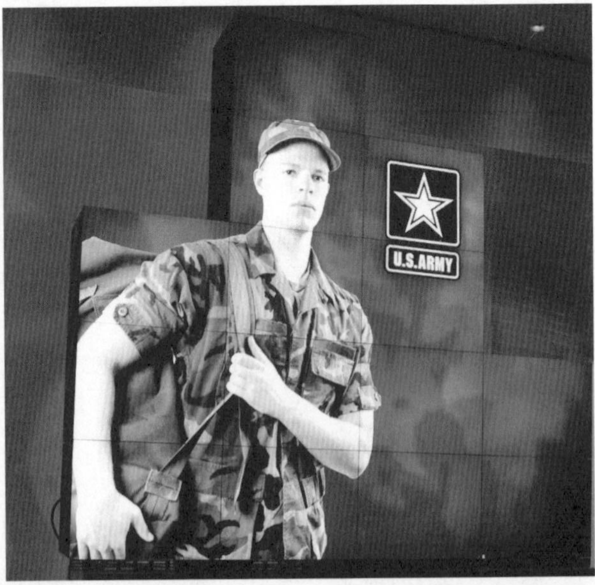

圖12.3　微瓦影像顯示系統提供了一個可產生無限多形狀的新設計自由度。

人們可以想像在大型互動顯示牆上採用非傳統的顯示形狀，讓許多人能近距離互動得要結合多少技術。再加上適當的內容，這種類型的螢幕在POT網絡將提供令人注目的方式，在較長的一段時間裡吸引及娛樂消費者。

內容本身將在未來幾年出現重大的改良。追求品質並了解什麼可行、什麼不可行就是下一個前

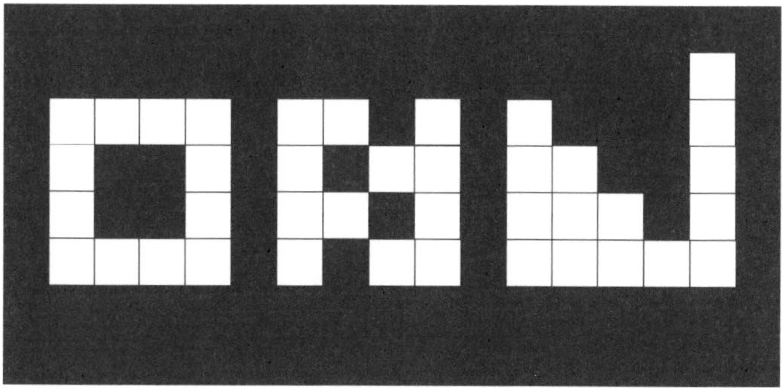

圖12.4　創建這些形狀的內容將在數位看板開闢出一個全新的方式。

進的目標。我們今日認為有用的，在未來幾年中可能會改變，如同我們在之前出現的每代螢幕所看到的，同時也有很多人以不同的方法進行試驗，並觀察其中哪些最有效果。唯一肯定的是：連貫性是網絡外觀及感受重要的組成部分，個別的內容也是一樣。重大的業界基準已經確立，而我希望能在市場上看到數百萬台螢幕。如果我們認為大約一百萬台螢幕都需要有新鮮感、有關連性的內容，那麼就得增加數十億則必須進行客製化、變更用途及需要制定的內容。在大型網絡中，內容的自動化是個關鍵。能夠使用具有視覺組件及數據主導傳遞的數據驅動內容，我們的媒介將以全新而重大的方式受到前所未有的影響。我們可以在許多不同的場地、為了不同用途而利用素材來制定內容，這將有助於內容成本的持續下降。內容的再利用並從資料庫取用這些內容，將有助於業界達到一個可持續發展的未來。正如我們和艾爾克米的總裁麥可・蔡斯所討論的，他認為這是此媒介在成功制定內容上不可或缺的。「如果我要提供給數位看板內容，那麼我相信有需要用這極為動態的素材管理資料庫追蹤這些素材，並從那裡可以適當地抽取及放入到任何媒介，最終為我們創造出更大的投資報酬率。」

分層內容並能以易於消化的單位來取用及抽出素材，很可能會成為創作關聯性內容的下一步重要變化。例如，我們假設航空公司有二條路線：舊金山到夏威夷及紐約到加勒比海。如果我們想為這家航空公司登廣告，其服務及品牌訊息在前往這四個目的地的航線中都一樣。然而，我們在這些目的地則要針對特定市場做出完全相關的廣告。因此我們可能在舊金山廣告有一層夏威夷呼籲購買的訊息，並在紐約呼籲購買的訊息上加一層加勒比海的影像。要做到這一點，我們得從資料庫中取用並自動以正確的價格資訊及圍繞在目的地的主要服務及品牌訊息，組合出最終的廣告。

這是廣告牌業界以較不複雜的數據管理方式所做過的。拉瑪廣告首席行銷主管湯米・提佩爾，告訴我們他們目前是如何在大馬路邊的數位廣告牌上為ＢＭＷ驅動訊息的變化（圖12.5）。「在南方每次過了四月之後，氣溫都會超過華氏六十八度，ＢＭＷ的廣告則都是敞篷車，我們每次展示廣告都輪流使用不同的敞篷車款。而美國南北分界的梅森—狄克森線（Mason-Dixon Line）以北，冬天每次都在華氏三十五度以下，ＢＭＷ就展示Ｘ５及其他強調加熱座椅的車款。」

還有一個數據驅動內容的例子，對我們正在進行的內容產出頗有價值。廣告基礎網絡的窄播媒體公司（Narrowcaster）通寶卡司（GoGo Cast），其首席營運主管葛瑞格・阿蓋爾（Greg Argyle），採用完全無人值守的方式來更新綜合體育場館的螢幕。與管理團隊運動綜合比數的Rsportz合作，通寶卡司取用其數據並以對觀眾友善的介面來呈現。阿蓋爾告訴我們更多細節，「所以我們假設有五百場比賽的賽程表及球員休息區的安排會顯示在螢幕上，因此（那些）需要著裝並準備比賽的人就可以看他們該去哪間更衣室。然後我們在數位看板上秀出每場比賽的結果

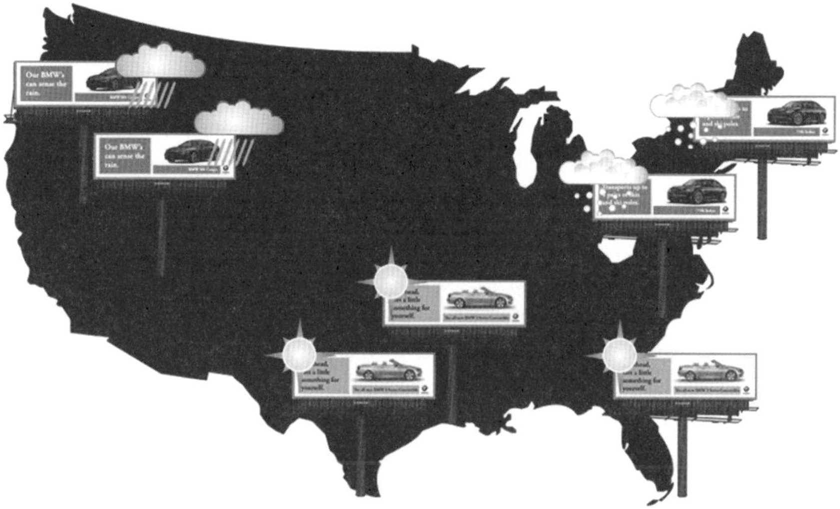

圖12.5　拉瑪廣告以天氣報告之類的自動化數據管理BMW廣告牌上的變化。

（圖12.6）。我們有顯示全部這些的外觀模組再加上：時間及日期，而它只顯示即將到來的比賽，不會秀出已經打完的比賽。這些比賽有很多都是種子賽程。因此如果有循環賽，種子球隊也必須與其他隊比賽，這些資訊的提供其實都來自RSportz系統。每三分鐘或每當數位看板向系統要求時，所有這些數據都會載入外觀模組。在螢幕上它會顯示一個即將開打的比賽。而該場比賽的結果便會立刻從記分板送至系統中，並自動更新其所顯示的數據及這些球隊的資訊。這真的十分驚人。每場比賽結束時，螢幕下方也會以跑馬燈的形式顯示，在整個螢幕上捲動來通知我們美國少年球隊以三比二擊敗了英國隊。因此它顯示了所有比賽的時間表、更衣室，還透過跑馬燈整天顯示比賽的結果。」

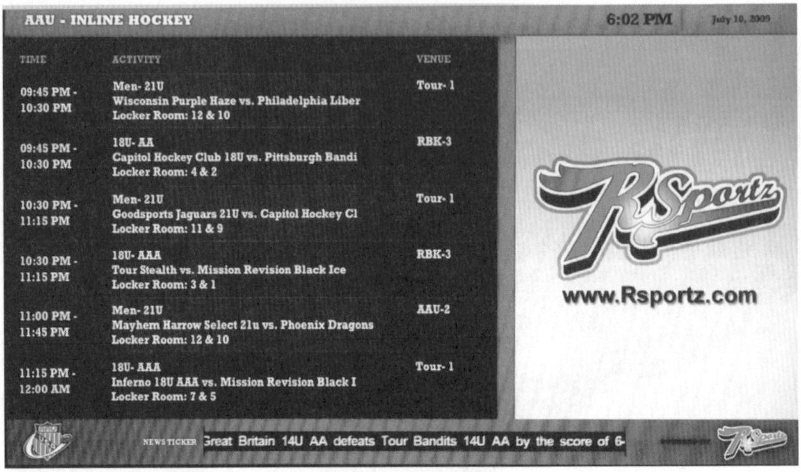

圖12.6　在模組中自動化顯示數據能維持最少的勞力並提供該有的規模。

©2009 GoGo Cast.

神經行銷學

當神經科學遇見行銷人，這是人腦和廣告最新的生物學研究。我們的目標是了解大腦如何產生行為，以及人們如何選擇與如何開始這樣的選擇，這種純粹的生物過程。而根據神經行銷學（Neuromarking）學者的說法，是否該採取購買行為是在二．五秒之內所做出的決定。

此類對內容的實驗結果在大型廣告系列中非常有價值。很多品牌都用這類研究來幫助他們改進所使用的訊息及影像。我們可以使用如核磁共振攝影（Magnetic Resonance Imaging，簡稱MRI）的大腦成像技術，洞察人類決策背後的機制。每次要做一項決策，大腦是不會透過一張評估風險、利益與價值的列表來運作。只要可以的話，大腦會利用過去的經驗及儲存的資訊當作某種索引來快速做出決定。第一步要知道的是，什麼類型的影像會觸發快感而不是痛苦。我們可以測量在廣告中的情感投入、關注力與記憶力。我們也能測量廣告的組成，看看購物者是在廣告中的哪個時間點引發關注及開始察覺，而讓他們變得情感投入。此外我們還可以發現購物者留存在長期記憶中是廣告的哪個部分。從使用神經行銷學的資訊裡，廣告商可以明白使其廣告有效果的關鍵為何。

在倫敦一家醫院進行的一些維亞康姆品牌解決方案（Viacom Brand Solution）研究，向十八至三十四歲之間的人測量其大腦活動，並同時播放電視廣告。該研究發現，廣告的內容與節目的環境越相關，腦部裡一般與廣告效果有關的大腦活動，其產生的機率就越高。研究也發現如果具有關連性的話，出現廣告時比節目還能產生更多的大腦活動。一旦可以擴展此一考量到數位戶外媒體上，那麼內容對消費者的體驗及場地越相關，廣告就會越有效。

小結

在我們影響所及的範圍之內擴展數位看板的能力，將成為自我修復、數據驅動、不用看顧的機器，而最終只要稍微轉移內容的模組，便能不斷維持成本降低、高品質的內容增加，且越能具備前所未有的關連性。然而，這仍需要嗅覺敏銳的藝術家及技術人員提供靈感與指導實現這些願景。當我們考量這個非比尋常的媒介時，我們正處在某個又大又強又吸引人的東西旁，必須衡量它對我們日常生活的影響。我們的願景是有如《關鍵報告》的經驗還是要比這更好？我認為第一，數位看板在我們最瘋狂的夢想之中，有一些像《關鍵報告》而有一些像電影《銀翼殺手》（*Blade Runner*），但更多的則是對每位觀眾有用處的共同感覺。商業模式將推動技術繼續為我們帶來成果，而內容則將為我們帶來更多的體驗與價值。

體驗及參與，實際上將讓數位看板自成一類。數位看板將進入我們的日常生活中，並且在每次接觸特定螢幕之後，每個人都可以真的被改變並創造新的體驗。數位看板的使用正處於想像力不斷擴大飛躍的狀態。網絡的次類型及我們會如何接觸數位看板，它們都可能以無聲無息的方式悄悄向我們逼近。這可能有如我們從得來速窗口點一道令人垂涎的漢堡和薯條，再加上一杯解渴的可樂及冰淇淋聖代，然後因為我們前一天所吃的午餐，而在社區健身中心運動並觀看勵志保健訊息一樣的矛盾。或者可能有如在我們當地的銀行排隊等候，並當你感到有樂趣而意識到時光飛逝，或因為我的銀行提供新車不錯的折扣，而是時候貸款買台我剛剛在炎夏的廣告牌上看到的新敞篷車一樣簡單。

好的內容會從我們走出門的那一刻起，直到我們回去住處時滲透至我們的經驗。當我們用每一個螢幕部署，向未來前進之時，這個媒體所提供的內容最終願景，是帶給人類最有影響力和意義的經驗當然這對觀眾的影響有時好、有時差，但希望永遠都不會太難看。

詞彙表

第一代螢幕：亦即電影，傳播螢幕歷史變遷中的第一代。

第二代螢幕：亦即電視，傳播螢幕歷史變遷中的第二代。

第三代螢幕：亦即電腦，尤其是在結合網際網路之後。

第四代螢幕：亦即行動手持裝置，例如蜂巢式電話。

第五代螢幕：數位看板及其他數位戶外顯示器。

廣告輪播持續時間（Ad rotation duration）：數位看板的所有廣告，在一次輪換的顯示中所花費的時間。

輔助回憶度（Aided Recall）：一種經常被用來測量閱聽大眾對廣告內容記憶力的研究方法。在輔助回憶度的研究中，受試者可能要先看一段廣告，然後問他們是否之前已經看過。

動畫（Animation）：以靜態畫幅截取而成的一系列圖像，以適當的速度按順序呈現時能創造出有如液體流動的印象。

反鋸齒（Antialiasing）：一種在電腦圖形及數位相片上，用來讓視覺呈現更為清晰的數位處理技術。也適合用在音訊檔中以減少失真。

應用程式介面（Application Programming Interface，簡稱API）：一種在應用程式與資料庫或操作系統之間處理互動的電腦介面。

人工智慧（Artificial Intelligence）：一種致力於讓電腦能夠以接近人類大腦的水準，來思考、推理及學習的科學領域。

畫面比例（Aspect Ratio）：影像或電子式螢幕的水平與垂直尺寸，通常以水平尺寸（寬度）在前而垂直尺寸（高度）在後的比值來呈現。通常以類似十六：九的方式來表示。

吸引力循環（Attraction Loop）：一種用來吸引使用者關注多媒體導覽機或觸控式螢幕，並在使用者停止輸入之前讓其不斷重複進行下去的媒體呈現方式。

觀眾度量準則（Audience Metrics Guideline）：由戶外影片廣告局（OVAB）所創的一組指導原則，可為數位看板網絡及其廣告客戶提供業界標準的公式，來計算數位看板廣告對目標閱聽人的影響。

音效組件（Adudio Component）：整合到數位看板內容及顯示器當中的音效元素。

平均單位觀眾（Average Unit Audience，簡稱AUA）：在媒體載具網絡的標準廣告單位時間中，有機會看到特定廣告載具（螢幕）的人數及其類型的一種測量單位。

音訊視訊交錯掃描（Audio Video Interlace，簡稱AVI）：一種同步儲存音訊及視訊檔案的容納格式（Container Format）；也可相容於多種串流音訊或視訊的呈現方式。使用AVI格式的檔案在命名時會有.avi的副檔名，例如「Customer Greeting.avi」。

橫幅廣告（Banner Ad）：一種電子廣告或促銷的發佈方式，往往在數位看板顯示器中沿著螢幕上方或底部水平播放。

行為態度（Behavioral Attitude）：影響消費者行為的心理、情感及經驗因素。

廣告牌（Billboard）：傳統上置於戶外並用來刊登廣告的大型看板。

點陣圖（Bitmap）：一種按像素儲存特定圖像資訊的圖形格式。

藍光光碟（Blue-ray Disc）：一種通常用在高畫質視訊及電腦遊戲的數據儲存單元。藍光光碟與DVD的實際尺寸相同，但前者卻擁有大約六倍以上的數據儲存容量。

品牌識別（Brand Identity）：公眾對某個特定組織或產品特性及品質的認知。

寬頻（**Broadband**）**：**一種透過寬帶的高頻訊號傳輸，而能實現高速連結的網際網路或無線網路類型。

電腦輔助設計（**CAD, Computer Aided Design**）**繪圖檔：**一種使用電腦生成圖形來創造二維和三維原理圖及動畫與特效的商業製圖及設計類型。

蜂巢式技術（**Cellular Technology**）**：**一種依靠一系列無線電蜂巢，讓基地台可以無線方式來傳送及接收訊號的通訊技術格式。

著作權（**Copyright**）**：**原創著作的法律所有權。著作權包括重製原創著作而用於銷售的權利，以及授權著作予他人使用的權利。這些權利在設定的時間到期後可以售予他人。

侵犯著作權（**Copyright infringement**）**：**未經著作權人許可而對受著作權保護的作品予以非法使用或重製。

每千人成本（**CPM**）**：**亦即每千人成本。用來確定數位看板廣告系列成功與否，並以對顧客構成每千次印象或廣告被觀看次數所需花費成本的基本公式。（CPM為Cost Per Mille的縮寫，Mille在拉丁文裡就代表一千）。

跨平台媒體（**Cross-platform media**）**：**一種用來在多種電腦平台上播放的媒體應用程式。

人口背景（**Demographic**）**：**透過一組特徵，如性別、年齡、婚姻狀況或收入而辨識出來的部分人口區隔。

數位（Digital）：任何透過電腦化的二進制代碼一和〇而創造或複製的媒體素材。

數位素材管理（DAM）：儲存、編目、組織化、防衛及養護數位素材，像是視訊、音訊、照片及電腦生成圖形的過程。

數位廣告牌（Digital Billboard）：根據具體時間表持續定時變換的大型戶外電子廣告牌螢幕。

數位領域（Digital landscape）：置入創意資訊和廣告內容的大量數位媒體網絡及螢幕。

數位戶外媒體（DOOH）：出現在家庭以外地方的數位廣告，包括數位看板。此一命名來自於廣告業「戶外媒體」（OOH, Out -of- Home）的術語。

數位海報（Digital Poster）：置於牆上而能顯示動態內容的電子標牌。

數位看板（Digital signage）：透過電子螢幕、投影機，或其他顯示設備類型的網絡，展示具針對性的資訊或廣告內容。

數位錄影機（DVR）：用來錄製、儲存及播放以數位方式輸入視訊的設備。此一詞彙通常指的是專為家庭內部使用的機器，但它也適用於便攜式錄影機及其他以數位方式錄影的設備。

數位標記（Digital Tagged）：標記是用來描述一組數據的關鍵字。有了這些被標記的內容，內容就能被當成一組基礎元件來編目，而允許自動化地重新組合為最終的呈現結果。

停留時間（**Dwell time**）：閱聽大眾的成員觀看數位看板顯示器所花費的時間量。

動態內容（**Dynamic content**）：Flash技術經常用來編排各種媒體類型（聲音、動畫、動態文字等）以供展現。其腳本還能允許Flash檔案從使用XML要求的伺服器中提供額外的資訊。例如，當溫度低於華氏五十五度時，廣告就變成推銷熱巧克力；溫度爬升到華氏七十六度以上時，廣告則刊登的是冰茶。

電子螢幕（**Electronic screen**）：做為電腦、電視、手機或其他裝置的一部分，它是一種用來顯示電子生成圖像的光滑、透明玻璃或塑膠表面。

Flash內容（**Flash content**）：經常用來為網站、數位看板及多媒體呈現方式創作動畫或其他動態視覺效果的圖形應用程式。

激烈的動態變化（**Frenetic motion**）：劇烈或發狂式的變化。

全視差（**Full parallax**）：從任何角度，而不是只有當觀眾的雙眼與圖像處於水平平面的相對位置上，才能看得到的三維全息圖。

體感技術（**Gestural technology**）：一種能夠辨識與適當回應人類手勢，包括身體語言及臉部表情的電腦發展。

手勢互動（Gesture interaction）：讓電腦顯示器可以辨識及回應使用者手勢的軟體。

圖形使用者介面（GUI）：用來圖解電腦程式功能的圖形及圖像。

高畫質（HD）：讓圖像能比標準畫質（SD）以更清晰的細節及更好的畫質播出和顯示的技術。其解析度為1280X720和1920X1080像素。

高解析度（High resolution）：經常在呈現電子螢幕畫面的數位成像上被用做像素計算的方式，其中第一項數字是像素列（寬度）的數量而第二項則是像素行（高度）的數目；例如1280X720。像素的數目越高越能創造更清楚、清晰的細節。

影像最大化（IMAX）：供電影膠片使用的格式，其較傳統膠片格式具備更大的影像尺寸及更清的解析度。

店內媒體（In-store media）：在店內網絡上播放的宣傳、廣告及資訊內容。

店內網絡（In-store network）：安置在店內且協調一致的一種多螢幕廣告及推銷展示網絡。

智慧財產權（Intellectual property）：原創著作，像是音樂作品、科學發明或平面設計等。透過法律對商標、著作權及專利的規範，才能進而保障智慧財產。

互動式（Interactive）：根據使用者的輸入而提供不同反應的電腦應用程式術語。

互動式多媒體導覽機（Interactive kiosk）：一種讓使用者能夠獲得資訊，或者透過按鍵、觸控式螢幕、滑鼠，或其他輸入機制的使用完成交易的電子顯示裝置。

互動式螢幕（Interactive screen）：一種提供資訊給使用者，同時也經常透過觸控式螢幕或按鍵面板要求使用者輸入資訊或回答問題的螢幕。

網際網路（Internet）：使用一套通用的通訊協議共享及傳遞數據的全球性電腦網絡聚集。

內部網路（Intranet）：一種被特定組織使用的私人、內部電腦通訊網絡。

聯合影像專家小組（JPEG, Joint Photographic Experts Group）：一種用於儲存和傳輸靜態圖像及數位相片的檔案格式。

千位元組（KB）：一種大約等於一千個位元組的數位資訊儲存單元。

多媒體導覽機（kiosk）：一座設立在公共場所的亭子或終端設備，通常配備了互動技術來協助使用者取得資訊。

液晶顯示器（LCD）螢幕：在二個透明玻璃或塑膠鑲板中結合液晶的平板顯示螢幕。它透過電力刺激液晶所產生的影像，比那些由標準電視螢幕或電腦監視器所創造的影響更為明亮及清晰。

水平黑框處理（Letterboxing）：以寬螢幕拍攝的視訊要傳送到標準視訊格式時，在螢幕頂部及底部插入黑邊（稱為框邊）的處理方式。此一方式可以保留影片的畫面比例及構圖。

度量（Metrics）：通常在工作上用來將計畫、產品或提議的影響或成功加以量化的測量科學。

動態影像專家小組（MPEG）：一種用於儲存和傳輸數位視訊及音訊的檔案格式。

多媒體網路摘要（MRSS）：在一個RSS資訊來源中允許包含超過一個視覺元素的網路應用協議。

淨到達率（Net）：在固定的時間範圍之內暴露於特定數位看板顯示器的人數。

網絡（Network）：在數位看板中，由多部連線電腦或顯示器所組成，並能在多處地點共享數據及顯示內容的系統。

神經行銷學（Neuromarketing）：一種新的行銷領域，專門研究大腦對行銷和廣告原始的思考及情感反應過程。

關注率（Notice rate）：路人注意到數位廣告顯示螢幕的百分比。

隨選螢幕（On-demand screen）：在電信學當中，提供使用者各種選項來完成特定交易，例如從一份標題列表中訂購電影票的螢幕。使用者是透過遙控器、按鍵面板、觸控式螢幕或其他設備來輸入選擇。

正交圖像（Orthographic）：從觀察者的角度看三維物體或場景的二維呈現方式。

垂直黑框處理（Pillarboxing）：以標準視訊格式拍攝的視訊要傳送到寬螢幕顯示器時，在螢幕左邊及右邊插入黑邊（稱為框邊）的處理方式。

像素（Pixel）：組成電腦生成或顯示圖像的最小數據單位；此一術語為「圖像元素」的簡稱。高畫質圖像的解析度由1920X1080像素所組成。

播放列表（Playlist）：在數位看板裡，做為廣告或資訊顯示一部分的元素進行編排，再按照時間依序播放的列表。

銷售點網絡（POS, Point of sale Network）：數位看板網絡類型三個主要類別的其中一種。這些網絡定位在店內能銷售更多的產品、建立品牌，並加強購物體驗。

交通點網絡（POT, Point of Transit Network）：數位看板網絡類型三個主要類別的其中一種。這些網絡通常會在人們熙來攘往的地方被發現。這些網絡主要也被用來推廣品牌。其次類別包括了機場、火車站、地鐵站等。

等待點網絡（POW, Point of wait Network）：數位看板網絡類型三個主要類別的其中一種。此一網絡類型是人們正在等待的服務或產品，或有較長停留時間的地方；例如銀行櫃台、企業環境中的休息室、電梯，或在醫生診療室的等候區。

彈出式廣告（Pop-up ad）：出現在網站上，並且通常會在某段時間之內或等使用者點擊、縮小或刪除彈出圖像之後，覆蓋到螢幕一部分的廣告。

快顯封鎖軟體（Pop-up blocker）：阻止彈出式廣告顯示的軟體工具。

可攜式網絡圖像（PNG, Portable Network Graphics）：一種用於電腦生成圖像的點陣圖檔案格式。

質化研究（Qualitative research）：一種心理學研究領域，專門探索個人決策過程背後的動機及原因。

關聯性（Relevancy）：針對性或重要性訊息，尤其是在特定情況下或要去吸引特定閱聽人時。

無線射頻辨識（RFID）手機：一種配備了RFID技術的手機，能發送及接收例如置於零售品項上的RFID標籤訊號。

投資報酬率（ROI）：為實現特定商業目標而進行資源分派，其結果所獲致的收益。

目標報酬率（ROO）：針對不直接或具體產生收益的商業活動，例如開會、會議演講或產品展示，其所提供的報酬而進行的一種分析。

簡易資訊聚合（RSS, Really Simple Syndication）資訊來源（Feeds）：允許訂閱者能從他們喜歡的網站自動接收更新內容的網路應用協議。數位看板顯示器也可以透過RSS資訊來源進行更新。

螢幕區域（Screen zones）：數位看板螢幕的指定區塊，其中每個區域都可能有其自己的內容及編排。

搜索引擎（Search engine）：一種為了反應使用者所提供的搜索參數（如關鍵字）而檢閱網際網路上的頁面，然後顯示一份具相應網頁連結列表的電腦程式。

簡訊服務或無聲訊息服務（SMS文字簡訊）：一種旨在促進蜂巢式電話通訊系統之間，進行簡短文字訊息交換的數據程式。

社群網絡（Social Network）：個人本身認識的家人、朋友、同事及熟人的集合體。經常被用來描述相同類型的線上網絡。

垃圾簡訊（Spam）：非應邀的電子訊息，大多具商業性質。

空間互動（Spatial ineractin）：在人與其周圍螢幕之間，不管是明顯的連結還是透過一台或多台使用中機器的技術輔助互動功能。

靜態廣告牌（Static billboard）：一種設有靜態圖像或文字的廣告牌。

靜態全息圖（Static hologram）：一種設計用來靜止顯現的三維投影圖像。它也是數位看板中的靜態媒體，是一種具有靜止圖像，例如照片或圖形設計，並適時結合文字的通訊形式。

法定損害賠償（Statutory damages）：在訴訟中，原告主張被告的非法行為導致原告在收入上損失所裁定的金額。法定損害賠償由法律規定，並經常被用在智慧財產權或原告損失的確切金額難以估算的其他例子中。

商店區域（Store Zone）：零售店內依照特定產品類別區分的指定區域，像是一家雜貨店的農產品或熟食區。它通常指涉的是數位看板顯示器所涵蓋的區域。

分鏡腳本（Storyboard）：在準備一部電影、動畫、互動展示，或其他動態多媒體呈現的程序中創作的繪圖或其他靜止圖像。分鏡腳本的程序涉及到許多這類圖像的創作，以幫助動態媒體內容的創作者預先制定出圖像的順序。

廣告標語（Tagline）：在廣告中令人難忘，且有助於強化產品或組織品牌識別的一句詞組。

模組（Template）：包含一個既定設計格式，並且能夠為了展示而加入客製化內容的檔案或文件。

三維（Three-dimensional）：由高度、寬度及深度構成或看起來構成的的三度空間。

三維空間（Three-dimensional space）：物體有高度、寬度及深度的實體（而不是虛擬）世界。

跑馬燈（Ticker）：在節目播出中橫越電視底部或其他數位看板的一則訊息或一系列訊息串。

TiVo：一種與使用者的電視及網際網路服務相連，並提供廣泛的排程資訊及錄製選項（主要用於電視節目及電影）的數位錄影設備。

觸控式螢幕（Touch screen）：一種配備軟體而使其能夠感應其表面接觸的螢幕，通常用來做為互動式多媒體資訊機的顯示器。

商標（Trademark）：智慧財產權的一種形式，例如標誌、名稱、標語、圖形圖像或設計。商標的所有權人是依法享有其使用的唯一實體，並可能採取法律行動來避免或減少未經授權的利用。

推特（Twitter）：成立於二〇〇六年，並允許使用者透過發送和接收簡訊（稱為Tweets）與另一個使用者產生聯繫的社交網站。

推特資訊來源（Twitter Feed）：允許訂閱者從喜愛的Twitter用戶自動接收Twitter訊息更新的網路應用協議。

二維（Two-dimensional）：只由高度及寬度（缺乏深度）構成或看起來構成的二度空間。

使用者原生內容（UGC, User Generated Content）：由參與內容創作的觀眾生成的內容，亦即YouTube、Twitter、Amazon.com上的讀者評論，以及數位戶外媒體的ＵＧＣ皆屬此類。

無輔助回憶度（Unaided recall）：一種經常被用來測量閱聽大眾對廣告內容記憶力的研究方法。例如，受試者可能會被要求指出在過去一個月內看過的特定種類產品或服務的所有廣告。一個特定廣告的無輔助回憶率是在沒有提示的情況下，仍能指出該廣告（或該廣告主體）的受訪者比例。

媒介載體區域（Vehicle zone）：零售商店或其他公共空間的區域，在那裡可讓人們看到或聽到設置在固定空間的廣告媒介物內容。

媒介載體區域停留時間（Vehicle zone dwell time）：潛在顧客在媒介物區域並同時關注於廣告所花費的時間量。

場地（Venue）：數位看板顯示器放置的具體位置，例如百貨公司、銀行或辦公大樓的大廳。

以場地為基礎的網絡（Venue-base Network）：建立在特定地點，例如大學學生中心或機場，而連接廣告的網絡，例如數位看板螢幕。

錄影（Videography）：傳統上來說，就是使用攝影機（無論數位或類比）錄製影像的過程，與錄製影像到膠片上所謂電影藝術（Cinematography）的過程有所區別。技術的不斷變遷已將錄影的定義延伸至為網際網路、手機及數位看板應用而用電腦截取視訊的影像創作。

等待扭曲（Wait-warping）：在消費者等待時讓他們關注數位看板顯示器的吸引力。這會導致他們在一段時間之內觀看顯示器，因而減少與等待有關的不滿程度。

網站橫幅（Web banner）：一種將通告或廣告嵌入網頁的網際網路通訊形式。嵌入的圖像通常為長方形，並且可能包含特定產品、服務或活動的促銷資訊，以及連結到具有額外資訊的相關網站。

網路應用（Web-based）：一種旨在透過網際網路獨占使用的程序設計、應用程式或服務。

網路瀏覽器（Web browser）：一種讓使用者能夠使用網際網路，並透過網際網路接收及發送數據的軟體應用程式。

寬螢幕（Widescreen）：圖像在電影、電視或電腦螢幕上，比標準四：三還要寬的一種畫面呈現比例。

無線保真網路（Wi-Fi, Wireless Fidelity）：一種透過IEEE 802., 11協議來傳播無線訊號，而能遠程使用網際網路的區域網路（Local Area Network，簡稱LAN）。

視窗多媒體視訊（WMV, window Media Video）：一種具音訊及視訊壓縮的檔案容納格式。使用WMV格式的檔案在命名時會有.wmv的副檔名，如「August Promotion.wmv」。

無線網路（Wireless network）：一種透過集中的無線網路基地台（Wireless Access Point，簡稱WAP）讓電腦彼此連結的網絡。

附錄

本書中各章節圖片皆可在官方網站www.5thScreen.info觀賞與研究，詳細網站導覽如下：

1. 連上www.5thScreen.info，並點選畫面中央的Flash影片即可進入主網頁。（若無法顯示，建議先至Adobe網站下載Flash Player。）
2. 進入主網頁後，依序可看到「ABOUT」、「FIGURES」、「PREVIEW」、「RESOURCES」。
3. 「ABOUT」部份為介紹作者的相關背景與經歷，以及關於數位看版的基本介紹。
4. 「FIGURES」為本書中所有相關的圖片與Flash檔，您可逐一針對各章節的圖片點選並觀賞研究。
5. 「PREVIEW」部份為作者介紹此書的簡介影片，以及此書的章節預覽申請，若欲申請請填寫姓名、公司名稱與Email。
6. 「RESOURCES」為此書所參考的相關資料網站等資訊，若對本書所引用的資料有興趣亦可在此找到深入研究的參考資料。

最後，由衷感謝您購買此書，一同加入探索數位看版的行列，對於此書與網站的內容資訊若想做進一步討論研究或有疑問，歡迎與本書的審訂者吳世廷顧問聯繫。審訂者Email：twdshere@gmail.com。

新商業周刊叢書　BW0495

數位看板的崛起與商機

國家圖書館出版品預行編目（CIP）資料

數位看板的崛起與商機／基斯．凱爾森（Keith Kelson）作；御賜超仁譯. -- 初版. -- 臺北市：商周出版：家庭傳媒城邦分公司發行, 2013.05
面；　公分
譯自：Unleashing the power of digital signage : content strategies for the 5th screen
ISBN 978-986-272-373-9（平裝）
1. 電子媒體廣告
497.4　　102007668

作　　者／基斯．凱爾森（Keith Kelson）
譯　　者／御賜超仁
企劃選書／陳美靜
責任編輯／簡伯儒
版　　權／黃淑敏
審 訂 者／吳世廷
行銷業務／周佑潔、張倚禎
合作出版單位／三創數位股份有限公司

總 編 輯／陳美靜
總 經 理／彭之琬
發 行 人／何飛鵬
法律顧問／台英國際商務法律事務所　羅明通律師
出　　版／商周出版
臺北市104民生東路二段141號9樓
電話：(02) 2500-7008　傳真：(02) 2500-7759
E-mail: bwp.service @ cite.com.tw
發　　行／英屬蓋曼群島商家庭傳媒股份有限公司　城邦分公司
臺北市104民生東路二段141號2樓
讀者服務專線：0800-020-299　24小時傳真服務：(02) 2517-0999
讀者服務信箱E-mail: cs@cite.com.tw
劃撥帳號：19833503　戶名：英屬蓋曼群島商家庭傳媒股份有限公司城邦分公司
訂購服務／書虫股份有限公司客服專線：(02) 2500-7718；2500-7719
服務時間：週一至週五上午09:30-12:00；下午13:30-17:00
24小時傳真專線：(02) 2500-1990；2500-1991
劃撥帳號：19863813　戶名：書虫股份有限公司
E-mail: service@readingclub.com.tw
香港發行所／城邦（香港）出版集團有限公司
香港灣仔駱克道193號東超商業中心1樓
E-mail: hkcite@biznetvigator.com
電話：(852) 25086231　傳真：(852) 25789337
馬新發行所／城邦（馬新）出版集團
Cite (M) Sdn. Bhd. (45837ZU)
11, Jalan 30D/146, Desa Tasik, Sungai Besi, 57000 Kuala Lumpur, Malaysia.
電話：(603) 9056-3833　傳真：(603) 9056-2833　E-mail: citekl@cite.com.tw

封面設計／黃聖文
印　　刷／韋懋實業有限公司
總 經 銷／高見文化行銷股份有限公司　新北市樹林區佳園路二段70-1號
電話：(02) 2668-9005　傳真：(02) 2668-9790　客服專線：0800-055-365
行政院新聞局北市業字第913號

■2013年5月23日初版1刷　　Printed in Taiwan

定價400元

ISBN 978-986-272-373-9

商周出版

廣　告　回　函
北區郵政管理登記證
台北廣字第000791號
郵資已付，免貼郵票

104台北市民生東路二段141號2樓

英屬蓋曼群島商家庭傳媒股份有限公司

城邦分公司　收

請沿虛線對摺，謝謝！

商周出版

書號：BW0495	書名：數位看板的崛起與商機	編碼：

請於此處用膠水黏貼

商周出版

讀者回函卡

感謝您購買我們出版的書籍！請費心填寫此回函卡，我們將不定期寄上城邦集團最新的出版訊息。

不定期好禮相贈！
立即加入：商周出版
Facebook 粉絲團

姓名：＿＿＿＿＿＿＿＿＿＿＿＿＿＿＿＿ 性別：□男 □女

生日：西元＿＿＿＿＿＿年＿＿＿＿＿＿月＿＿＿＿＿＿日

地址：＿＿＿＿＿＿＿＿＿＿＿＿＿＿＿＿＿＿＿＿＿＿＿＿

聯絡電話：＿＿＿＿＿＿＿＿＿＿＿＿ 傳真：＿＿＿＿＿＿＿＿＿＿

E-mail ：

學歷：□ 1. 小學 □ 2. 國中 □ 3. 高中 □ 4. 大學 □ 5. 研究所以上

職業：□ 1. 學生 □ 2. 軍公教 □ 3. 服務 □ 4. 金融 □ 5. 製造 □ 6. 資訊
□ 7. 傳播 □ 8. 自由業 □ 9. 農漁牧 □ 10. 家管 □ 11. 退休
□ 12. 其他＿＿＿＿＿＿＿＿＿＿＿＿＿＿＿＿＿＿＿＿＿＿＿

您從何種方式得知本書消息？

□ 1. 書店 □ 2. 網路 □ 3. 報紙 □ 4. 雜誌 □ 5. 廣播 □ 6. 電視
□ 7. 親友推薦 □ 8. 其他＿＿＿＿＿＿＿＿＿＿＿＿＿＿＿＿

您通常以何種方式購書？

□ 1. 書店 □ 2. 網路 □ 3. 傳真訂購 □ 4. 郵局劃撥 □ 5. 其他＿＿＿＿

您喜歡閱讀那些類別的書籍？

□ 1. 財經商業 □ 2. 自然科學 □ 3. 歷史 □ 4. 法律 □ 5. 文學
□ 6. 休閒旅遊 □ 7. 小說 □ 8. 人物傳記 □ 9. 生活、勵志 □ 10. 其他

對我們的建議：＿＿＿＿＿＿＿＿＿＿＿＿＿＿＿＿＿＿＿＿＿＿＿＿
＿＿＿＿＿＿＿＿＿＿＿＿＿＿＿＿＿＿＿＿＿＿＿＿＿＿＿＿＿＿
＿＿＿＿＿＿＿＿＿＿＿＿＿＿＿＿＿＿＿＿＿＿＿＿＿＿＿＿＿＿

請於此處用膠水黏貼